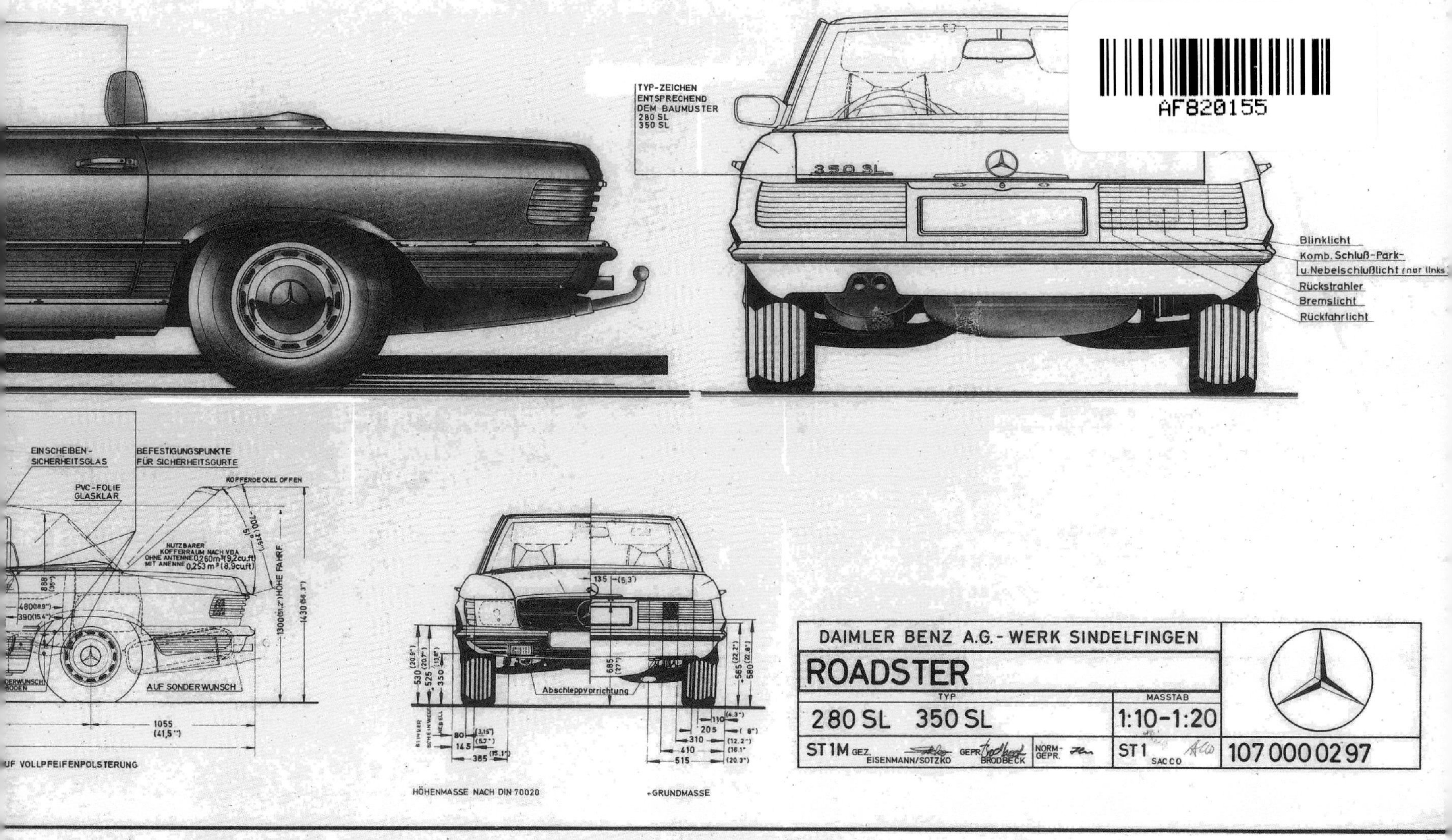
TYP-ZEICHEN
ENTSPRECHEND
DEM BAUMUSTER
280 SL
350 SL
350 SL
Blinklicht
Komb. Schluß-Park-
u.Nebelschlußlicht (nur links)
Rückstrahler
Bremslicht
Rückfahrlicht
EINSCHEIBEN-
SICHERHEITSGLAS
BEFESTIGUNGSPUNKTE
FÜR SICHERHEITSGURTE
PVC-FOLIE
GLASKLAR
KOFFERDECKEL OFFEN
HÖHE FAHRF.
AUF SONDERWUNSCH
1055
(41,5")
UF VOLLPFEIFENPOLSTERUNG
Abschleppvorrichtung
HÖHENMASSE NACH DIN 70020
+GRUNDMASSE
DAIMLER BENZ A.G.- WERK SINDELFINGEN
ROADSTER
TYP
280 SL 350 SL
MASSTAB
1:10-1:20
ST1M GEZ. EISENMANN/SOTZKO
GEPR. BRODBECK
NORM-GEPR.
ST1 SACCO
107 000 02 97

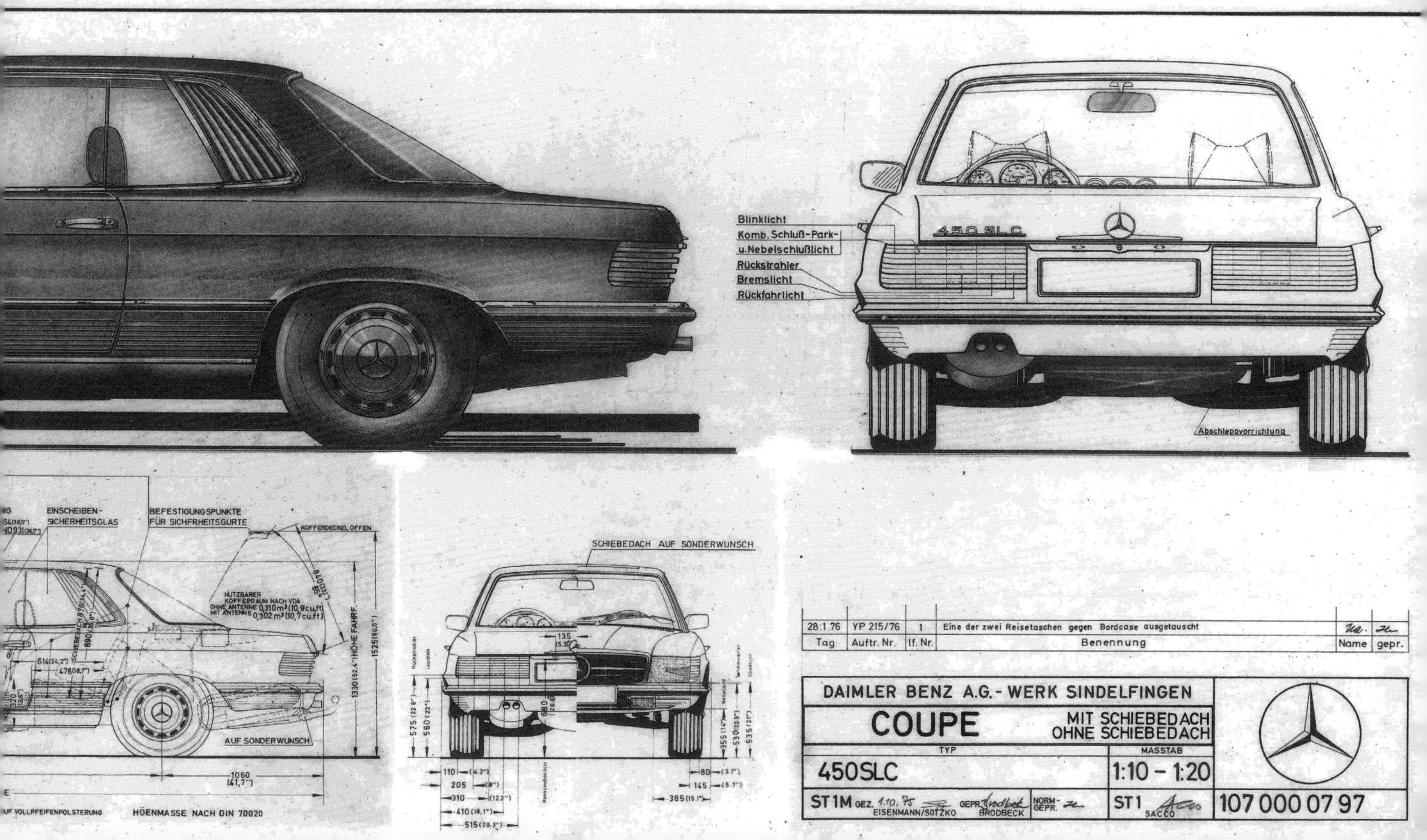
Blinklicht
Komb. Schluß-Park-
u.Nebelschlußlicht
Rückstrahler
Bremslicht
Rückfahrlicht
450 SLC
Abschleppvorrichtung
EINSCHEIBEN-
SICHERHEITSGLAS
BEFESTIGUNGSPUNKTE
FÜR SICHERHEITSGURTE
KOFFERDECKEL OFFEN
HÖHE FAHRF.
AUF SONDERWUNSCH
1060
(41,7")
UF VOLLPFEIFENPOLSTERUNG
HÖENMASSE NACH DIN 70020
SCHIEBEDACH AUF SONDERWUNSCH
28.1.76
YP 215/76
1
Eine der zwei Reisetaschen gegen Bordcase ausgetauscht
Tag
Auftr. Nr.
lf. Nr.
Benennung
Name
gepr.
DAIMLER BENZ A.G.- WERK SINDELFINGEN
COUPE
MIT SCHIEBEDACH
OHNE SCHIEBEDACH
TYP
450SLC
MASSTAB
1:10 - 1:20
ST1M GEZ. 1.10.75 EISENMANN/SOTZKO
GEPR. BRODBECK
NORM-GEPR.
ST1 SACCO
107 000 07 97

Mercedes-Benz SL

Impressum

HEEL Verlag GmbH
Pottscheidt
53639 Königswinter
Telefon 02223 9230-0
Telefax 02223 923013
info@heel-verlag.de
www.heel-verlag.de

Verantwortlich für den Inhalt: Heribert Hofner und Hans-Peter Lange (© für den Datenteil)

Bildnachweis: Mercedes-Benz Classic Archives; Jan Strunk; Heribert Hofner; Archiv Heribert Hofner; Hubert Rechmann; Robb Pritchard; Brabus GmbH, Bottrop; Sportservice Lorinser GmbH, Backnang; Stance Works, Costa Mesa CA, USA; Prof. Dr. Mario Darok; Dipl.-Ing. Hans-Peter Lange, Archiv der MBIG e.V.; Marcel Weber; Jan-Henrik Muche

Mit herzlichem Dankeschön an Peter Markworth vom Mercedes-Benz R/C 107 SL-Club Deutschland, Ralf Weber vom MB-Stammtisch Hofheim, an Stefan Commertz sowie an Panagiotis Avramidis von MKB in Winnenden

Lektorat: Jost Neßhöver
Satz und Gestaltung: Daniel Tzur, Bonn
Covergestaltung: A. Mertens, HEEL Verlag

Printed in Slovenia

ISBN 978-3-95843-422-6

HERIBERT HOFNER

Mercedes-Benz SL

DIE BAUREIHE 107 – TRENDSETTER UND DAUERBRENNER

HEEL

D
MTK
RW 57 H

Inhalt

Vorwort

Die im Frühjahr 1971 mit dem 350 SL eingeführte vierte SL-Generation von Mercedes-Benz, die Baureihe R 107, bricht in vielerlei Hinsicht mit den bisher gepflegten SL-Traditionen. Stilistisch nicht homogen, mit einer leicht ans Barocke grenzenden Linienführung und reichlichem, nicht in jedem Aspekt stimmigem Dekor zielt die Formgebung offenkundig ebenso auf das Hauptabsatzgebiet Nordamerika wie der zunächst ausschließlich eingebaute V8-Motor.

Reiseziel Nordamerika: Mit dem vierten SL zielte Mercedes-Benz gleich auf den wichtigsten Exportmarkt.

Das Zielen auf den transatlantischen Hauptabsatzmarkt erweist sich natürlich als richtig: Bis zu 94 Prozent der vielen verschiedenen Hundertsiebener-Typen werden in den Vereinigten Staaten und in Kanada ausgeliefert. Selten ist es weniger als die Hälfte der Jahresproduktion, die den Nordatlantik westwärts überquert.

Mit der Baureihe R 107 verwendet der Hersteller für die Zweisitzer beim Baumustercode erstmals das Kürzel „R" für „Roadster". Das ist freilich hauseigene Nomenklatur, denn beim SL hat man es ganz offensichtlich mit luxuriös geprägten Cabriolets zu tun und nicht etwa mit jenen spartanisch ausgelegten Sportflitzern vornehmlich britischer Provenienz, mit denen normalerweise

Tradition: In historischer Einbettung, deren Typenauswahl sich nicht ohne weiteres erschließt, wird der 350 SL auf einem frühen Werksfoto zwischen dem ruhmreichen SSK (W 06) und dem 107-Vorgänger W 113 mit dem charakteristischen Pagodendach in Szene gesetzt.

Reise statt Sport: Respektable Fahrleistungen bietet jeder R 107, aber statt Grand Prix heißt es eher Grand Tour. Das Foto zur Markteinführung zeigt einen 350 SL aus der Vorserie zwischen 540 K (W 29), vorn, und 300 SL Flügeltüren-Coupé (W 198).

der Begriff Roadster assoziiert wird. Es fehlen schon die klassischen Attribute. Das schwere gefütterte Verdeck und die versenkbaren Fenster – vorzugsweise elektrisch betätigt – sprechen eindeutig eine andere Sprache.

Dennoch: Der 107er-SL löst wieder einmal – zum wievielten Mal eigentlich? – die unendliche und letztlich müßige Sportwagendiskussion aus. Reinhard Seiffert, Chefredakteur von *auto motor und sport*, hat bei der Pressevorstellung keine Probleme, den 350 SL als Sportwagen zu titulieren. Der Hersteller lässt dagegen in den ersten Prospekten eine geradezu panische Angst erkennen, der 350 SL könne als „harter Sportwagen" missverstanden werden. Freilich ist er nach der uralten, britisch geprägten und auf dem Kontinent von jeher gerne übernommenen Auslegung des Sportwagenbegriffs keineswegs ein kompromissloser Minimalist.

Aber jene Anachronismen gehören ohnehin längst der märchenhaft verbrämten Welt der Nostalgie an. Umlegbare Windschutzscheiben gibt's anfangs der Siebziger schon lange nicht mehr, Steckscheiben und Notverdecke sind in die Automobilgeschichte eingegangen. Und bei einem legendären Vorfahren, der im Goldenen Buch der Sportwagengeschichte ganz vorne rangiert, ließ sich das Dach nicht öffnen: Der erste 300 SL hatte bekanntlich Flügeltüren.

Trotz ihres beträchtlichen Gewichts ist den Wagen der vierten SL-Generation eine ausgeprägte Agilität nicht abzusprechen – und das macht diese Autos mit ihrer sportiven Akzentuierung so sympathisch. Irgendwie ist der Hundertsiebener am Ende gleichsam zwischen den beiden zitierten Polen angesiedelt.

Der Verfasser hatte im Laufe seiner Auto-Vita mehrfach ausführliche Gelegenheit, mit verschiedenen 107er-SL-Roadstern auf Tour zu gehen – mit acht und mit sechs Zylindern. Zurück blieben durchweg positive Erinnerungen. Speziell ein früher, sehr gut gehender und wohltönender 350 SL mit nachträglich knackig abgestimmtem Fahrwerk ist im Gedächtnis verankert geblieben.

Show in Amsterdam: Schauspielerin Sylvia Kristel („Emanuelle") posiert auf dem Roadster während der Autoausstellung am 18. Februar 1973 in der RAI-Halle (Rijwiel en Automobiel Industrie).

Eine Motorsport-Karriere ist der Baureihe 107 gewiss nicht an der Wiege gesungen worden, aber die als komfortable Tourensportwagen konzipierten Autos besitzen ausgeprägtes Durchhalte- und Durchsetzungsvermögen und können dabei partout auch die Zähne zeigen. Er ist nicht nur auf den Boulevards oder den Spielplätzen der Reichen und Schönen zu Hause, der SL der vierten Generation. Er darf sich im Rückblick – zumindest in Coupé-Gestalt – eines durchaus respektablen Sportlerdaseins erfreuen. Der Hundertsiebener wird ernstgenommen!

Die Baumusterfamilie 107 kann mit einigen für ihre Gattung spezifischen Bestleistungen aufwarten: Die Roadster-Reihe R 107 stellt einen firmeninternen Dauerlauf-Rekord auf und bringt es mit mehr als 18 Produktionsjahren auf die längste Fertigungsspanne aller Mercedes-Personenwagen gemäß dem üblichen Sprachgebrauch.

In dieser Zeit fließen mehr als 1000 Detailänderungen in die Serie ein. Mit 237.287 Exemplaren stellen die Zweisitzer zu sämtlichen Vorgängern – selbst die populäre „Pagode" blieb im Fertigungsergebnis knapp unter 50.000 Einheiten – einen deutlichen Abstand her und verkörpern so den ersten Großserien-SL. In wirtschaftlicher Denkweise darf man die hervorragende Amortisation der Presswerkzeuge und weiterer Produktionsmittel, damit verbunden eine Minimierung der Herstellungskosten und schließlich eine Gewinnsicherung gewiss nicht übersehen.

Im Aufwind: Beliebtheitsgrad und Preise steigen ständig, die 107er-Sammlerszene wächst. Der 500 SL ist besonders begehrt.

Eine weitere Eigentümlichkeit der 107er besteht darin, dass die Zweisitzer abweichend zur zuvor und später gebräuchlichen Praxis die Basis für das vier- bis fünfsitzige Oberklasse-Coupé durch Verlängerung der Bodengruppe bilden: Im Februar 1972 geht der 350 SLC in Produktion. Die Karriere des insgesamt mit fünf verschiedenen Motorisierungen angebotenen sportlichen Coupés, das im Gegensatz zum SL in internationalen Einsätzen sogar zu sportlichen Ehren gelangt, ist wesentlich kürzer als die des offenen Basistyps. Sie endet im September 1981 nach 62.888 gebauten Wagen.

Während in Deutschland alle jemals gebauten SLC die höheren Weihen des Oldtimer-Status erreicht haben und mit einer mehr als 30 Jahre zurückliegenden Erstzulassung kostensparend H-Kennzeichen-tauglich sind, bleibt den Roadstern aus den allerletzten Baujahren (300 SL, 420 SL, 500 SL und 560 SL) dieser Vorzug noch versagt, ist aber in greifbarer Nähe. In den Genuss dieser

Der kann auch anders: Mag man sich den SL, hier ein topasbraunes Exemplar, gleich als Golfplatz-Deko vorstellen, erscheint die erfolgreiche Sportlaufbahn abseits feinen Rasens heute fast exotisch (unten): der 450 SLC 5.0 im harten Rallye-Einsatz.

Mit Werksgarantie: Noch heute kann man einen 107er beim Hersteller kaufen – allerdings mit Oldtimer-Status in der Abteilung „Young Classics".

Steuervergünstigung kommen die meisten V8-Typen und alle Sechszylinder des Modells 280 SL. Für die Besitzer der jüngeren Modelle ist es trostreich zu wissen, dass für die ab September 1986 serienmäßig mit geregeltem Drei-Wege-Katalysator (G-KAT) ausgerüsteten Fahrzeuge die Schadstoffklasse Euro 1 oder 2 gilt, die zu einer grünen Feinstaubplakette der Kategorie 4 und einem reduzierten Steuersatz berechtigt.

Auffällig ist, dass sich die Hundertsiebener nur für relativ kurze Zeit im Stadium des einigermaßen preisgünstigen Gebrauchtwagens befinden, ehe wieder ein deutlicher Aufwärtstrend in Richtung Liebhaberpreis einsetzt. Dabei sind natürlich die offenen Zweisitzer im direkten Vergleich teurer als die entsprechenden SL-Coupés. Beim Neupreis war es einst umgekehrt gewesen. Ein Abtauchen ins Halbwelt-Milieu, in den Großstadt-Kiez – wie bei gewissen Konkurrenzmodellen zu beobachten – findet in der Familie R/C 107 kaum statt. Die Solidität der Besitzer gleicht wohl der der Fahrzeuge.

Obwohl sich der Verfasser seit langer Zeit als schreibender Schrauber an seinen betagten Sternen betätigt und sich ständig im Erfahrungsumfeld sterntragender Liebhaberfahrzeuge bewegt, stellt diese Veröffentlichung keine Kaufberatung im üblichen Sinne dar. Ein derartiger Ratgeber würde den Rahmen des Buches gehörig sprengen, denn

Thema Sicherheit: Mercedes-Benz hat früh darauf gesetzt und niemals damit hinterm Berg gehalten.

zu sagen gäbe es vieles: So sind die 107er typische Produkte der Siebziger – nicht nur im Styling, sondern auch in der ausgeprägten Rostanfälligkeit besonders der frühen Modelle bis etwa Baujahr 1978. Da gilt der Grundsatz der „Gnade der späten Geburt".

Auch die wenig alterungsbeständigen Elektronikbauteile der D-Jetronic führen immer wieder zu schierer Verzweiflung der Besitzer. Zudem gibt es nicht selten Zulassungsprobleme mit den vielen Spätheimkehrern aus den USA. Für praktische Fingerzeige sind die recht aktiven Clubs mit ihren kompetenten Referenten zuständig – siehe Anhang. Im Vordergrund stehen in diesem Buch vielmehr die detaillierte Typengeschichte, der Geist jener Automobil-Epoche und die Internationalität des Entwurfs.

Heribert Hofner, im Sommer 2017

Zeitlos schön: Dieser perfekt restaurierte späte 500 SL ist so begehrenswert wie einst.

01 Nimbus SL

Zwei Buchstaben stehen für Individualität, für Solidität, für technische Reife und Fertigungsgüte

Die beiden im mächtigen Schatten des Mercedes-Sterns zunächst ohne große Hintergedanken eingeführten Großbuchstaben „SL" sind es, die in den fünfziger und sechziger Jahren die Erweiterung des Sportwagen-Begriffs auslösen: vom mehr oder minder kompromisslosen Sportgerät über den ebenso kompakten wie komfortablen Roadster oder den schnellen Sommer-Reisewagen bis hin zum prestigeträchtigen offenen Boulevard-Cruiser mit Allwetter-Qualitäten.

Diese charakterologische Bandbreite umfasst bis zur gegenwärtigen SL-Klasse der Baureihe R 231 acht Modellfamilien – sieben davon serienmäßige, käufliche Automobile – mit deutlich voneinander abweichenden Wesenszügen:

Am Anfang steht der solitäre SL-Urahn des Baumusters W 194 aus dem Jahr1952 – eigentlich ein nicht für Serienfertigung und Verkauf vorgesehener Sport-Prototyp, der Werkseinsätzen bei Langstreckenrennen und schließlich dem Flügeltüren-Coupé (W 198) als konstruktive Basis dient. Mit ihm beginnt die Nomenklatur der beiden Kult-Buchstaben, die ganz unspektakulär für „Sport leicht" stehen. Beide Attribute – sowohl die Sportlichkeit als auch der Leichtbau – werden in späteren Jahren immer wieder in Frage gestellt. Kein Wunder, denn der Versuch einer Definition des Begriffs „Sportwagen" ist fast so müßig wie die Suche nach dem utopischen Perpetuum mobile.

Die unterschiedliche Natur der einzelnen SL-Generationen wird beim Einsatz im Motorsport – sei es in privater Hand oder werksseitig – deutlich: Die Erfolge des ursprünglichen 300 SL in beiden Bauformen als Flügeltürer und als Roadster sind unbestritten, sind geradezu legendär geworden und haben in

Ahnengalerie: Immer wieder bedeuten die magischen Lettern SL (für „Sport" und für „leicht") eine neue Variation. Hier im Uhrzeigersinn der legendäre 300 SL bei der Carrera Panamericana 1952, der „Flügeltürer" im Straßentrimm und das Roadster-Derivat.

erster Linie das himmelhohe, bis heute durch nichts zu erschütternde Ansehen dieser Autos geprägt.

Der niedliche 190 SL hatte von Haus aus eine andere Rolle jenseits aller Rundkurse und Pisten zu spielen. Noch einmal ganz anders geriet die folgende „Pagode", zumindest in erster Auflage: Der 230 SL

trägt 1963 zu Eugen Böhringers Titelgewinn der Rallye-Europameisterschaft bei. Dass die Linienführung des Pagoden-SL in der Untertürkheimer Chefetage posthum als „zu feminin" bezeichnet wird, ist nicht ohne weiteres nachzuvollziehen.

Die folgende Baureihe 107 – Gegenstand dieses Bandes – hat mit sportlichem Lorbeer dagegen zunächst wenig zu tun. Erst mit dem Erscheinen der Coupé-Variante ändert sich dieses Bild umso deutlicher. Doch davon später mehr.

Die nächsten beiden SL-Generationen haben sich zu zwar leistungsfähigen, aber doch recht stattlichen Luxusgeschöpfen entwickelt. Einen Vertreter der gewichtigen Baureihe R 129, die eine Amtszeit von mehr als zwölf Jahren erreichte, wird wohl niemand ernsthaft bei Wettbewerben einsetzen wollen – es sei denn bei Schönheitskonkurrenzen.

Die bis Ende 2011 gebaute Folgegeneration der SL-Klasse R 230 hingegen zeigt nach der zweiten Überarbeitung, die eigentlich über ein Facelifting weit hinausgeht, wieder deutlich mehr Sportwagen-Gene. Gleichwohl bleiben diese mit ihrem gelungenen Styling beeindruckenden Autos im Grunde mit über zwei Tonnen Lebendgewicht letztlich überaus luxuriös definierte Stahldachcabrios.

Im März 2012 folgt nach zehn Jahren Modellaufzeit die Roadsterfamilie R 231. Karosserie und Rohbau sind zum ersten Mal fast vollständig aus Aluminium gefertigt. Das Kürzel „SL" wird wieder etwas wörtlicher genommen. Die Gewichtsreduzierung durch den Vollaluminium-Rohbau zählt zu den herausragenden konstruktiven Merkmalen und bringt gegenüber den Vorgängern ein Minus von rund 140 Kilogramm mit sich. Dennoch verkörpert auch diese Generation eher den gediegenen, komfortbetonten Zweisitzer als den Sportler.

Neue Generationen. Weitere Stationen der SL-Geschichte sind der 190 SL, die „Pagode", und der auch mit zwölf Zylindern lieferbare R 129 (links von oben) sowie der R 230 (oben), mit dem das Stahl-Klappdach anstelle des traditionellen Textilverdecks eingeführt wird.

Zitatenschatz: Die siebte Generation der SL-Klasse – rechnet man die parallel gebauten 300 SL und 190 SL als separate Typen – wird von der in Europa Ende März 2012 vorgestellten Baureihe R 231 verkörpert. Das Leistungsspektrum reicht von 306 bis 630 PS.

Der weltweit bestens eingeführte Mythos SL findet so ständig seine Fortsetzung – bis zurück zu unserem Titelhelden. Die ersten drei Baumusterfamilien des Zweisitzers sind jeweils rund acht Jahre lang im Amt. Das ändert sich mit der Baureihe R 107 mit einer Bauzeit von 18 ½ Jahren grundlegend. Diese hausinterne Bestleistung dürfte – zumal in einer Ära reduzierter Modell-Laufzeiten – kaum jemals mehr zu überbieten sein.

In der Typengeschichte von Mercedes-Benz gibt es keine andere reine Personenwagen-Baureihe, die über einen auch nur annähernd so langen Zeitraum gefertigt wurde. Selbst der Vor- und Nachkriegs-Dauerbrenner 170 V (Grundbaumuster W 136) kommt da längst nicht mit: Er erreicht – mit kriegsbedingter Unterbrechung – summa summarum eine Produktionsspanne von etwas mehr als 14 Jahren.

Freilich stellen die im Februar 1979 auf dem Markt eingeführten Geländewagen der G-Klasse in der Disziplin der Fertigungskonstanz eines Grundbaumusters alles andere in den Schatten – nur lässt hier die Vermischung mit dem Nutz- und Militärfahrzeugcharakter keine einwandfreie Zuordnung zur Kategorie der Personenwagen im landläufigen Sinne zu.

Ein weiteres SL-Novum ist die breite Auffächerung in Motorisierungsvarianten mit V8- und Sechszylinder-Triebwerken. Vom Roadster gibt es im Laufe der Karriere acht Grundtypen, vom kürzerlebigen Coupé-Stamm SLC sind es deren sechs. Um die Mitte der achtziger Jahre – nach immerhin 14-jähriger Bauzeit – erreicht das Auftragsvolumen der Roadster seinen Höhepunkt. Als 1988 die Einstellung der Produktion mit fast einem Jahr Vorlauf angekündigt wird, kommt es zu einem unerwarteten Nachfrageschub.

Von allen Modellvarianten der Roadster-Baureihe R 107 entstehen 237.287 Exemplare. Dazu kommen die direkten Coupé-Abkömmlinge der Baumusterfamilie C 107, die es – in allerdings „nur" zehn Jahren – auf insgesamt 62.888 Einheiten bringen. Damit ist über die globale Wertschätzung der Hundertsiebener eigentlich genug gesagt.

Oh Lord, won't you buy me a Mercedes-Benz …

In einer französischen Veröffentlichung wird der SL der Reihe 107 mit seiner Ausgewogenheit zwischen Komfort und Sportlichkeit als wahrer Grand-Tourisme-Vertreter im Sinne des verblichenen Facel Vega bezeichnet. Weitaus ausgeprägter ist die Erfolgsgeschichte unter den *Stars and Stripes* – im doppelten Sinne des Wortes: der ungeheure Verkaufserfolg der Typenreihe in Nordamerika und der SL als dinghafter Ausdruck des Erfolgs und der sozialen Position seiner Besitzer.

Bei der Baureihe 107 ist der Ausfuhranteil in die Vereinigten Staaten – modellspezifisch gesehen – auf 94 Prozent gestiegen. Unter 50 Prozent liegt die modellbezogene Ausfuhrquote nie. Ein Typ der Reihe, der 560 SL, wird gar in erster Linie für den US-Export (und für weitere an den US-Abgasvorschriften orientierte Länder wie Kanada, Australien und Japan) entwickelt und ist in Europa nicht erhältlich. Fast 94 Prozent dieses Modells werden in die USA ausgeführt.

Aus dem Straßenbild der besseren Viertel der US-amerikanischen Großstädte und aus den Badeorten von Pazifik- und Atlantikküste ist der SL nicht wegzudenken. Auf Grund seiner Häufigkeit auf den Spielplätzen der Highsociety erhält er den Kosenamen *„Newport Beach Chevy"*.

Noch Ende 2013 überschreibt die US-amerikanische Oldtimer-Fachzeitschrift *Hemmings Motor News* ein Feature über den 107er mit den Schlagworten *„Timeless design, bulletproof mechanicals and all the cachet of 1980s success"*. Na ja – dem für das Mutterland der exzessiven Schusswaffen-Affinität typischen Attribut „kugelsichere Mechanik-Komponenten" und dem „Gütesiegel des Erfolgs der Achtziger" kann man auch aus Sicht der Alten Welt zustimmen. Aber „zeitloses Design"?

Der SL scheint geradezu fester Bestandteil des American Dream zu sein. Diesen Symbolgehalt nimmt Janis Joplin 1969 mit ihrem Top-Hit „Oh

Vieraugen-Gesicht für USA: Mindestens die Hälfte aller 107er geht mit den üblichen Sicherheits-Extras und -Auswüchsen über den Großen Teich.

„Newport Beach Chevy“: Für die Reichen in den USA war der SL schon immer ein Muss.

Lord, won't you buy me a Mercedes-Benz“ offenbar vorweg. Ihr gebethaftes Flehen wirkt vor dem Hintergrund, dass ihre Freunde alle „nur“ Porsche fahren, ein wenig pikant. Dass sie im richtigen Leben tatsächlich einen Porsche 356 C fährt, tut dem Gehalt des Liedtextes keinen Abbruch.

Dieses Sinnbild wird aber vor allem in einer Vielzahl vorwiegend amerikanischer Spielfilme deutlich. Die Hundertsiebener sind allgegenwärtige Movie-Stars, wirken in mindestens 30 Kinoproduktionen und Serien mit und dienen der angemessenen Fortbewegung von Weltklasse-Schauspielern: Walter Matthau in „Charley Varrick“ (1973), Richard Gere in „Ein Mann für gewisse Stunden“ („American Gigolo“, 1980), Julie Andrews in „S.O.B.“ (1981), Eddy Murphy in „Beverly Hills Cop I“ (1984), Clint Eastwood sowohl in „Der Wolf hetzt die Meute“ („Tightrope“, 1984) als auch in „Der Anfänger“ („The Rookie“, 1990), Julia Roberts in „Mystic Pizza“ (1987), Mickey Rourke und Faye Dunaway in „Barfly“ (1987), Robert de Niro und Sharon Stone in „Casino“ (1995) oder Gene Hackman in „Heartbreakers“ (2001). Im „Exorzisten“ (1973) spielt der SL der Reihe R 107 genauso mit wie in „Max Dugans Moneten“ („Max Dugan Returns“, 1982), in den Komödien „Ein Fisch namens Wanda“ (1987) und „Straight Talk“ (1992) oder „In den Schuhen meiner Schwester“ („In Her Shoes“, 2005).

Was TV-Serien betrifft, fährt Rick alias Orville Wright in der zwischen 1980 und 1988 auf Hawaii gedrehten Reihe „Magnum P.I.“ so ein Auto, während die Lichtgestalt Bobby Ewing in der Seifenoper „Dallas“ (1978 – 1991) von 1981 bis 1987 mit einem roten 450 SL unterwegs ist. Diese SL-Generation darf natürlich auch in der konkurrierenden Familienserie „Denver Clan“ („Dynasty“, 1981 – 1989) nicht fehlen. Und Jonathan und Jennifer Hart bewegen in den 110 Episoden von „Hart aber herzlich“ („Hart to Hart“, 1979 – 1984) gleich mehrere Wagen dieses Typs. Schließlich fällt auch im Spielfilm „Notting Hill“ mit Julia Roberts und Hugh Grant (1999) ein (zufällig?) am Straßenrand der Londoner City geparkter seltener 450 SLC 5.0 ins Auge des fachkundigen Zuschauers. Hat diese ausgeprägte Movie-Präsenz der 107er mit der ungewöhnlich hohen „Frauenquote“ dieser Baureihe in den USA zu tun? Nach einer zeitgenössischen Pressemitteilung von Mercedes-Benz of North America werden 38 Prozent der in den Vereinigten Staaten abgesetzten R 107 von weiblichen Kunden erworben.

Diesseits von Hollywood schmücken sich viele Prominente in ihrem Privatleben mit dem 107er SL und seiner Coupé-Variante SLC, umgekehrt werden SL und SLC von der V.I.P.-Verkaufsabteilung der Daimler-Benz A.G. auch werbeträchtig mit Berühmtheiten garniert. Größen des Show-Geschäfts wie Dieter Bohlen, Udo Jürgens und Tony Marshall, Sportidole wie Uli Hoeneß oder Marika Kilius und Bühnen- und Kinostars wie Uschi Glas oder Christiane Rücker fahren den SL der fünften Generation.

Und noch einer steigert den Bekanntheitsgrad des Stuttgarter Luxusautomobils: Als der als Hardliner in die Geschichte eingegangene Generalsekretär der KPdSU, Leonid Breschnew, auf der Höhe des Kalten Krieges 1973 zum Staatsbesuch in Deutschland weilt, schenkt ihm Bundeskanzler Willy Brandt zum Abschied einen 107er – keinen Roadster, sondern einen 450 SLC.

Der Oberste Apparatschik der Sowjetunion – posthum als Autofan glorifiziert – unternimmt

Nicht schön, aber nötig: Gesetze in den USA verdarben die schönen Linien der flotten Autos aus dem alten Europa. Die dem Verkehrsministerium DOT (Department of Transport) angegliederte Behörde NHTSA (National Highway Traffic Safety Administration) schrieb ab 1.9.1972 die unschönen Stoßfänger vor, die einen Aufprall von 5 mph (8 km/h) zu absorbieren hatten, ohne Schäden an sicherheitsrelevanten Bauteilen zu hinterlassen.

mit dem Coupé eine spontane nächtliche Probefahrt, die prompt mit einer Beule im Blech endet. Da ist der 107er in guter Gesellschaft: Das gleiche Schicksal ist vorher schon einem Rolls-Royce Silver Shadow zuteil geworden. Lag's an der angeblich nicht vorhandenen Fahrerlaubnis oder am Genuss von zu viel „Wässerchen"?

Der Promi-Status der 107er-SL schlägt sich auch in den Lieferfristen nieder: Die Nachfrage nach dem Roadster ist jahrelang nur stark verzögert zu befriedigen, wobei die Transatlantik-Ausfuhr beim Fertigungsvolumen ganz offensichtlich Vorrang hat.

Einer von vielen: Die Liste der Promis mit eigenem 107er ist lang. Einer von ihnen ist „Bomber" Gerd Müller, Fußball-Weltmeister von 1974, der hier soeben seinen 450 SLC bei der Mercedes-Benz-Niederlassung München übernommen hat.

Schönheit muss leiden: Oxidation frisst Anmut

Im Nachhinein wird der Nimbus durch die Korrosionsanfälligkeit der 107er aus den ersten Baujahren bis etwa 1978 einigermaßen getrübt. Schließlich sind aus jener Epoche der frühen siebziger Jahre kaum Autos – welchen Fabrikats auch immer, „Schwedenstahl"-Volvos sind hier aus Erfahrung durchaus und bewusst eingeschlossen – für ihre Rostimmunität bekannt, da die Rostvorsorge bei allen Herstellern noch wenig konsequent betrieben wurde.

Daimler-Benz zeigte in dieser Hinsicht zwar spürbar ernsthafteres Bemühen, aber als Verwandte der „Strich-Acht"-Reihe (W 114/115) waren auch die 107er programmierte Opfer der braunen Pest. Mit Ausnahme einiger spezieller Modelle mit Motorhauben und Kofferraumklappen aus Aluminium bestehen die Karosserien der 107er aus zunächst unbehandeltem Stahlblech. Als anfangs besonders gefährdet gelten die A-Säulen, vordere und hintere Fahrwerksaufhängung, die Innen- und Außenschweller, die Wagenheberaufnahmen, die hinteren Radläufe, der Verdeckkasten und die Scheinwerfertöpfe.

Der Rostbefall der 107er hielt sich gegenüber der Korrosionsanfälligkeit der Volumenmodelle nur deshalb in noch akzeptablen Grenzen, weil den höherwertigen Autos einerseits im Rahmen der Kundendienste entsprechende planmäßige Vorsorgemaßnahmen zu Teil wurden und sie von ihren Eignern bessere Pflege erhielten, vor allem aber

Sic transit gloria mundi: So geht der Glanz der Welt dahin: Die von der Botanik umschlungene SLC-Leiche wurde bei der Autoverwertung Rietz in Duisburg entdeckt.

weil sie vorwiegend in der trockeneren, streusalzfreien Saison eingesetzt wurden. Viele konnten gar vom Status des reinen Sommerautos profitieren.

Heute gibt es kaum einen ursprünglich in Mitteleuropa ganzjährig eingesetzten 350 SL oder 450 SL, der ohne Schweißarbeiten noch völlig unberührt wäre und vor allem noch mit den Originalschwellern aufträte. Auch frühe 280 SL können noch Rostfraß angesetzt haben. Als ungleich haltbarer haben sich die SL der zweiten 107er Generation ab Modelljahr 1986 erwiesen: 300 SL, 420 SL und 500 SL, dazu die Übersee-Version 560 SL. Sie stellen überdies die (noch) bessere Verarbeitungsqualität unter Beweis.

02 Aufbruch in die vierte SL-Generation

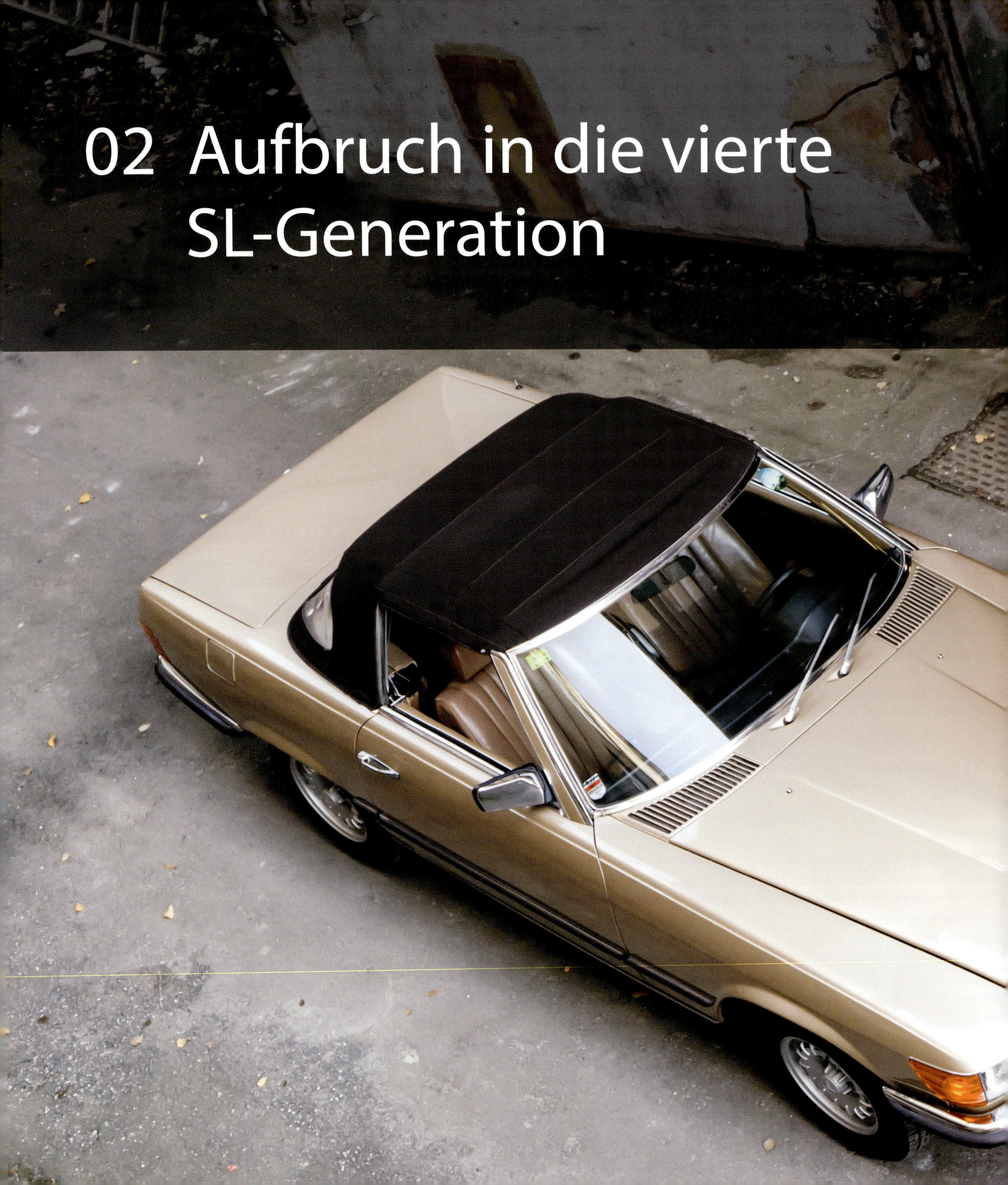

MTK RW 57 H

Die Entstehungsgeschichte der Baumusterfamilie R 107

Die Generation Pagode im Roadster-Stammbaum von Mercedes-Benz erscheint um die Mitte ihrer Lebenszeit noch kaum ersatzbedürftig, denn über den Verkauf, besonders jenseits des Atlantiks, lässt sich nicht klagen. Vor allem die dritte Auflage in Form des 280 SL findet regen Absatz. Allerdings lassen ab Anfang 1968 die neuen Strich-Acht-Limousinen mit ihrer Schräglenker-Hinterachse den Pendelachs-SL schon ein wenig alt aussehen. Die zuweilen unerwarteten Reaktionen des Wagenhecks im Grenzbereich – besonders auf nasser Fahrbahn – stellen nicht unbedingt einen Unsicherheitsfaktor dar, erfordern aber in dieser für SL-Eigner seltenen Situation ein gewisses Fahrkönnen.

Werbe-Klassiker: Frühlingsblüte, Dame im Sommerkleid und gediegene Kulisse: So und nicht anders wurden Mercedes für Mercedes fotografiert.

Die Pläne zur relativ frühzeitigen Ablösung des Roadsters sind indessen eher umweltpolitisch und im Zusammenhand damit kaufmännisch motiviert: Bereits Anfang 1966 wird bekannt, dass der Kongress der Vereinigten Staaten erstmals vorerst gemäßigten, aber bereits deutlich formulierten Einfluss auf die Technik der auf dem US-Markt angebotenen Automobile nehmen wird.

Als Stichtag der Wirksamkeit der Vorschriften zur passiven Sicherheit (Bundesbehörde DOT, Department of Transport, operativ ab 1. April 1967) und zur Umweltverträglichkeit (EPA, Environment Protection Agency, offiziell erst ab 1970 im Rang eines Ministeriums eingerichtet, aber durch vielerlei Verordnungen bereits vorweggenommen) gilt der 1. Januar 1968. Von vornherein lassen die Beschlüsse erkennen, dass auch nach 1968 mit periodisch wiederkehrenden Verschärfungen sowohl des Highway Safety Act als auch des Clean Air Act zu rechnen ist.

Bei den in hohem Maße exportorientierten europäischen Sportwagenbauern klingeln die Alarmglocken – in Untertürkheim ist besonders bei den Roadstern die Neuorientierung angezeigt: Der Anteil der in Nordamerika abgesetzten Mercedes-Zweisitzer liegt schon traditionell bei 70 Prozent und soll bei der Baureihe R 107 noch erweitert werden.

Der im Prinzip auf das Jahr 1951 zurückgehende ohc-Sechszylinder des Baumusters M 130 läuft Gefahr, den US-Normen in absehbarer Zeit nur noch nach einschneidenden und erheblich leistungsmindernden Maßnahmen entsprechen zu können. Andererseits existiert seit Herbst 1969 mit dem erstmals im 300 SEL 3.5 verbauten M 116 ein ausgezeichneter 3,5-Liter-V8-Motor – sozusagen ein small block – der bereits weitgehend auf die in den nächsten Jahren gültigen Richtlinien dies- und jenseits des Atlantiks zugeschnitten ist.

Da nun also ziemlich sicher der V8 den Reihensechser im Sportwagen ersetzen oder zumindest die Palette erweitern wird, ist ein neues Auto nötig. Grund dafür ist schlicht und einfach Platzmangel unter der Motorhaube. Bereits 1964 entstehen aus dem Zeichenstift des französischen Designers Paul Bracq – zunächst mehr spielerisch – erste Grobentwürfe für einen SL-Nachfolger, von denen einige bereits zaghafte Anklänge an die kommende Keilform aufweisen.

An der Ausarbeitung des endgültigen Formkonzepts der Baureihe 107 ist Bracq nicht mehr beteiligt. Er verlässt Daimler-Benz 1967 und verdingt sich beim Karosserie- und Lokomotivenbauer Brissonneau & Lotz in Creil im Norden von Paris, wo er für das atemberaubende Styling des legendären Hochgeschwindigkeitszuges TGV verantwortlich ist.

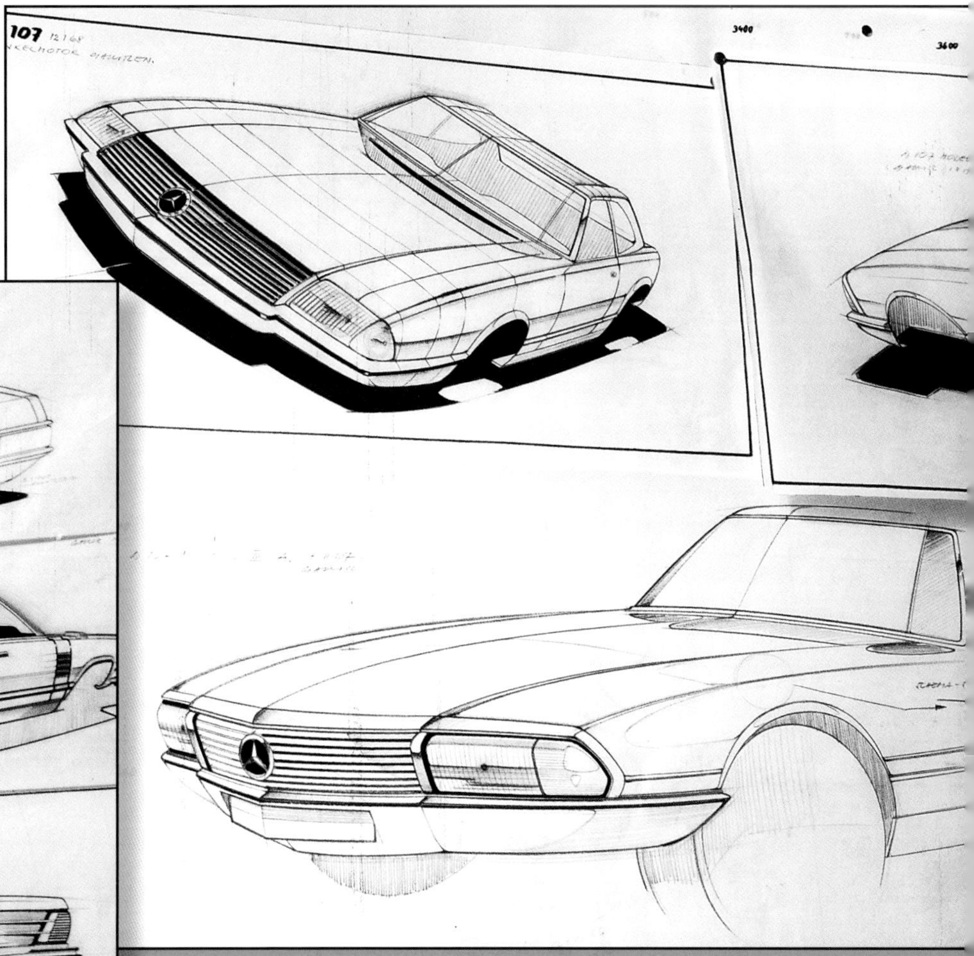

Strich für Strich: Bis der R 107 fertig dasteht, wird reichlich Papier vollgezeichnet. Die ersten Entwürfe liefert Paul Bracq schon 1964. Er scheidet 1967 bei Daimler-Benz aus.

Ende der 1960er: Hans Jooß, Leiter Modellbau, Friedrich Geiger, Leiter Stilistik, und Karl Wilfert, Chef der Karosserie-Vorentwicklung, begutachten einen Entwurf.

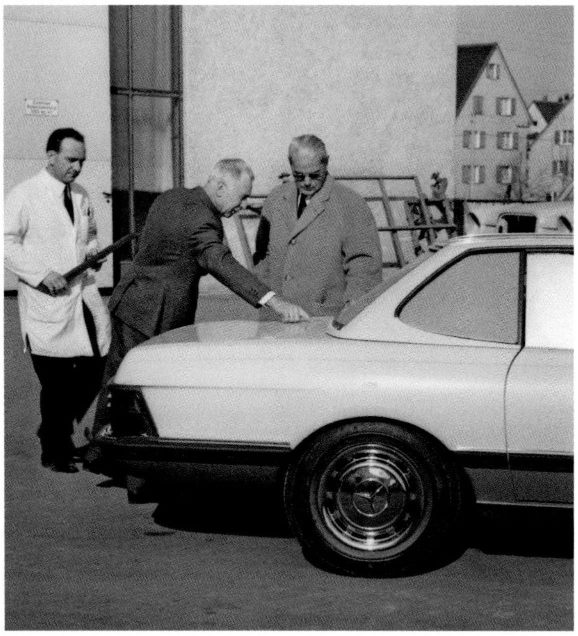

Ende 1965 – knapp zweieinhalb Jahre nach der Premiere des Pagoden-SL W 113 – ergeht unter der Projektziffer W 107 der Einwicklungsauftrag für den Nachfolger. Grob umrissen erwartet der Vorstand einen kraftvolleren, „männlicheren" Auftritt der Zweisitzer. Zudem soll der SL als Innovationsträger dienen und viele Neuerungen erfahren, die dann nach und nach auch den übrigen Personenwagen zugute kommen sollen.

Nichts ist unmöglich: Jedes Detail wird ausprobiert, geprüft, besichtigt, verworfen, genommen.

Dazu zählt auch der Einsatz des Kreiskolbenmotors, dem in jener Zeit noch eine goldene Zukunft prophezeit wird. Daimler-Benz hatte im Herbst 1961 die Lizenz zur Produktion von Wankelmotoren mit einer Motorleistung von mehr als 50 PS erworben und die Entwicklung sowohl eines Dreischeiben- als auch eines Vierscheiben-Triebwerks begonnen.

Die engagiert verfolgte Wankel-Technik gipfelt 1969 im rassigen Versuchsfahrzeug C 111, ehe sie sich vier Jahre später aus verbrauchsökonomischen und emissionstechnischen Gründen, nicht zuletzt aber auch wegen der (noch) nicht optimierbaren Verlässlichkeit als konstruktive Sackgasse erweist und aufgegeben wird.

Im Sommer 1966 wird das Lastenheft erstellt. Der Roadster soll im Gegensatz zum direkten Vorgänger eine homogen konzipierte, eigenständige Bodengruppe mit einem geschlossenen Kardantunnel als zentralem Hauptträger, mit kastenförmigen Längs- und Querträgern und angeschweißten Stahlblechböden erhalten. Die Eigentümlichkeit des Rückgrats liegt in den unterschiedlichen Blechstärken und der daraus resultierenden, exakt definierten Energieabsorption, der gezielt gesteuerten Verformbarkeit.

Die Verwendung der im Radstand verkürzten und in der Blechstruktur verstärkten Rahmenbodenanlage der Doppelbaureihe W 114/115 – der „Strich-Acht"-Limousinen der Mittelklasse – war zwar kurz angedacht worden, wird aber bald als ungeeignet verworfen. Der Zweisitzer soll die Stabilität einer Limousine aufweisen, eine Verwindungsneigung ist von vorneherein auszuschließen.

Das Lastenheft schreibt sowohl den Platzbedarf eines relativ hoch bauenden Sechszylinder-Reihenmotors als auch den eines in der Breite ausladenden V8 vor und diktiert die Verwendung der modernen Schräglenker-Hinterachse aus den „Strich-Acht"-Limousinen.

Die Karosserie-Vorentwicklung des 107er liegt in den Händen des gebürtigen Österreichers Karl Wilfert, seit 1965 Leiter dieses Ressorts. Die Ausarbeitung der Linienführung verantwortet Chefstilist Friedrich Geiger. Im Herbst 1967 stehen drei mock-ups in „Lebensgröße" bereit.

Am 18. Juni 1968 fällt in Sindelfingen vor versammeltem Vorstand in mühevoller Geburt der Formentscheid für den Roadster, der jetzt artgerecht

Das Stichwort

Friedrich Geiger (*24.11.1907, † 13.06.1996)

Leiter der Abteilung Stilistik Mercedes-Benz Pkw

Mehr oder minder im Hintergrund tätig, prägt Friedrich Geiger von den fünfziger Jahren an die Linienführung der Personenwagen von Mercedes-Benz. Von Natur aus zurückhaltend und bescheiden, tritt der Schwabe Geiger öffentlich kaum in Erscheinung, aber die meisten seiner in die Serie übernommenen Schöpfungen werden zu Klassikern ersten Ranges. Immerhin hat er stilistische Meilensteine wie den 500 K Spezial-Roadster (W 29, 1934) oder den 300 SL (W 198), dessen legendäre Flügeltüren auf sein Konto gehen, entworfen.

Der gelernte Stellmacher wird im April 1933 – durch ein Studium qualifiziert – von der Daimler-Benz A.G. als Konstrukteur in der Abteilung Sonderwagenbau eingestellt, wo er die „Sindelfinger Karosserien" für die im Hause karossierten Sport- und Luxuswagen entwirft. Mitte der fünfziger Jahre übernimmt Geiger die Leitung der Abteilung Stilistik. Zu seinen Mitarbeitern zählen im Laufe der Zeit Größen wie Paul Bracq und Bruno Sacco. Zum 1. Januar 1969 wird Geiger zum Hauptabteilungsleiter der Direktion Stilistik ernannt.

Bis zu seiner Pensionierung am 31. Dezember 1973 entwirft er eine Vielzahl von Mercedes-Personenwagen, darunter die Flossenmodelle (W 110 und W 111/112), den „Pagoden"-SL (W 113), den Luxusliner 600 (W 100), die Oberklasse-Baureihen W 108/109 und W 116, die „Strich-Acht"-Typenreihe W 114/115 und den SL mit dem Code W 107. Sein letztes Opus sind die Mittelklässler der Reihe W 123. Bruno Sacco, sein Nachfolger als Mercedes-Designchef, beklagte einmal in einem Interview, Friedrich Geiger habe weder in der Fachwelt noch innerhalb des Daimler-Benz-Konzerns den verdienten Dank oder die ihm gebührende Anerkennung erhalten.

unter der Projektbezeichnung R 107 rangiert. Es ist alles andere als einfach gewesen, den offenen Zweisitzer gegenüber einem ursprünglich „von oben" gewünschten 2+2-Coupé durchzusetzen, das in Sachen Insassenschutz als sicherer empfunden worden war.

Etwa zur gleichen Zeit wird auch zum ersten Mal das stark aufgefächerte Triebwerksangebot konkretisiert: Es umfasst die beiden aus den Oberklasse-Modellen bestens bekannten und mittlerweile reichlich antiquierten Reihen-Sechszylinder des Baumusters M 130 – sowohl mit Vergaser als auch mit mechanischer Benzineinspritzung –, die längst auf dem Prüfstand laufenden V8-Triebwerke der Baumuster M 116 und M 117 mit 3,5 respektive mit 4,5 Litern Hubvolumen und schließlich gar zwei Kreiskolbenmotoren in Drei- und Vierscheiben-Anordnung.

Einige progressiv gesonnene Vorstandsmitglieder sehen zwar im Wankelmotor das Triebwerk der Zukunft, das Gros der Ingenieure – nicht zuletzt Entwicklungsvorstand Dr. Hans Scherenberg – räumt aber den Achtzylindern den Vorrang ein. Im Frühjahr 1969 ist von den Sechszylindern (vorerst) keine Rede mehr, und die angedachten Kreiskolben-Varianten verschwinden kaum ein halbes Jahr später in der Versenkung. In den Straßenversuch gelangen sie nicht mehr.

Grillsachen: Entwurf Nummer III mit Alternativen. Der breite Chromrahmen links auf dem Boden soll es dann werden. Die Scheibenwischer haben noch den alten Schmetterlingsstil.

Luftwiderstandsbeiwert 0,41: In der Serienausführung bietet das der R 107 mit montiertem Hardtop.

Das Favorisieren der V8-Triebwerke ist in hohem Maße firmenpolitisch begründet – und zwar mit deutlichen Seitenblicken nach Bayern: Es ist längst nicht mehr zu übersehen, dass sich dort das einstige Sorgenkind BMW kaufmännisch und technisch prächtig entwickelt hat, in der Modellpolitik erfolgreich expandiert und allmählich zu einem ernsthaften Konkurrenten heranwächst. So hat man in München seit Herbst 1968 einen großartigen, seidenweich laufenden ohc-Reihensechser im Programm.

Was liegt da für die Mercedes-Techniker näher, als den Abstand mit Hilfe der V8-Triebwerke wieder herzustellen? Diese Distanz wird lange erhalten bleiben, denn erst 1992 tritt BMW – nach den beiden Intermezzi mit dem legendären „Barockengel" 501/502 (1954 bis 1964) und dem „angeheirateten" BMW-Glas V8 (1967/68) – wieder ernsthaft mit V8-Motoren auf den Plan.

Im Frühjahr 1969 ist der unter dem Code 107 entwickelte Sportwagen strukturell fertig. Letzter chirurgischer Eingriff ist die Verlegung des 90 Liter fassenden Kraftstofftanks in den formstabilen Bereich über die Hinterachse – außerhalb des Aufprallbereichs bei einer Heckkollision. Diese Anordnung ist ein Sicherheitsnovum für Mercedes-Benz-Personenwagen. Grund dafür sind sich abzeichnende Veränderungen der Sicherheitsbestimmungen.

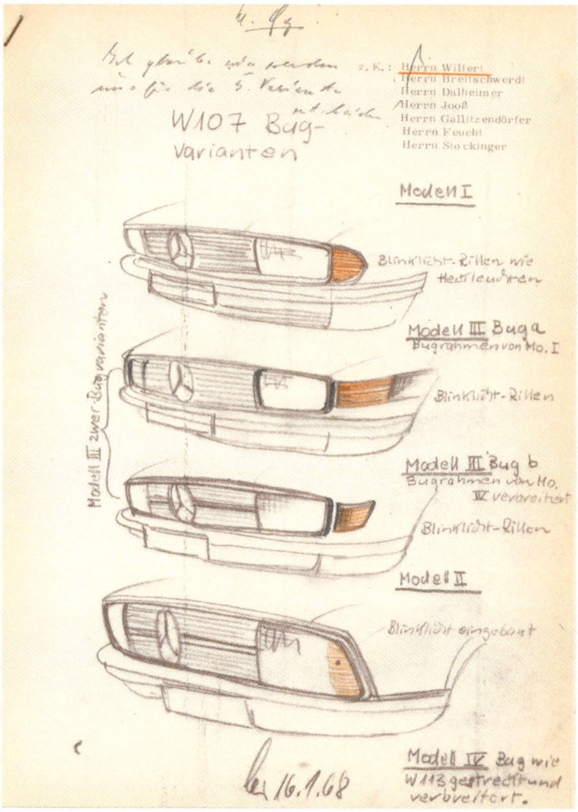

Mit der Baureihe 113, die der Hundertsiebener ersetzen soll, hat er nicht mehr viel gemeinsam. Alles ist anders geworden – Dimensionen, Kühlergesicht und Heckgestaltung, Leergewicht, Motor, Hinterachse und tausend weitere Details. Geblieben ist nur die konkave Oberfläche des Hardtops. Im

Erlkönig: Dieser stark verfremdete 350-SL-Prototyp – einer von 16 in den Jahren 1969 und 1970 – ist offiziell für den Straßenversuch zugelassen worden, als Ablenkungsmanöver allerdings in Ravensburg. Bemerkenswert ist der C111-II links im Hintergrund, der im gleichen Jahr mit seinem Vierscheiben-Kreiskolbenmotor ebenfalls in der Straßenerprobung läuft.

Sommer 1969 ist der Straßenversuch mit den beiden ersten handgearbeiteten Prototypen in vollem Gang. Zur Tarnung weisen diese Erlkönige das Heck des abzulösenden W 113 auf.

Auch hinsichtlich der passiven Sicherheit setzt die vierte SL-Generation neue Maßstäbe: Im Roadster kommt Béla Barényis Sicherheitskonzept des Drei-Boxen-Prinzips mit formstabiler Fahrgastzelle und vorderer und hinterer Knautschzone zum Tragen.

Da man schon aus optischen Gründen auf einen Überrollbügel à la Porsche Targa verzichten will, konzentrieren sich die Festigkeitsberechnungen für den Fall eines Überschlags auf die A-Säulen mit den Windschutzscheibenpfosten. Sie sind das Kernstück der Überschlagsicherheit. Ergebnis der aufwändigen Neuentwicklung ist eine um mehr als 50 Prozent höhere Belastbarkeit als bei den „Pagoden"-Vorgängern.

Zur weiteren Erhöhung der Stabilität wird die Frontscheibe in den Rahmen eingeklebt. Die Befunde der Upside down droptest-Reihen – das sind spektakuläre Dach-Fallversuche – ermöglichen letztlich auch in den USA die problemlose Zulassung der offenen Wagen nach den DOT-Bestimmungen selbst ohne Sturzbügel.

Unmittelbar vor der Vorstellung im April 1971 dreht dieser im Frontbereich noch getarnte 350-SL-Vorserienwagen letzte Testrunden zur Feineinstellung des Fahrwerks auf dem Hockenheimring.

Letzte Tests: Ein in München zugelassenes Vorserienmodell des 350 SL mit Hardtop absolviert im Sommer 1971 Langstreckenversuche auf der Autobahn.

Der 107er erobert Straße und Markt

Im November 1970 läuft die Vorserie an, und am 23. April 1971 wird der 350 SL der breiten Öffentlichkeit in den Niederlassungen und bei den Vertragspartnern präsentiert. In der deutschsprachigen Presse ist zur Einführung eine Großanzeige mit dem vollmundigen, in seinem Wahrheitsgehalt historisch nicht unbedingt haltbaren Text „Wenn ein neuer Mercedes kommt, dann kommt ein neues Auto“ erschienen.

Zuvor, ab dem 14. April 1971 – der Genfer Salon ist knapp verpasst worden – ist der 350 SL auf dem Hockenheimring drei Tage lang der internationalen Motorpresse vorgestellt worden. Die Testwagen können dort nach Herzenslust gefahren werden – und mancher Journalist, der zunächst hinter die etwas schwülstige Optik ein Fragezeichen gesetzt hatte, kommt trotz der unausgeglichenen Fahreigenschaften zu dem Schluss, bei dem Neuen handle es sich sehr wohl um einen Sportwagen.

Reinhard Seiffert schreibt bei der Modellvorstellung des 350 SL in Heft 9/1971 der Zeitschrift *auto motor und sport*: „Man darf ruhig Sportwagen dazu sagen“. Weniger begeistert äußert sich Paul Frère (1917–2008), prominenter Fachjournalist aus

Die Mercedes-Benz-Hauszeitschrift „In aller Welt“ stellt in ihrer Ausgabe Mai/Juni 1971 den brandneuen 350 SL vor und zeigt auf dem Titel zwei Vorserienautos auf der Einfahrbahn in Untertürkheim. Das Böblinger Nummernschild BB-A 716 steht für das Werk Sindelfingen und dient jahrzehntelang für Pressefotos.

Belgien, in der Sommerausgabe 1971 der edlen *Motor Revue* über die Fahreindrücke von Hockenheim. Er bemängelt das Fahrverhalten, das er im Ganzen als „enttäuschend“ bezeichnet – vor allem die ausgeprägte Untersteuertendenz und das „schwammige Verhalten“ bei Richtungswechseln. De gustibus non est disputandum …

Vielleicht ist die Idee, einen luxuriösen Tourensportler, dem keinerlei Wettbewerbsambitionen in die Wiege gelegt wurden, auf dem Hockenheimring einzuführen, ein wenig dick aufgetragen. Einen Wettbewerb ganz anderer Art freilich gewinnt der neue 350 SL wenig später: den Schönheitspreis beim Autosalon in Barcelona.

Winter(sport)tauglich: Mit Ketten geht es auch im Schnee vorwärts. An die Wirkung des Streusalzes darf man jetzt nicht denken.

Gemischte Bänder: SL und SLC entstehen im Werk Sindelfingen im Kreise anderer Modelle (links).

Der Hersteller schmiedet den Charakter seines Geschöpfs

Nach den Verlautbarungen des Herstellers jedenfalls ist alle Sportlichkeit entweder ein Irrtum oder ein Zufallsprodukt. In Pressemitteilungen wird ausdrücklich darauf hingewiesen, dass bei der Konzeption des Neuen größter Wert auf den Fahrkomfort gelegt wurde. Zwar spiele der Motor die Rolle eines „kultivierten Athleten", der 350 SL sei aber „kein harter Sportwagen".

In der ersten großen im Frühjahr 1971 geschalteten doppelseitigen Anzeige ist die Rede von der „Sportlichkeit mit Gewissen". Im ersten ausführlichen Prospekt zur Modelleinführung, erschienen im März 1971, – einer wahren Fibel des sportlichen Fahrens – steht zwar geschrieben: „Der 350 SL ist ein sehr schnelles Fahrzeug". Dann folgt aber eine Philippika ersten Ranges, die widersprüchlich beginnt: „Was soll eigentlich dieser Geschwindigkeitskult?"

Mit Ironie geht es weiter: „Seit der genialen Erfindung der Rallyestreifen und des Sportwagen-Looks für Familienautos gibt es die Sportlichkeit als Mode. Eine schöne Errungenschaft im Zeitalter der Massenmotorisierung, der Autoschlangen und des Berufsverkehrs." Im Verlauf des im Spiegel des Zeitgeistes hochinteressanten Textes folgt die Definition von Sportlichkeit à la Mercedes-Benz: „Zügiges, beherrschtes Fahren und kompromisslose Fairness".

Alles andere sei unvernünftig und – genau betrachtet – unmännlich. Denn „wer ständig versucht, 200 km/h zu fahren, um zu beweisen, was er für ein Kerl ist, beweist damit nur, dass er für sich und andere eine Gefahr darstellt". Basta! Wer allerdings eine freie Autobahn vor sich hat und sich und seinen Wagen kennt, der könne ruhig auch einmal 200 fahren. Soweit Daimler-Benz-Originalton. Also doch ein Boulevard-Cruiser, von seinem Elternhaus so gewollt?

„Kultivierter Athlet": Der neue SL sei ein Sportwagen, sagt Mercedes, aber kein harter.

03 „Ein eigenwillig schöner Zweisitzer“

MTK OA 38 H

Karosserie, Styling und passive Sicherheit

Das Design der Roadster-Baureihe R 107 in gemäßigter Keilform wird sogleich in mehr oder minder fachkundigen Artikeln, Leserbriefen und am Biertisch kontrovers diskutiert, die Emotionen bleiben alles andere als ungerührt. Das böse Wort vom „Sindelfinger Barock“ macht die Runde und verschwindet auch gleich wieder.

Das Hauptproblem ist – wie gemeinhin – in der Notwendigkeit zu suchen, die Menschen an etwas Neues zu gewöhnen. Eine derartige Konzentration von Neuerungen und Ausstattungspremieren hat es bei einem neuen Mercedes-Modell noch nie gegeben. Man kann im Nachhinein getrost von einem Innovationsträger sprechen, der sich der Perfektion weiter genähert hat.

Eines ist aber nicht von der Hand zu weisen: Die Formgebung des Roadsters wirkt unruhiger als beim Vorgänger, nicht mehr so einheitlich, harmonisch und klar. Sie als stilrein zu bezeichnen, fällt schwer. Mal leicht konkav (wie Kofferraumdeckel

Dreierlei Zustand: Der neue SL läst sich mit Hardtop wie ein Coupé, offen oder geschlossen fahren.

Feinarbeit: Edel und gut verarbeitet bis ins Detail erfüllt der SL die höchsten Ansprüche.

und Hardtop), dann wieder konvex (wie die Motorhaube), mal hier eine Wölbung, dort eine Kante, dann eine Rundung, eine Biegung … Irgendwie klingt es schlüssig, dass der Hersteller selbst den 107er als „eigenwillig schönen Zweisitzer“ bezeichnet.

Lassen wir Paul Frère – er war zweifellos einer der berufensten Motorjournalisten aller Zeiten – zu Wort kommen. In seiner Vorstellung des neuen 350 SL im Nobelmagazin *Motor Revue* schreibt er, er habe mehr erwartet. Seine bitteren Worte lassen es an Deutlichkeit nicht mangeln: „Schon rein optisch lässt der neue Wagen seinen Vorgänger nicht vergessen.“ Und: „Der herrliche Anblick der Breitbeinigkeit des Vorgängers (gemeint ist natürlich die „Pagode“) ist durch die Verkleinerung der Spur um 45 mm (durch die vom Vorstand vorgesehene Verwendung der W-114-Hinterachse, Anm. d. Verf.) und die Verbreiterung der Karosserie dahingegangen.“ Auch von der Seite gesehen wirke der Neue schwerfälliger, schreibt Frère.

Die hohe Gürtellinie und die großen Blechflächen, die der Versteifung der offenen Karosserie dienen, führen während der Entwicklungsphase innerhalb der Projektgruppe zum vielleicht gar nicht ironisch gemeinten Beinamen „Panzerwagen“. Dieser Kosename wird später – einmal ans Tageslicht gekommen – im anglophonen Sprachraum endlos kolportiert werden. Nicht selten werden zum Verkauf stehende 107er-Roadster in den Anzeigenteilen US-amerikanischer Automobilzeitschriften mit der Benennung „Panzerwagon“ spezifiziert und damit vom Vorgänger W 113 und vom Nachfolger R 129 unterschieden.

Die optische Gliederung der hohen Taille übernehmen eine Längssicke, die gummibelegte Flankenschutzleiste und die Riffelung unterhalb des Schutzstreifens.

Es melden sich Kritiker zu Wort, die meinen, es sei dadurch zu viel Unruhe in die Seitenansicht geraten. Die Zeit jedoch heilt alle Wunden – heute gilt der R 107 uneingeschränkt als attraktives Auto.

Unzweifelhaft ist der neue SL Trendsetter in Sachen Mercedes-Styling: Er nimmt eine Vielzahl von Stilelementen der kommenden S-Klasse (W 116, ab September 1972) und in abgemilderter Weise auch der Mittelklasse (W 123, ab Dezember 1975) vorweg: Die rechteckigen, mit H4-Halogenlampen ausgerüsteten Scheinwerfer sind erstmals nicht mehr – wie 1959 bei der großen Baureihe W 111 eingeführt – vertikal, gleichsam gotisch nach oben strebend angeordnet, sondern waagrecht.

Sie beherrschen links und rechts des SL-üblichen Kühllufteintritts mit dem großen Stern, der durch einen weiteren breiten Lufteinlass unter der schmalen, mit einer Gummileiste besetzten Stoßstange ergänzt wird, das Kühlergesicht. Die Blinkleuchten sind weit in die Wagenflanken hinein gezogen.

Neues Familiengesicht: Halogen-Breitbandscheinwerfer und die berühmten profilierten Gläser vor dem in die Kotflügel gezogenen Ellipsoid der Blinker sind neu am jüngsten SL.

Die Scheibenwischer laufen nun parallel und nicht mehr im Schmetterlingsstil wie bei den Vorgängern. Das hohe Heck wird durch die großen Rückleuchten mit ihren ungewohnt geformten Deckgläsern charakterisiert. Sie weisen erstmalig ein ausgeklügeltes verripptes Profil gegen die Verschmutzung mit Spritzwasser im Heckwirbel auf, das auf Überlegungen von Karl Wilfert zurückgeht.

Das im Schwellerbereich unterhalb der Flankenschutzleiste ondulierte Blech ist Gegenstand heftiger Missbilligung. Nein, Wellblech ist es nicht, wie es zuweilen bei Citroën (2 CV alias „Ente“, Lieferwagen AZU und HY) aus Stabilisierungs- und Schwingungsgründen verwendet wurde. Vielmehr dient das Waschbrettprofil der optischen Auflockerung der – durch die Festigkeit des Aufbaus bedingt – ziemlich hoch geratenen Gürtellinie.

Zudem haben aerodynamische Versuche ergeben, dass die Rillen das von den Rädern aufgewirbelte Spritzwasser von Flanken und Seitenscheiben fernhalten. Dieses stilistische Detail wird Ende 1979 von der zweiten so benannten S-Klasse-Generation W 126 für knapp sechs Jahre aufgenommen werden.

Breitenwirkung: Am Beispiel dieses 500 SL von 1985 ist zu sehen, wie im Vergleich zum Vorgänger beim 107er die Horizontale stärker betont wird.

Gründlich. Profilrillen in Lampengläsern und Flanken halten Spritzwasser und Schmutz zurück, neue Zuggriffe an den Türen und erstmals von innen einstellbare Außenspiegel zeugen von der Liebe zum Detail.

Eine weitere Premiere ist die Einführung der Windleitprofile an den Säulen der Windschutzscheibe, die im Begegnungs- und Kolonnenverkehr das Verschmutzen der Seitenfenster durch Sprühwasser verhindern. Auch das wird bald für die zweite Auflage der Limousinen und Coupés der „Strich-acht“-Reihe W 114/115 im August 1973 übernommen.

Erstmals werden bei einem Mercedes Zuggriffe an den Türen verwendet – hier sind sie noch besonders formschön und verchromt. Der 350 SL als Urvater aller 107er ist das erste Mercedes-Benz-Modell mit von innen – wenn auch noch manuell – einstellbaren Außenspiegeln.

Die Wagenhöhe hat nur um einen Zentimeter abgenommen – dennoch sieht der Neue deutlich niedriger aus als sein Vorgänger. Das liegt an der Betonung der Horizontalen im Bug- und Heckbereich und an der um immerhin 34 mm größeren Wagenbreite.

Der Eindruck von Streckung und Spannung beruht vor allem auf der Längenzunahme um 85 mm, obwohl der Radstand nur um 60 mm vergrößert wurde und noch immer als sportlich kurz gelten darf. Er ist schließlich nur vier Zentimeter länger als der Achsabstand des zeitgenössischen Volkswagen-„Käfers“ 1302. Wegen der vorne um 32 mm, hinten gar um 45 mm geringeren Spurweite kommt der 107er nicht mehr so drahtig-breitbeinig daher wie die „Pagode“.

Die Windschutzscheibe steht zeitgemäß flach und wird ihrer Bezeichnung gerechter als die des Vorgängers, denn sie hält beim Offenfahren den Luftzug von den Häuptern der Insassen weitgehend fern. Negativer Nebeneffekt: Zusammen mit der gewölbten Motorhaube und der hohen Gürtellinie bietet das effektive Sichtfenster der Frontscheibe

Neues Standing: Flacher, breiter und ein bisschen länger als die Pagode ist der 107 - und sieht schon im Stand eher wie der feine Gleiter aus, der er ist. Das Hardtop – im Mercedes-Benz-Originalton als Coupédach bezeichnet – ist ab Mai 1975 mit einer heizbaren Heckscheibe aus Verbundglas ausgestattet. Bis April 1980 ist das Coupédach als Sonderausstattung aufpreispflichtig, dann zählt es zum Serienumfang.

Raffiniert: Scheibenrahmen und -form halten Zug ab. Das Cockpit ist so klar und praktisch – und gleichzeitig todschick –, wie man das von einem Mercedes erwartet. In dem sehr frühen 350 SL rechts oben sind noch die erste Kulisse des Automatik-Wählhebels, die separaten Huptasten im Lenkrad und die Zeituhr zwischen den Ausströmern der Belüftung zu sehen. Der 280 SL von 1984 rechts unten weist den Betätigungshebel für die damals für DM 564,30 erhältliche Geschwindigkeitsregelanlage namens Tempomat auf.

gegenüber dem Vorgänger deutlich verschlechterte Rundumsicht. Das wird in der Fachpresse auch immer wieder kritisiert.

Die aerodynamische Zielsetzung des neuen Roadsters ist ganz im Geist der Zeit zu sehen mit heutigen Maßstäben nicht zu messen. Ende der sechziger Jahre dient die Strömungslehre vor allem dem Erzielen möglichst hoher Geschwindigkeiten bei gegebener Motorleistung oder aber der optimalen Kühlluftzufuhr. Ökonomische oder gar ökologische

Erfordernisse spielen auf dem Gebiet der Luxuswagen – wenn überhaupt – eine eher untergeordnete Rolle.

Unter diesem Blickwinkel ist der Beiwert des Strömungswiderstandes der ersten 107er-Generation (350 SL) von $c_W = 0{,}55$ (offen) respektive $c_W = 0{,}44$ (mit geschlossenem Verdeck) und $c_W = 0{,}41$ (mit Hardtop) zu sehen. Im direkten Vergleich zum Porsche 911 mit dem Koeffizienten $c_W = 0{,}39$ sind diese Werte zwar alles andere als eine Glanzleistung,

aber gegenüber dem Gros der Automobile der Jahrgänge 1971 und 1972 fallen die 107er hinsichtlich ihrer Windschlüpfigkeit keineswegs aus dem Rahmen. Auch die 1972 vorgestellte S-Klasse der Baureihe W 116 besitzt einen c_W-Wert von 0,41.

Das Armaturenbrett ist Teil der Karosserieversteifung und an der Oberkante wie im Kniebereich stoßnachgiebig mit entsprechend dicker Pols-

Umzug: Beim Zentralinstrument der zweiten Ausführung ab August 1973 ist die Zeituhr in die Skala des Drehzahlmessers gewandert (oben links).

terung als Aufprallschutz ausgebildet. Das neue Vierspeichen-Sicherheitslenkrad mit Polsterplatte und Pralltopf ist an Kranz, Speichen, Polsterplatte und Nabe mit Polyurethan umschäumt und debütiert im Roadster, um dann stufenweise dem Rest der Modellpalette zur Verfügung zu stehen. Einen Fahrer-Airbag und Gurtstraffer gibt es ab September 1982 als Sonderausstattung.

In klassischer Mercedes-Manier sind drei Rundinstrumente in einer blendfrei gestalteten Konsole platziert: großer Tacho (ziemlich zurückhaltend bis 240 km/h kalibriert) in der Mitte, rechts daneben der Drehzahlmesser und links das Kombiinstrument, das in drei Skalen Tankinhalt, Öldruck und Kühlmitteltemperatur angibt. Ein netter Gag ist die im Handschuhfach platzierte, sich ständig nachladende Akku-Taschenlampe. Ab September 1977 werden Cockpit und Mittelkonsole bei allen SL und SLC mit Holzfurnier veredelt.

Gradmesser: Im Armaturenbrett der bei der umfassenden Modellpflege im Herbst 1985 eingeführten dritten Ausführung ist die mittlere Kugeldüse zugunsten der Außentemperaturanzeige wieder verschwunden.

Der passiven Sicherheit dienen deformierbare Hebel und die versenkt angeordneten Schalter. Mit der weitgehend zugfrei arbeitenden Heizungs- und Belüftungsanlage wird völliges Neuland betreten. Die Temperatur wird unabhängig vom Staudruck durch Luftmischung geregelt, wobei ein vierstufiges Gebläse tätig wird.

Bei dieser R107-Mittelkonsole aus der letzten Bauphase ab Herbst 1985 – es handelt sich um einen 500 SL aus dem gleichen Jahr – erkennt man oben in der Mitte den Umluftschalter des Belüftungssystems.

Das Innere der Türen ist an Luftkanäle angeschlossen. Über eine Art Kapillarsystem werden die Seitenscheiben beschlagfrei gehalten und Perforationen in den Stoffeinsätzen der Türverkleidungen wirken als Flächenheizung. Die als Sonderzubehör lieferbare Klimaanlage arbeitet mit diesem Funktionsschema zusammen.

Der Raum hinter den Sitzen ist größer geworden und kann nun für zwei optionale Kindersitze (Aufpreis DM 283,05) an Stelle der Gepäckablage verwendet werden. Für Gepäck wird überhaupt genügend Platz

Unsichtbar: Die Türen sind durch Luftkanäle im Inneren mit dem Heizungs- und Belüftungssystem verbunden.

Das reicht für die ganze Besatzung: Zwei finden Platz im SL, und für Gepäck für zwei taugt auch der 252 Liter große Kofferraum.

geboten, was dem Charakter des Tourensportwagens entspricht. Der Kofferraum ist zwar kürzer als beim Pagoden-SL, aber um einiges tiefer und weist ein Fassungsvermögen von 252 Litern auf.

Die Ausstattung ist – auch am hohen Preis des Wagens relativiert – perfekt und umfasst serienmäßige Details, vor allem aber auch Optionen, die im Angebot von Daimler-Benz bisher noch kaum zu finden waren. Dazu zählen die zunächst aufpreispflichtig von innen verstellbaren Außenspiegel und die verdeckt eingebauten Spannrollen für die vorerst nur wahlweise lieferbaren Dreipunkt-Automatikgurte, die ab März 1973 zur Grundausstattung zählen.

Serienmäßig ist der SL mit einem hochwertigen Textilverdeck aus dreilagigem, zwischengummierten Sonnenland-Stoff auf Dralon-Basis ausgerüstet, von dem man sagt, er sei der strapazierfähigste und haltbarste Verdeckstoff auf dem Markt. Das Plastik-Heckfenster ist dreigliedrig ausgeführt.

Dieses Verdeck gilt in jenen Tagen mit seinem genial unkomplizierten Mechanismus als mühelos zu öffnen und zu schließen, obwohl zu diesen Vorgängen zwei Spezialschlüssel nötig sind. Fachjournalisten bezeichnen es als „Paradestück schwäbischen Karosseriebaus“. Verstaut wird es – wie bei den Vorgängern – voll versenkt unter einer festen Abdeckplatte.

Wie gewohnt kann ein – ziemlich gewichtiges und nur von zwei Personen an- und abzubauendes – Hardtop geordert werden, das die Verriegelung des Stoffverdecks nutzt und beim 350 SL anfangs 1459,65 Mark kostet. Wie beim Vorgänger ist es pagodenartig konkav gewölbt und weist zwei längslaufende Metallleisten mit den Aufnahmepunkten für die als Zubehör erhältlichen Dachträgersysteme auf.

Das trapezförmige zweite Seitenfenster des Hardtops ist mit seiner ellipsoid hochgezogenen Unterkante, die wohl den erhabenen Verdeckkastendeckel kaschieren soll, formal nicht sonderlich

Coupéqualität: Das Stoffverdeck verschwindet komplett unter einer flachen Klappe, und darüber lässt sich das hochwertige Hardtop montieren.

gelungen. Das Hardtop wird ab September 1977 grundsätzlich mit heizbarer Heckscheibe geliefert. Mit Einführung der zweiten Modellgeneration der Reihe R 107 zählt das Coupédach ab dem 1. April 1980 zur Serienausstattung.

Bei dem jähen Preisanstieg der offenen Wagen – der mit dem kleinsten Hubraum motorisierte 280 SL ist in einem guten halben Jahr um mehr als 5500 DM teurer geworden – ist das kaum ein Entgegenkommen. Im September 1977 erhalten alle SL in Serie Windschutzscheiben aus Verbundglas und (manuell) höhenverstellbare Fahrersitze.

Im Ganzen besticht der Aufbau der 107er mit ungeheurer Solidität, Verarbeitungsqualität und Verwindungssteifigkeit. Die Sicherheitszapfenschlösser verhindern im Kollisionsfall ein Aufspringen der Türen. Dazu kommt die erprobte Überschlagsicherheit – eine Eigenschaft, die den Roadstern auf dem Hauptzielmarkt USA trotz der dort grassierenden Sicherheitshysterie und der Diskriminierung von Cabriolets eine Ausnahmestellung verschaffen.

Neben definierten Knautschzonen an Bug und Heck weisen die massiv ausgeführten A-Säulen und der verstärkte Windschutzscheibenrahmen eine gegenüber dem Vorgänger um mehr als 50 Prozent erhöhte Festigkeit auf. All dies drückt sich in einem ansehnlichen Gewicht aus, das nicht zuletzt den „crash protection standards“, den Vorgaben des US-Verkehrsministerium DOT (Department of Transportation) für passive Sicherheit geschuldet ist.

Leichtbau kommt so nicht mehr zustande, die Bedeutung des „L“ in der Typenbezeichnung wird immer mehr ad absurdum geführt. So ist der 350 SL fast vier Zentner schwerer als der 280 SL der abgelösten Generation. Als regelrechtes Paradoxon kann gelten, dass der 350 SL nur um 20 Kilogramm leichter ist als die mit dem gleichen Triebwerk motorisierte Oberklasse-Limousine 280 SE 3.5, die immerhin vier Türen, fünf Sitzplätze und einen geräumigeren Kofferraum aufweist und 51 Zentimeter länger ist. Die Zeiten haben sich eben geändert, und zwar rapide …

Klare Linie: Dank des voll versenkbaren Verdecks und der klar horizontal strukturierten Silhouette kommt der SL sensationell gradlinig daher. Die ungleichen Brüder sind ein 280 SL der 1. Serie von 1980 (vorn) und ein 420 SL der 2. Generation von 1986.

04 Kurzer Radstand, schräge Lenker

GAP DL 85H

Fahrwerk und Fahrverhalten der 107er

Achsschenkelbolzen adieu: Die Vorderradaufhängung der 107er (rechts) verkörpert mit ihren Trapez-Querlenkern und Kugelkopf-Traggelenken eine zeitgemäße Konstruktion. Bei der Schräglenkerachse (unten) sind Antrieb und Radführung voneinander getrennt. Im Grunde stellt die Konstruktion eine Weiterentwicklung der Pendelachse dar.

Die nahezu legendäre hauseigene Devise „Das Fahrwerk soll stets schneller sein als der Motor" wird bei Daimler-Benz nach der Mitte der sechziger Jahre nicht mehr erfüllt. Der 280 SL (W 113) ist mit seiner Eingelenk-Pendelachse trotz Ausgleichsfeder an die Sicherheitsgrenze geraten, hat sie eigentlich schon überschritten. Für die 108er Limousinen und 111er Coupés der Oberklasse gilt ungeachtet des hydropneumatischen Niveauausgleichs an der Hinterachse das Gleiche: Der Grenzbereich erfordert zumindest bei nasser Straße oder lockerem Fahrbahnbelag große Aufmerksamkeit.

Mit der Markteinführung der Mittelklassereihe W 114/115 – im Volksmund als „Strich-Acht-Modelle" bekannt geworden – im Januar 1968 steht endlich ein absolut zeitgemäßes Fahrwerk zur Verfügung. Daimler-Benz hat schließlich Anschluss an den internationalen Stand der Technik gefunden. Während sich die Vorderradaufhängung mit Doppelquerlenkern in Trapezanordnung vor allem mit den wartungsfreien Kugelkopf-Traggelenken von der bisherigen Konstruktion abhebt, ist die hintere Schräglenkerachse noch weitaus bemerkenswerter. Sie ist an einen dem 107er-Roadster eigenen, vergleichsweise leichten, da aus Rohrprofilen verschweißten Fahrschemel angelenkt. Radführung und Antrieb sind funktional voneinander getrennt. Die Spur- und Sturzänderungen bei Kurvenfahrt und beim Ein- und Ausfedern sind gegenüber der Vorgängerkonstruktion auf weniger als die Hälfte zurückgegangen.

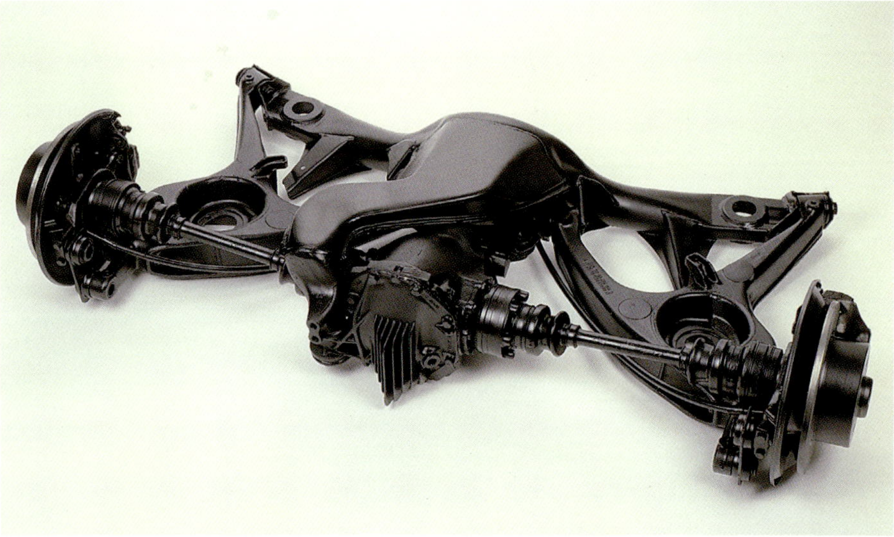

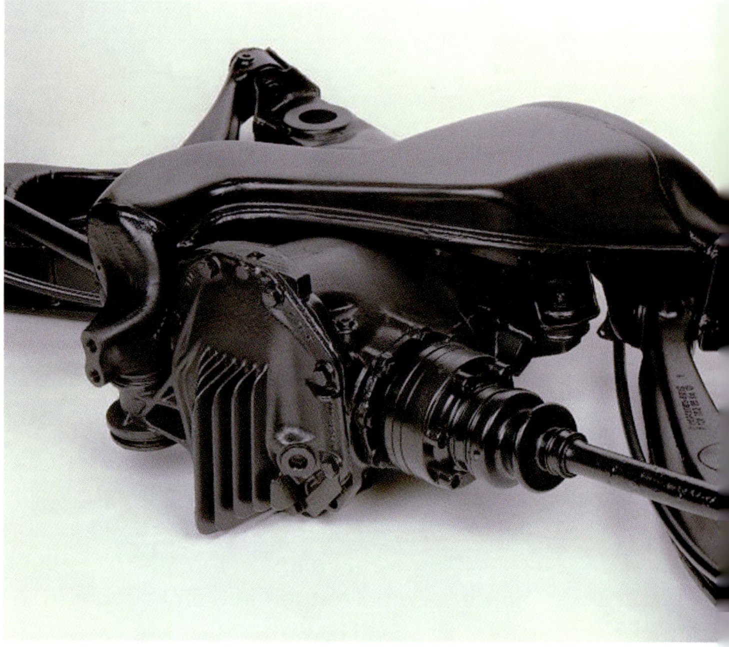

Das Stichwort

Schräglenkerachse

Die Hinterradführung in Form der Schräglenkerachse ist gar nicht so jung: In größerer Serie wurde diese Konstruktion schon im Renault Frégate, der im November 1950 in Paris debütierte, verwendet. In Deutschland wurde sie ab 1961 von BMW in der „Neuen Klasse" (1500 bis 2000 Tii) lanciert. Antrieb und Radführung sind bei diesem Prinzip völlig voneinander getrennt.

Im Zentrum dieser Bauart findet sich ein überdimensionierter Dreiecklenker, der namensgebende „Schräglenker", der an der Bodengruppe in zwei Punkten drehbar gelagert ist. Durch den leicht geneigten Einbau sind Spur- und Sturzveränderungen der Hinterräder im Verhältnis zum möglichen Federweg gering.

Durch Form und Einbaulage des Schräglenkers lässt sich die Veränderung des Radsturzes zur Verbesserung der Fahreigenschaften nutzen: Der Sturz des kurvenäußeren Rades wird dann bei flotter Kurvenfahrt deutlich negativer. So bleibt die Reifenaufstandsfläche – im Gegensatz zu anderen Radaufhängungen – fast konstant, lässt höhere Kurvengeschwindigkeiten zu und bietet komfortable Sicherheitsreserven.

Die Herstellung der Schräglenkerachse ist relativ aufwändig und somit teuer. Bei Mercedes heißt diese Achse traditionell „Diagonal-Pendelachse". Diese Umschreibung wurde Anfang 1968 – als die damit ausgerüsteten „Strich-Acht"-Typen vorgestellt wurden – gewählt, um die Oberklasse-Kunden nicht zu vergrämen. Deren Autos der Modellreihen

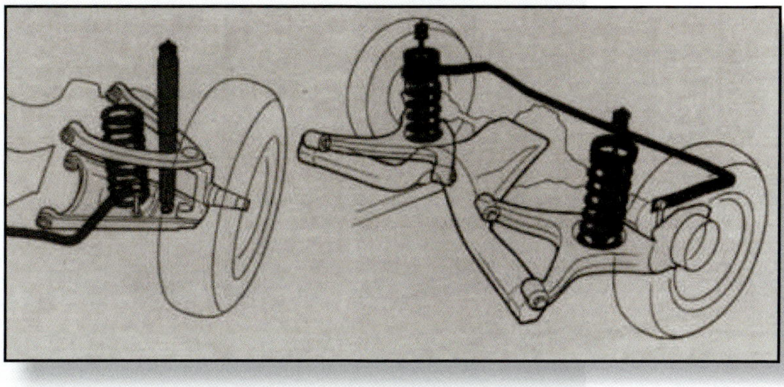

W 108 und W 109 wiesen noch bis Herbst 1972 die alte Eingelenk-Pendelachse auf. Im Untertürkheimer Werksteil Mettingen wird am 21. April 1978 bereits die dreimillionste Diagonal-Pendelachse produziert. In den achtziger Jahren wird sie nach und nach von der Raumlenkerachse verdrängt.

Bei der Entwicklung der vierten SL-Generation kann man voll und ganz auf das gelungene Konzept zurückgreifen. Vorder- und Hinterradaufhängung der Baureihe 107 werden nahezu unverändert von den „Strich-Achtern" übernommen. Selbst die Spurweite der Hinterräder von 1440 mm ist die gleiche.

An der Vorderspur kommen die Hundertsiebener dagegen mit einem Plus von vier Millimetern unmerklich breiter daher. Mit der vom Hersteller als „Diagonal-Pendelachse" bezeichneten Konstruktion verfügt erstmals ein Roadster von Mercedes-Benz rundum über eine zeitgemäße Einzelradaufhängung, die zudem völlig wartungsfrei ist.

Die „Barockfelge": Das formschöne geschmiedete Leichtmetallrad kommt von der Firma Fuchs.

Sportlicher: Bei der Linksverkehr-Version mit Rechtssteuerung wird die pedalbetätigte Feststellbremse durch eine konventionellere Stockhandbremse ersetzt (links).

Das Fahrverhalten ist gegenüber den Vorgängermodellen also drastisch verbessert, ohne dass irgendwelche Einbußen in puncto Fahrkomfort hinzunehmen wären. Die ausgeprägte Laufruhe und der hohe Federungskomfort sind Eigenschaften, die nicht unbedingt typisch für Sportwagen sind. Die Abfederung erfolgt an allen vier Rädern durch Schraubenfedern, Gummi-Zusatzfedern und Drehstab-Stabilisatoren.

Die 6½ Zoll breiten 14-Zoll-Felgen sind mit fülligen Gürtelreifen der Dimension 205/70 VR 14 bestückt. Ab Werk werden meist Michelin XWX montiert. Die formschönen Leichtmetallräder der Firma Fuchs – heute salopp als „Barockfelgen" bezeichnet – zählen zur Sonderausstattung und kosten anfangs 1332 Mark. Lange Zeit waren sie unter Liebhabern ein „Muss", mittlerweile hat man die Ästhetik der attraktiv gestalteten, in Wagenfarbe ausgeblendeten Radkappen wiederentdeckt.

Der serienmäßig hydraulisch servounterstützten Kugelumlauflenkung mit automatischer Nachstellung werden von Fachjournalisten exaktes Ansprechen und perfekte Lenkeigenschaften attestiert. Dabei liege ihr jede Nervosität um die Mittellage fern. Andererseits ist in der unabhängigen internationalen Fachpresse von einem „wenig ausgeprägten road feeling" die Rede, das bei einem Sportwagen zu erwartende scharfe, knackige Ansprechen fehle eben.

Mit 3,3 Lenkradumdrehungen von Anschlag zu Anschlag ist sie zwar ausreichend präzise übersetzt und wird in dieser Hinsicht bezeichnenderweise von den Amerikanern gelobt, von sportlicher Direktheit kann aber kaum die Rede sein. Der Vorgänger W 113 war mit 3,2 Umdrehungen unmerklich direkter ausgelegt und die

Auch schick: Die in der ersten 107er-Generation noch in Basisausstattung erhältlichen und häufig für die Winterbereifung vorgesehenen Stahlfelgen finden heute zusammen mit den attraktiven in Wagenfarbe ausgeblendeten Radkappen zunehmend Anklang.

For sale: Im Vereinigten Königreich erfreuen sich die 107er-SL ausgesprochener Beliebtheit. Dieser 280 SL steht 2016 zum Verkauf – anders als die vielen USA-Reimporte dürfte er aber wegen der Rechtssteuerung kaum den Weg auf den Kontinent finden.

„Strich-Achter" – sofern servounterstützt – sind mit drei Umläufen des Volants ein Quäntchen exakter beschaffen. Ab Frühjahr 1972 ist der 107er auch als Rechtslenker erhältlich – im Vereinigten Königreich und in vielen Commonwealth-Ländern wird er schon erwartet. Die Sicherheitslenksäule mit vordefinierter Verformung verhindert im Kollisionsfall Brustkorbverletzungen.

Die Zweikreis-Bremsanlage ist in ihrer Wirksamkeit an das Leistungsvermögen des Wagens angepasst. Dass ringsum Scheibenbremsen vorzufinden sind, ist durch die Verwandtschaft mit den „Strich-Achtern" zu erwarten. Die vorderen Bremsscheiben sind beim SL aber innenbelüftet. Der Unterdruck-Bremskraftverstärker reduziert die Pedalkräfte beträchtlich.

In den Tests und Fahrberichten der Fachzeitschriften werden die Bremsen des 107er als gut dosierbar bezeichnet. Man bescheinigt ihnen Fading-Freiheit und Spurtreue auch bei hoher Beanspruchung. Die viel kritisierte, wenig sportive Fußfeststellbremse ist ebenfalls von den „Strich-Acht"-Limousinen übernommen. Die rechtsgesteuerten SL werden allerdings mit einer in der Wagenmitte angeordneten, konventionell mit der Hand zu bedienenden Stockhandbremse ausgestattet – nicht etwa, um dem sportlich geprägten Naturell der Engländer entgegenzukommen, sondern aus rein einbautechnisch bedingten Gründen.

Der kann das: Es ist zwar nicht unbedingt sein angestammter Lebensraum – aber solche Pisten steckt der 107er dank seines komfortbetont ausgelegten Fahrwerks locker weg.

Vor der Modellpflege: Der Kenner erkennt die Autos mit Baujahr vor September 1985 an der ganz leicht schmaleren Spur.

Ab September 1977 werden alle 107er – sowohl Sechs- als auch Achtzylinder – mit einer Verschleißanzeige für die Bremsklötze der Vorderräder ausgerüstet. Ab März 1980 ist das Anti-Blockier-System ABS als Sonderausstattung erhältlich, ab September 1986 zählt es zur Serienausstattung.

Ziemlich problemlos, da weitgehend neutral, nur im Extremfall etwas delikat, zeigt sich das Fahrverhalten auf windungsreicher Straße. Sportive Geister mögen nicht, dass der SL eine ausgeprägte Untersteuerneigung zeigt, sich bereits im Ansatz kurvenunwillig benimmt und in engen Kurven auf wenig agile Weise über die Vorderräder zum Außenrand schiebt. Bleibt man hübsch am Gas, ist allerdings eine nicht unbeträchtliche Querbeschleunigung möglich.

Zumindest als unangenehm werden von der internationalen Fachkritik die Lastwechselreaktionen empfunden: Nimmt man in der Kurve plötzlich das Gas weg, schlägt die anfängliche Kurvenverweigerung ins glatte Gegenteil um: Das Heck wird unruhig, drängt nach außen, bricht im Extremfall sogar urplötzlich aus. Eine Mitschuld an der Übersteuerneigung trägt der kurze Radstand.

Allerdings ist dieses Verhalten für die meisten Fahrerinnen und Fahrer problemlos beherrschbar: Wegen des nicht sonderlich ausgeprägten Fahrbahngefühls kommt ohnehin kaum Risikobewusstsein auf – man gerät kaum in Versuchung, den Grenzbereich zu ertasten.

Vorbildlich ist der unbeirrbare Geradeauslauf selbst auf nicht unbedingt brettebener Fahrbahn, gepaart mit der Richtungsstabilität beim Bremsen. Spürbar, zuweilen als unangenehm empfunden, auf jeden Fall aber beherrschbar, sind die Lastwechselreaktionen beim jähen Gaswegnehmen auch auf gerader Strecke. Im Vergleich zum abrupt reagierenden Vorgänger sind sie aber deutlich entschärft.

In der Summe der Eigenschaften ist der 107er-SL vom Gesamtcharakter her ein typisches Autobahnauto für das komfortable Reisen zu zweit. Er ist mehr als die meisten anderen Sportwagen multifunktionsfähig: wendig im Stadtverkehr, laufruhig beim beschaulichen Open-Air-Bummel über Land und in jeder Hinsicht langstreckentauglich.

Nach der großen Modellpflege der SL-Reihe im September 1985, die fast einer Neuauflage gleichkommt, gehören die beharrlich geäußerten Kritikpunkte zum großen Teil der Vergangenheit an. Wichtigste Modifikation ist die analog zur Anfang 1985 eingeführten Mittelklasse-Baureihe W 124 veränderte Kinematik der Vorderradaufhängung – gekennzeichnet durch einen um 8 mm zurückgenommenen Lenkrollradius. Durch die Verwen-

„Gullydeckel“: Die mit der Modellpflege eingeführten 15-Zoll-Leichtmetallräder (rechts) ersetzen die „Barockfelge“ und bekommen einen hässlichen Spitznamen, sind aber schwer beliebt – und machen Platz für größere Bremsscheiben.

dung der Achsschenkel der 124er ist die Spur um 13 mm gewachsen.

Wegen der nun verwendeten 15-Zoll- anstelle der bisherigen 14-Zoll-Räder – die neuen Leichtmetallräder heißen im Liebhaber- und Insiderkreis bald „Kanaldeckel" – können größere Bremsscheiben verwendet werden. An den Vorderrädern kommen nun Vierkolben-Festsättel zum Einsatz. An der Hinterachse ist die Spur um 26 mm breiter geworden.

Dort kam man außerdem der Geräuschminderung durch eine Dreipunkt-Aufhängung des Differenzialgehäuses entsprechend der S-Klasse der Baureihe 126 entgegen. Die Überarbeitung trägt spürbar Früchte: Die Lastwechselreaktionen beim Kurvenwedeln haben sich auf ein Minimum reduziert. Der Geradeauslauf ist nach wie vor vorbildlich, die höhere mögliche Querbeschleunigung angesichts des Wagencharakters dagegen mehr theoretischer Natur.

Breitbeinig: Bei der zweiten 107er-Generation ist die Spur an der Hinterachse um 26 Millimeter breiter.

Der Vergleich zwischen dem 280 SL von 1980 (links) und dem 380 SL des Jahrgangs 1985 lässt die Spurverbreiterung gut erkennen.

05 Der 350 SL

Der Roadster startet mit acht Zylindern

Um die Mitte der sechziger Jahre beschließt man in Untertürkheim, dem großen 6,3-Liter-V8 des Baumusters M 100, der für den großen 600 entwickelt wurde, einen kleineren Achtzylinder zur Seite zu stellen. Der „small block"-V8 soll mittelfristig die etwas antiquierten Reihen-Sechszylinder der Oberklasse-Limousinen, aber auch der großen Coupés und Cabriolets und nicht zuletzt der kommenden Neuauflage des Roadsters ergänzen oder gar ersetzen.

Im Juni 1966 ergeht der Entwicklungsauftrag. Unter der Führung von Adolf Wente, dem Stellvertreter Prof. Wolf-Dieter Bensingers († 1974) in dessen Funktion als Leiter der Motorenkonstruktion, beginnen die Arbeiten am Projekt M 116/117 sehr zügig. Bensinger ist als langjähriger Wegbegleiter des Kreiskolbenmotor-Erfinders Felix Wankels nach wie vor glühender Verfechter dieser in jenen Tagen noch hochaktuellen und zukunftsweisenden Bauart von Verbrennungsmaschinen und delegiert die Ägide der Entwicklung von Hubkolbenmotoren an seinen „Vize", der sich wiederum seine Sporen mit der Konstruktion leichter Dieselmotoren für Nutzfahrzeuge verdient hat.

Bereits im Herbst 1968 finden die ersten Prüfstandsläufe des M 116 statt. Eine ursprünglich vorgesehene Vergaserversion des V8 wird in dieser Phase fallen gelassen. Wenig später beginnt der Straßenversuch mit der Bodengruppe des künftigen R 107, dem 3,5-Liter-V8, der Vorderachse der W-114-Limousine und einer hinteren Koppelachse, von der im Kapitel über den 450 SL noch die Rede sein wird.

Das Sammelsurium umhüllt eine modifizierte „Pagoden"-Karosserie. Bis Herbst 1969 entstehen drei Versuchsträger des 350 SL in spe. Mit dem „kleinen" V8, der sich als agil und standfest erwiesen hat, beginnt die reiche Vita der 107er-Familie. Vom Sechszylinder ist noch nicht die Rede.

Der zuerst im September 1969 im 300 SEL 3.5 (W 109) und zwei Monate später auch im 280 SE 3.5 Coupé und Cabriolet (W 111) eingeführte Grauguss-V8 des Baumusters M 116 sitzt nun zwar in einem relativ kompakten Auto, hat im 107er aber gut zu tun: Er muss mit seinen 200 PS das mit 1580 kg (mit montiertem Coupédach) für ein Auto dieser Größe nicht unbeträchtliche Leergewicht bewegen. Ursprünglich war für den SL eine leistungsgesteigerte Variante des M 116 mit schärferer Nockenwelle und mindestens 220 PS vorgesehen, dieser Plan wurde aber zugunsten der Standfestigkeit des Serienmotors aufgegeben.

Der extreme Kurzhuber mit einem Gabelwinkel von 90° zeigt einen ausgeglichenen Wärmehaushalt (Ölkühler, Wassermäntel um alle Zylinder, natriumgefüllte Auslassventile), erweist sich als ungemein drehfreudig und dabei außerordentlich leise. Effektive Kühlung ist angesichts der zu erwartenden höheren Dauergeschwindigkeiten nicht nur durch den überarbeiteten Rippenrohrkühler sichergestellt. Auch die Umströmung des Motorblocks mit Kühlluft wurde optimiert, und ein fliehkraftgeregelter und so an die Motordrehzahl angepasster Lüfter mit Viskosekupplung wird eingesetzt. Er ersetzt die bisherige thermostatisch gesteuerte und damit rein temperaturabhängige Bauart. Bei allen Qualitäten schwächelt der neue V8 aber mit einem eher mäßigen Antritt. Er muss fleißig drehen, um das Auto in Schwung zu bringen.

Aber das tut er ja gerne. Die Nennleistung steht erst bei 5800/min zur Verfügung. Der Hersteller erlaubt eine maximale Drehzahl von 6300/min, ein bisschen mehr verträgt der M 116 aber durchaus: Die Nadel des Tourenzählers darf schon vorübergehend den roten Bereich betreten – 6600 oder 6700 Umdrehungen werden klaglos verkraftet. Erst beim Ausdrehen kann von einer adäquaten Beschleunigung die Rede sein.

Auf der Überholspur: Der 350 SL auf diesem frühen Werksfoto ist mit seiner Spitzengeschwindigkeit von 210 km/h nur wenig langsamer als ein zeitgenössischer Porsche 911.

Traumtriebwerk: Als erster SL kommt der 107 mit dem drehfreudigen und geschmeidigen 3,5-Liter-V8 (unten), der im September 1969 in der luftgefederten Toppklassenlimousine 300 SEL 3,5 eingeführt wurde.

9,5 Sekunden – *auto motor und sport* misst allerdings im Test 11 Sekunden – benötigt der 350 SL mit der Dreistufen-Automatik für den Null-auf-hundert-Sprint: Mit dem Viergang-Schaltgetriebe werden 8,4 Sekunden ermittelt – im Test auf die Kommastelle bestätigt.

Die vom Werk mit 210 und 205 km/h (Automatik) angegebene Spitze wird in unabhängigen Tests deutlich übertroffen: *auto motor und sport* ermittelt für die Version mit Schaltgetriebe 215,6 km/h, für die Automatik-Ausführung 211,8 km/h. Reinhard Seiffert bezeichnet den 350 SL in seinem Test in

Startpaket: Mit V8 und tollem Fahrwerk ist der SL laut Fachpresse ein „schnelles Autobahnauto, das kaum zu übertreffen ist".

auto motor und sport als „schnelles Autobahnauto, das kaum zu übertreffen ist".

Der Kraftstoffverbrauch (Super 98 ROZ, heute teures Super Plus) entspricht dem Leistungsvermögen des schweren Wagens: Weniger als 15 l/100 km sind nur bei äußerster Zurückhaltung zu erreichen, dafür streut der Konsum beim Ausnützen des Potenzials schon gerne mal über 23 Liter. Wie unabhängige Tests zeigen, muss man sich im Schnitt bei Wagen mit Schaltgetriebe auf 17 Liter einstellen, bei Automatikautos auf einen bis anderthalb Liter mehr.

Pagode II: Das wie beim Vorgänger W 113 konkav geformte Coupédach wird zunächst zum Preis von 1459,65 DM als Sonderausstattung angeboten.

Das Stichwort

Bosch D-Jetronic

Die D-Jetronic war die erste elektronische Multi-point-Benzineinspritzung. Der Volkswagen 1600 LE bzw. TLE (Typ 3) war 1967 das erste damit ausgerüstete Serienfahrzeug. Die Funktionsweise der D-Jetronic beruht darauf, dass der jeweils aktuelle Kraftstoffbedarf aus dem Unterdruck im Ansaugsystem des Motors errechnet wird. Er wird von einem Druckfühler (in der internationalen Fachsprache MAP-Sensor genannt) ermittelt, in eine elektrische Regelgröße umgewandelt und ans Steuergerät weitergegeben.

Aus diesen Daten und den weiteren Kenngrößen Drehzahl, Kühlmittel- und Ansauglufttemperatur ergibt sich die jeweilige Öffnungsdauer der elektromagnetischen Einspritzventile und damit die eingespritzte Kraftstoffmenge. Die Steuergeräte umfassten zwei Platinen – die Hauptplatine für das Grundprogramm und die dem Motor speziell angepasste Nebenplatine, die das volumetrische Kennfeld erzeugte.

Alles war natürlich noch in analoger Technik aufgebaut und wurde von zusätzlichen mechanischen Kontakten im Zündverteiler angesteuert. In das System waren zudem weitere Steuerfunktionen wie die Volllast- und die Kaltstartanreicherung sowie die Warmlaufsteuerung integriert. Diese Nebenregelungen erfolgten durch zusätzliche mechanische Steuer kreise.

Die der D-Jetronic zu Grunde liegende Idee war durchaus brauchbar, aber die Werkstätten waren mit der Technik häufig überfordert. Die Einstellung der Anlage war ohne Austausch von Komponenten kaum möglich, und die Zuverlässigkeit der elektromechanischen Messgeber hielt sich anfangs in Grenzen. Hauptnachteil war die der analogen Arbeitsweise innewohnende mangelnde Flexibilität. Aber die D-Jetronic diente der ebenfalls elektronisch per Luftmengenmessung gesteuerten L- und LH-Jetronic und der modernen ME-Motronic als konstruktive Grundlage.

Die Gemischversorgung erfolgt bei allen Modellen und Evolutionsstufen der Baureihe 107 per Saugrohr-Benzineinspritzung. Knapp fünf Jahre lang – genauer gesagt bis zum 12. Februar 1976 – ist der M 116 des 350 SL mit der elektronischen, druckgesteuerten Bosch D-Jetronic ausgerüstet, die den Wagenbesitzern und der Kulanzabteilung des Herstellers nicht nur eitel Freude bereitet.

Im Juli 1971 beginnt der jenseits des Atlantiks sehnlich erwartete Export des 350 SL nach Nordamerika – ausgewiesen für das Modelljahr 1972. Für dieses Ziel ist aber die Typenbezeichnung unzutreffend, denn die „drüben" ausgelieferten Roadster verfügen – analog zu den seit Mai 1971 erhältlichen Exportausführungen der Oberklasse-Limousinen 280 SE/SEL 4.5 sowie 300 SEL 4.5 – über die durch Hubverlängerung um 19,2 mm aus dem M 116 entwickelte 4,5-Liter-Maschine namens M 117.

Durch den Mitte 1972 vom US-Interessenverband SAE vollzogenen Wechsel von den gigantischen Brutto-PS-Zahlen (SAE gross horsepower) zu den mit den europäischen Angaben vergleichbareren Netto-PS (SAE net horsepower) wird das Verwirrspiel verstärkt. So werden für den USA-SL beim Importbeginn 230 hp gross angegeben, zum Modelljahr 1973 auf 195 hp net revidiert. Das entspricht in der Alten Welt immerhin noch 198 DIN-PS.

Im Herbst 1973 greifen weitere Maßnahmen der Luftreinhaltung: Das mit ε=8,0 um 1,5 Punkte niedriger als der 3,5 Liter verdichtete, abgas- und verbrauchsoptimierte Triebwerk gibt bei der geradezu lässigen Nenndrehzahl von 4500/min – der Europa-3,5-Liter braucht dazu 1300/min mehr – 190 SAE-Netto-hp ab. Die noch stärker gedrosselte Kalifornien-Version muss sich angesichts der vorgeschriebenen Abgasrückführung mit 180 hp

begnügen – mehr als drei Jahrzehnte vor dem Umwelt-Tycoon Arnold Schwarzenegger.

Gerade mal 187 km/h schafft so ein Drossel-SL in einem Test des Fachblattes *Road & Track* – in den USA ohnehin reine Theorie. Interessanter ist dort in der ausgehenden Muscle-Car-Ära die Beschleunigung: Und auch in dieser Disziplin kann der 4,5-Liter-SL mit fast elf Sekunden für den Standard-Sprint nur wenig Staat machen.

Ab 1. September 1973 leidet auch die Ästhetik der für Nordamerika vorgesehenen SL, als das US-Verkehrsministerium Department of Transport (DOT) den Federal Motor Vehicle Safety Standard 215 erlässt. Nach dieser Vorschrift müssen Stoßstangen einen 5-mph-(8-km/h-)Aufprall auf ein festes Hindernis unbeschädigt überstehen. Das Ergebnis sind massige, unattraktive Stoßstangen.

Dazu kommt als weiteres Manko, dass dem Nordamerika-SL – aus welchen Gründen auch immer – die hubraumspezifische Zahlenfolge am Kofferraumdeckel verweigert wird: Die Wagen werden beharrlich mit dem Typkennzeichen „350 SL" ausgeliefert. Nicht einmal den bei den Oberklasse-Limousinen üblichen Zusatz „4.5" dürfen sie offen tragen. Immer häufiger ist aber die inoffizielle Bezeichnung „350 SL 4.5" auch in seriösen Testberichten zu lesen – und wird selbst von Mercedes-Benz of North America verwendet.

Ab November 1972 werden diese 4,5-Liter-SL in den Stützpunkten der Marke beim Kundendienst sang- und klanglos mit dem längst in Produktion befindlichen Schriftzug „450 SL" versehen. Für Nordamerika bestimmte Neuwagen erhalten ab 2. November 1972 grundsätzlich die artgerechten Chromziffern.

Was man sieht: ein schicker Roadster, der mit allen Dachformen eine gute Figur macht. Was man erfährt: einen rasanten Reisewagen für zwei.

Und noch einmal der Frühling: Mit dem ersten R 107 begann ein langer, langer SL-Sommer - mit 18 Jahren Bauzeit.

Seltsamerweise gilt das jedoch nicht für die im Rahmen des populären Overseas Delivery-Programms während einer Europareise in Sindelfingen abgeholten neuen 350 SL in US-Version. Diese Autos werden unbeirrt mit dem angestammten Schriftzug ausgeliefert und erst in Nordamerika mit dem Typenkennzeichen „450 SL" ausgestattet.

Falls man mit dieser Geheimnistuerei die europäische Öffentlichkeit täuschen wollte, wirkt diese Haltung vor dem Hintergrund der Tatsache, dass die Existenz der 4,5-Liter-Maschine wie auch deren bevorstehende Einführung auf dem Heimatmarkt längst bekannt sind, auf rührende Weise spaßig – oder albern. Die nicht ohne weiteres nachzuvollziehende Situation wird im März 1973, als der SL auch diesseits des Atlantiks mit dem 4,5-Liter-V8 angeboten wird und ganz offiziell 450 SL heißt, schlagartig hinfällig.

Der Muskelschwund des US-SL setzt sich jedoch fort: Mit der Einführung des noch ungeregelten Katalysators gelten die 180 hp ab 1975 in allen US-Bundesstaaten. Bei der Einführung des Drei-Wege-Katalysators (G-KAT) in den USA im September 1979 bleiben nur noch 160 hp übrig, die bei einer Drehzahl von 4200/min zur Verfügung stehen. Sic transit gloria mundi …

Doch verlassen wir Amerika: Mitte Februar 1976 kommt es im Rahmen einer Modellpflege-Maßnahme zu einem bedeutenden Eingriff in die Gemischversorgung des Triebwerks: Aus umweltpolitischen Gründen wird die elektronisch gesteuerte Bosch D-Jetronic durch die mechanisch geregelte, antriebslose Bosch K-Jetronic ersetzt.

In der Europäischen Gemeinschaft wird am 30. März 1970 die Abgas-Richtlinie 70/220/EWG vereinbart, deren Fortschreibungen wie die deutlich verschärfte Richtlinie 74/290/EWG vom 28. März 1974 zu drastisch reduzierten Grenzwerten für die Schadstoffe in den Autoabgasen führten. Eine ähnliche zulassungsrechtliche Situation besteht in der Schweiz und in Österreich. Weitere Senkungen der Emissionen sind zu erwarten.

Das Stichwort

Bosch K-Jetronic

Die K-Jetronic von Bosch wurde zuerst 1973 im Porsche 911 eingesetzt. Der bekannteste Nutzer der mechanischen und antriebslosen Benzineinspritzung war aber wohl VWs legendärer Golf GTI der ersten Baureihe. Die Bauart gilt als robust und zuverlässig, verträgt aber keine längeren Standzeiten, weil sich der als Präzisions-Bauteil mit Passungen von 0,1 mm gearbeitete Mengenteiler mit harzigen Benzinrückständen zusetzt.

Bei der K-Jetronic wird der Kraftstoff kontinuierlich – also ungeachtet der Stellung der Einlassventile – entsprechend der vom Motor je nach Drosselklappenstellung angesaugten Luftmenge zugemessen. Das System ist in die drei Funktionsbereiche Luftmengenmessung, Kraftstoffversorgung und Gemischaufbereitung gegliedert.

Eine als Rollenzellenpumpe ausgebildete elektrische Benzinpumpe im Wagenheck fördert den Kraftstoff zum Mengenteiler mit seinen Zumess-Schlitzen. Von dort aus wird er den Einspritzventilen zugeteilt, wobei die nicht benötigte Menge zum Tank zurückfließt. Die Einspritzventile öffnen bei etwa 3,6 bar Überdruck selbsttätig mit einer Flatterfrequenz von rund 1500 Hz.

In der Warmlaufphase wird das Gemisch von einem Warmlaufregler, der mit einem elektrisch beheizten Bimetall arbeitet, angereichert. Dieses Bauteil wird um eine Volllast- und eine Beschleunigungsanreicherung sowie einen Höhenkorrektor ergänzt.

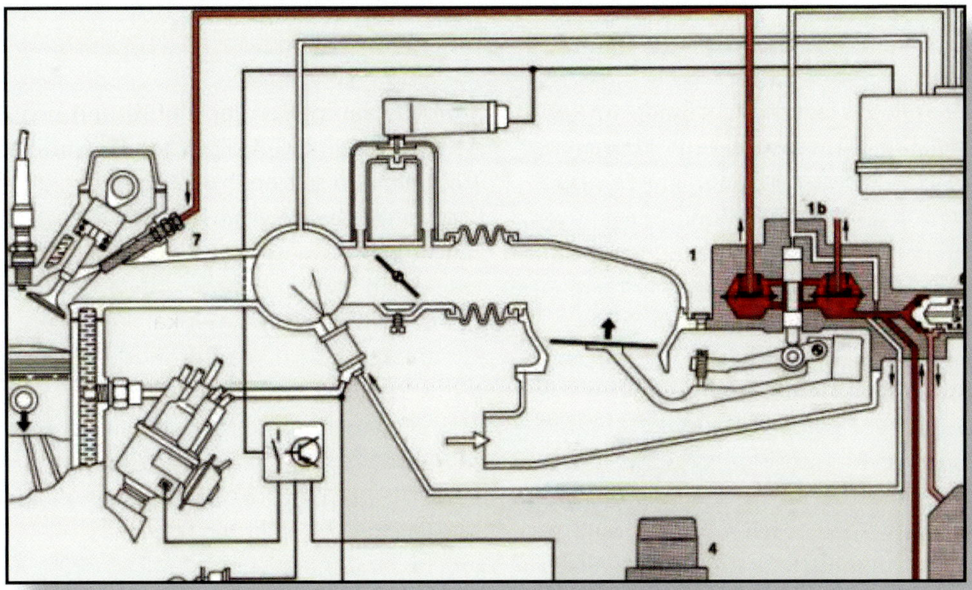

Farbcode 568: Signalrot steht dem 350 SL, hier vor dem Oval der Untertürkheimer Einfahrbahn, hervorragend.

„Es gibt nur ein Auto, das besser ist als ein Mercedes – den Automatik-Mercedes": Nur die wenigsten SL werden mit Schaltgetriebe geordert.

Gleichzeitig wird die Verdichtung von ε=9,5 auf ε=9,0 herabgesetzt. Die Folge ist zwangsläufig eine Leistungseinbuße: Statt 200 stehen nur noch 195 PS zur Verfügung, die bei einer um 300/min niedrigeren Drehzahl abgegeben werden. Auch das maximale Drehmoment nimmt von 286 auf 275 Nm ab, wobei die Nenndrehzahl von 4500/min unverändert bleibt.

In der Höchstgeschwindigkeit ist ein Minus von 5 km/h festzuhalten und die Null-auf-hundert-Spanne dauert eine Dreiviertelsekunde länger. Positiver Nebeneffekt sind aber die im Gegensatz zur D-Jetronic weitaus ausgeprägtere Robustheit und die höhere Verlässlichkeit des Systems.

Mit der Umstellung auf die K-Jetronic werden die 3,5- und 4,5-Liter-V8-Motoren mit einer kontaktlosen, wartungsfreien Transistorzündung ausgerüstet. Dem Geräuschkomfort dienen die zugleich eingeführten Hydrostößel, die bei Daimler-Benz etwas sperrig als „hydraulischer Ventilspielausgleich" bezeichnet werden. Im Dezember 1977 wird der 1,4 PS starke Anlasser durch einen 2-PS-Starter ersetzt.

Augenfällige Änderungen an Karosserie und Innenraum halten sich in Grenzen: Anfang Dezember 1972 wird die Hupenbetätigung am Lenkrad geändert. Bisher geschah das durch zwei Signalhornleisten rechts und links an der Polsterplatte, nunmehr wird der Kontakt durch die gesamte Prallplatte ausgelöst. Im Dezember 1975 wird der fahrerseitige Außenspiegel vergrößert und erhält ein gewölbtes Gehäuse.

Der 350 SL wird serienmäßig mit einem Viergang-Schaltgetriebe ausgerüstet. Wahlweise steht mit einem anfänglichen Mehrpreis von 1443 DM ein gutes Jahr lang das altbekannte, etwas ruppig schaltende vierstufige Planetengetriebe mit hydraulischer Kupplung zur Verfügung. Es wird im Juli 1972 durch die neue und 1554 DM teure Dreistufen-Automatik ersetzt – ein Planetengetriebe mit hydraulischem Drehmomentwandler. Alle Getriebevarianten werden über einen Wählhebel auf der Mittelkonsole betätigt.

Mitte der siebziger Jahre werden 97,5 Prozent aller SL mit dem Automatikgetriebe bestellt. Das liegt sicher nicht zuletzt an der Überzeugungskraft der Verkäufer, die sich im Rahmen der Verkaufsförderung nach einer internen Schulungsbroschüre richten, in der es heißt: „Es gibt nur ein Auto, das besser ist als ein Mercedes – den Automatik-Mercedes."

Die Nordamerika-Version ist ausschließlich mit Getriebeautomatik erhältlich. Die Autos werden dadurch noch behäbiger, was aber im Reich der 55 Meilen pro Stunde keine große Rolle spielt. Und die Beschleunigung ist sowohl am Golfplatz als auch auf dem Parkdeck der Shopping Mall völlig uninteressant.

350 SL
S-AA 4706

Dreistrahlig: Die zweite, im Frühjahr 1973 eingeführte Cockpit-Version des 350 SL zeigt in der Mitte drei Frischluft-Ausströmer, ein Lenkrad ohne separate Huptasten und die in den Tourenzähler integrierte Zeituhr.

Erstauflage: Chromschaltkulisse, separate Huptasten und die Heizungsregelung beweisen, dass es sich um einen ganz frühen 350 SL handelt.

06 Der 450 SL

SU QQ 450H

Viereinhalb Liter auch in der Alten Welt

Einen Liter mehr: In der Heckperspektive ist zwischen 350 SL und 450 SL außer dem Typenkennzeichen kein Unterschied erkennbar.

Anfang April 1973 erhält die Typenfamilie R 107 in den Ausstellungsräumen der europäischen Mercedes-Vertretungen Zuwachs durch den hierarchisch über dem 350 SL platzierten 450 SL, der am 17. März auf dem Genfer Salon zusammen mit den 4½-Liter-Limousinen der Baureihe W 116 vorgestellt worden ist. Äußerlich ist der 450 SL – abgesehen von einer eher unauffälligen Spoilerlippe unter der vorderen Stoßstange, die der Steigerung des Luftdurchsatzes des Kühlersystems dient – und natürlich dem Typenkennzeichen am Heck nicht vom 350er zu unterscheiden.

Selbst die Reifengröße ist identisch. Das V8-Triebwerk mit dem Werkscode M 117 entspricht strukturell den Achtzylindern für den US-Markt, die im Kapitel 350 SL beschrieben werden. Der größere V8 wurde im Herbst 1968 zusammen mit dem 3,5-Liter in jenem als „Pagode" (W 113) maskierten Versuchsträger erprobt. Von Juni 1970 an wird er einem einjährigen, mehr als 120.000 Straßenkilometer umfassenden Dauerlauftest mit durchweg positivem Resultat unterzogen.

Natürlich ist der M 117 trotz der abweichenden Baumusternummer parallel zum M 116 entwickelt worden und deshalb mit ihm im Grundaufbau identisch: Mit einer Hubverlängerung um immerhin 19,2 mm bei identischer Bohrung ist er nicht mehr ein ganz so extremer Kurzhuber wie der Drei-Fünfer und weist etwas höhere Zylinderbänke auf. Aber im Gegensatz zu den US-Drosselmotoren darf er trotz einer zurückhaltenden Verdichtung von ε=8,8 in der Alten Welt sein Naturell voll ausleben: Bei einer Drehzahl von 5000/min liegen zunächst mit der D-Jetronic 225 PS an.

Noch kraftstrotzender zeigt sich das maximale Drehmoment mit 378 Nm. Bereits bei relativ trägen 1000/min stehen 295 Nm zur Verfügung. Angesichts dieser Werte wird der M 117 ausschließlich

Passend zur S-Klasse: Zusammen mit der Baureihe W 116 wird 1973 auch der SL mit Viereinhalbliter-Maschine in Genf präsentiert. Für den Kennerblick: die kleine Spoilerlippe.

Erfolgsmotor: Der 450er bietet gegenüber dem kleineren V8 in erster Linie erheblich mehr Drehmoment.

mit dem robusten dreistufigen Automatikgetriebe mit hydraulischem Drehmomentwandler kombiniert.

Auf dem deutschen Markt wildert der 450 SL erwartungsgemäß sofort in den Gefilden, die bisher für den 350 SL reserviert waren. Wer sich überhaupt einen SL leisten kann, bei dem fällt der Preisunterschied von DM 3728,50 wahrlich nicht ins Gewicht. Auch die Fixkosten liegen nicht gar so weit auseinander. Da nimmt es nicht wunder, dass hierzulande mehr als viermal so viele 450 SL als 350 SL zugelassen werden.

In den Fahrleistungen setzt sich der 450 SL nicht so eindeutig vom 350er ab, wie es zu vermuten wäre: Das Werk gibt im üblicherweise zurückhaltenden Understatement eine Spitze von 215 km/h und eine Standard-Beschleunigung von 8,8 Sekunden an – Werte, die in unabhängigen Tests teilweise deutlich übertroffen werden. Da wird beispielsweise eine Höchstgeschwindigkeit von 226 km/h protokolliert – eine angesichts der gegenüber dem 350 SL längeren Antriebsübersetzung logisch erscheinende Zahl.

Beim Kraftstoffverbrauch ist im Vergleich zum kleineren V8 mit einem Plus von 1½ Litern zu rechnen. Ab 21. November 1975 – ein Vierteljahr vor dem 350er – wird die 4½-Liter-Maschine von der zuverlässigen, mechanisch gesteuerten Bosch K-Jetronic

versorgt. Die Folge ist auch hier ein Leistungsschwund: Bei unveränderter Drehzahl gibt der große V8 nur noch 217 PS ab, und das Höchstdrehmoment geht auf 360 Nm zurück. Gleichzeitig wird auch beim 450er der hydraulische Ventilspielausgleich eingeführt.

Das vor allem in ersten Bauphase recht ungezügelte Athletentum wird zwar mit sehr effektiven Bremsen, die unverändert vom 350 SL stammen, in die Schranken gewiesen, bedarf indessen einer Überarbeitung der Schräglenker – alias Diagonal-Pendelachse –, um den Fahrkomfort im Lot zu halten.

Exportschlager: In den hubraumverwöhnten USA kommt der 450 naturgemäß gut an.

Das Stichwort

Die Koppelachse

Um das hohe Drehmoment der 4½-Liter-Motoren optimal einsetzen zu können, wurde die Mercedes-Benz Diagonal-Pendelachse weiterentwickelt und mit einem Anfahrmoment-Ausgleich versehen. Selbst bei ternperamentvollem Beschleunigen verhindert sie das Eintauchen des Wagenhecks. Dieses In-die-Knie-Gehen kann zwar durchaus spektakulär aussehen, ist jedoch der Sicherheit und dem Komfort nicht gerade förderlich.

Dank der neuen Hinterachskonstruktion bleiben der Sturz der Hinterräder stets konstant und der volle Einfederweg in jeder Situation erhalten. Bei der „Koppelachse" genannten Weiterentwicklung wird jedes Hinterrad von einem zusätzlichen Watt-Gestänge geführt. Der eigentliche Schräglenker ist ein Gussteil aus einer Aluminiumlegierung anstelle einer Stahlblech-Schweißkonstruktion aus Tiefziehprofilen. Die Anlenkpunkte zum Achsträger sind die gleichen wie bei der normalen Diagonal-Pendelachse.

Als oberer, nach hinten gerichteter Lenker dient der Hebelarm des hinter der Achse angeordneten Drehstabstabilisators. Beide Lenker sind durch einen Radträger miteinander gekoppelt, der die Radlagerung enthält. Der nicht mit den kleiner motorisierten Modellen identische Festsattel der Scheibenbremse ist an einem getrennten Bremsträger befestigt, der auf dem Radträger konzentrisch zur Hinterradlagerung drehbar angeordnet ist.
Das Bremsmoment wird über eine Zuglasche abgestützt, die den Bremsträger mit einer Verlängerung des Schräglenkers verbindet.

Anfahr- und Einfederkräfte greifen unterhalb und hinter dem Radzentrum an. Nach dem Baukastenprinzip lassen sich wesentliche Teile der normalen Schräglenkerachse verwenden. Schräglenker, Radträger und der stärker dimensionierte Drehstabstabilisator sind so zueinander angeordnet, dass bei mittlerer Belastung des Fahrzeugs beim Beschleunigen überhaupt keine Bewegungen des Wagenhecks auftreten und beim Bremsen das Wagenheck sogar etwas heruntergezogen wird.

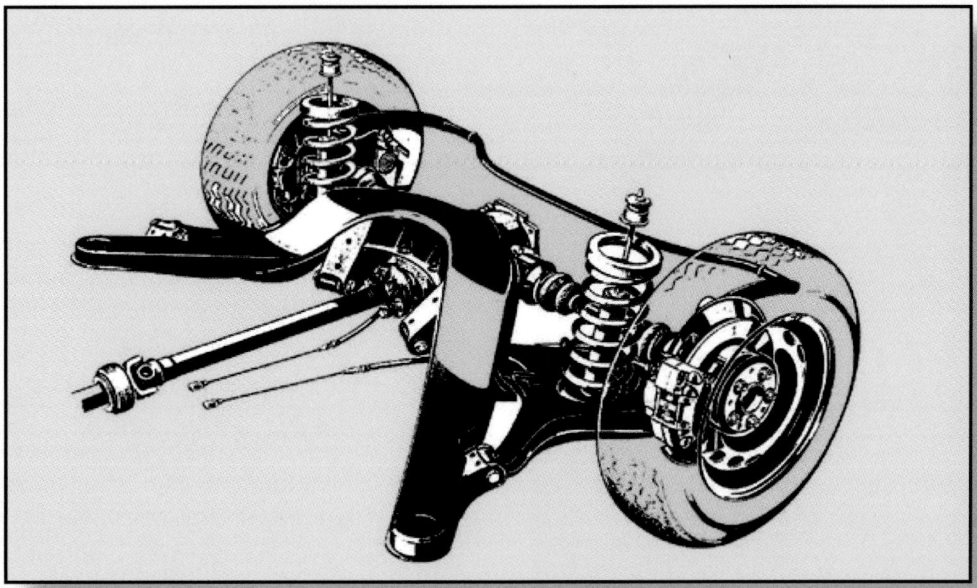

Experiment: Weil Methanol einen geringeren Brennwert als Benzin hat, muss der Tank des Testwagens vergrößert werden.

Die ziemlich aufwändig konzipierte, ursprünglich auch für den 350 SL vorgesehene, dann für den 3,5-Liter aber aus Kostengründen wieder verworfene Koppelachse mit Anfahrmoment- und Bremsnick-Abstützung entsteht. Allerdings steht diese Konstruktion vorerst ausschließlich den nicht in die USA gelieferten 4,5-Liter-Fahrzeugen zur Verfügung. Später werden auch die kleineren Achtzylinder und der ausschließlich für Nordamerika vorgesehene 560 SL damit ausgerüstet.

Diskussionsbeitrag: Der für ein Symposium für schadstoffarme Antriebe gebaute 450 Methanol bleibt ein Einzelstück.

Ein Unikat ist der im November 1974 auf einem Symposium für schadstoffarme Antriebssysteme in Düsseldorf präsentierte 450 SL, der für Methanolbetrieb umgerüstet wurde. Der aus nachwachsenden Rohstoffen gewonnene Alkohol-Treibstoff bewirkt durch seine hohe Verdampfungswärme eine Abkühlung des angesaugten Gemischs und somit eine bessere Zylinderfüllung.

Die hohe Oktanzahl erlaubt eine Verdichtung bis zu $\varepsilon = 14{,}0$, praktikabel ist aber eher $\varepsilon = 11{,}0$. Zu erwarten ist eine Leistungssteigerung von 15 bis 20 Prozent – der von Daimler-Benz gezeigte 450 SL gibt 240 PS ab. Die niedrigen Brennraumtemperaturen verringern zudem die Stickoxidbildung. Da der Brennwert des Methanols im Vergleich zum Benzin nur halb so groß ist, verdoppelt sich der Verbrauch. Deshalb muss der Kraftstoffvorrat angepasst – also der Tank vergrößert – werden.

Dank des mit 67 Prozent überdurchschnittlich hohen Exportanteils nach Nordamerika wird der 450 SL zur Nummer eins der 107er-Roadsterfertigung. Auf dem heimischen Markt, wo man großen Hubräumen eher skeptisch gegenübersteht, auch wenn man sie sich leisten könnte, werden nur 4526 Einheiten abgesetzt. Insgesamt verlassen 66.298 Wagen des Typs die Endkontrolle in Sindelfingen.

TV-Star: In den ersten beiden Staffeln der US-Fernsehserie „Hart aber herzlich“ (Hart to Hart) in den Jahren 1979 bis 1981 fuhren Jonathan (Robert Wagner) und Jennifer Hart (Stefanie Powers) diesen 450 SL, der auf der Mattscheibe mit dem Kennzeichen „2 HARTS“ unterwegs war. Heute ist das Auto im Rhein-Sieg-Kreis zugelassen.

Ein 450 SL am Neckarufer: Klassische Cabriomützen wie in den Dreißigern halten, als das Windschott noch unbekannt ist, die Frisuren zusammen.

07 Der 280 SL

Der Spätgeborene ist ein wahrer Musterknabe

DOHC-Prachtstück: Der 280er ist ein Alleskönner. Er ist leistungsstark, geschmeidig und sparsam und trotz geringerer Größe eine gute Wahl für den SL.

Im August 1974 beginnt mit der Auslieferung des 280 SL die Laufbahn der dritten Variante der Roadster-Familie R 107 – wiederum von einem Reihen-Sechszylinder angetrieben und mit einem Hubraum von 2,8 Litern eigentlich der wahre Pagoden-Nachfolger. Dass dieses Modell – wie beharrlich auch in Fachkreisen und selbst von hauseigenen Historikern behauptet wird – der Ölkrise vom Herbst 1973 zu verdanken ist, stimmt ganz einfach nicht.

Freilich setzte in der weltweiten Automobilindustrie ein (zumindest vorübergehendes) Umdenken ein, als die OPEC-Länder wegen der Unterstützung Israels im Yom-Kippur-Krieg ein Ölembargo über die westlichen Industrieländer verhängten und die Öl-Fördermengen drastisch drosselten. Echte und vermeintliche Schluckspechte unter den Automobilen verloren über Nacht an Popularität. In der Luxusklasse wirkte sich das allerdings nicht allzu stark aus.

Nein, der 280 SL hat einen ganz anderen Hintergrund, eine deutlich weiter zurückreichende Entstehungsgeschichte: Von Anfang an hatte man auch eine Sechszylinder-Version des 107er im Auge gehabt. Mit dem zunächst in die Überlegungen einbezogenen M 130, der in der letzten „Pagode" eingebaut war, beginnt Ende 1968 der Straßenversuch. Selbst im ersten Quartal 1969 ist der auf das Erscheinungsjahr 1951 (Typ 220, W 187) zurückgehende Motor noch Bestandteil des SL-Konzepts.

Es ist aber nicht zu leugnen, dass sich dieser ohc-Reihensechser definitiv am Ende seiner Evolution befindet. Ohne Verlust an Standfestigkeit ist eine Leistungssteigerung kaum zu erzielen. Außerdem sind – siehe oben – Abgasverhalten und Kraftstoffverträglichkeit des M 130 kaum ohne weiteres an bestehende und schon gar nicht an kommende Verordnungen anzupassen.

Die komplette Neukonstruktion eines Sechszylinders muss aus Kostengründen verworfen werden, schließlich hat man erst mit hohem finanziellem Aufwand die V8-Familie M 116/117 geschaffen. Noch im Spätwinter 1969 kommen Techniker und Kaufleute unter Leitung des Motoren-Chefentwicklers Dr. Kurt Obländer überein, den Motorblock des M 130 weitgehend zu übernehmen, sich aber gründlich mit Zylinderkopf und Kurbeltrieb zu befassen.

Hintergrund ist die Ausstattung der Volumenmodelle (W 114), vor allem aber die Basismotorisierung der Folgegeneration der Oberklasse, die mit dem Code W 116 längst Gestalt angenommen hat. Das Ergebnis kann sich sehen lassen – zunächst schon rein

äußerlich: Mit seinen beiden in formschönem Gehäuse rotierenden obenliegenden Nockenwellen begeistert das Prachttriebwerk die Autofans, vermittelt mehr als nur einen Hauch von bialbero und twin cam und erinnert in seiner Optik mehr an ein Opus von Alfa Romeo, Jaguar, Cosworth oder Lotus. Der dohc-Motor ist freilich nicht nur im Aussehen eine Delikatesse.

Der ausgezeichnete M 110 läuft im Sommer 1969 erfolgreich auf dem Prüfstand. Im Oktober begibt er sich in der Hülle der „Strich-Acht"-Limousine (W 114) in den Straßenversuch, ab Februar 1970 dann im getarnten 107er-Roadster. Im April und im Mai 1972 debütiert er im 280 und im 280 E der „Strich-Acht"-Limousinen der Baureihe W 114 (und fast gleichzeitig auch in deren Coupés) und hält im September 1972 Einzug in die erste so benannte S-Klasse der Baureihe W 116.

Der SL muss zurückstehen: Einerseits läuft die Herstellung des M 110 wegen fertigungstechnischer Probleme nur schleppend an, zum anderen wird angesichts der noch begrenzten Kapazität der Gießerei den Limousinen bei der Ausstattung mit dem M 110 der unbedingte Vorrang eingeräumt. Erst als das Produktionsvolumen ausreicht, ergeht am 20. Juni 1973 der Vorstandsbeschluss, auch den SL (und das zugehörige Coupé SLC) mit diesem Triebwerk zu motorisieren.

Die Transplantation in den 107er erweist sich auf Anhieb als hochgradig gelungen. Es wird schnell augenfällig, dass der 280 SL eigentlich nur Vorteile aufweist: Er ist nicht nur 3396,50 DM günstiger als der 350 SL, er schont das Budget durch einen etwas geringeren Kraftstoffverbrauch, wartet auch sonst mit durchweg niedrigeren Betriebskosten auf und zieht bei den Fahrleistungen nahezu gleich.

Rein äußerlich unterscheidet sich der zweite 280 SL dieser Bezeichnung auf den ersten Blick nicht von seinen stärkeren Brüdern. Verbleibt das Auto im serienmäßigen Lieferzustand – was eher die Ausnahme als die Regel ist – weist nur die Bereifung auf den Sechszylinder hin: Statt der fülligen 205er wird nur die Dimension 185 HR 14 aufgezogen. Ab März 1980 werden Niederquerschnittreifen der

Understatement: Wie stets ist die andere Motorisierung von außen praktisch nicht zu bemerken.

Größe 195/70 HR 14 89 H montiert. Dann erhält der Sechszylinder-SL auch den Bugspoiler der größeren Brüder und die Leichtmetall-Motorhaube der zweiten 107er-Generation.

Der Doppelnockenwellen-Sechszylinder ist das Werk des Triebwerk-Chefentwicklers Dr. Kurt Obländer.

Im Lastenheft der neuen Sechszylinder ist als Grundvoraussetzung die optimale Gasführung verankert, realisiert durch große Ventile, die im Querstromprinzip im 52-Grad-Winkel V-förmig über den hemisphärischen Brennräumen angeordnet sind. Der aus einer Leichtmetalllegierung gefertigte crossflow-Zylinderkopf erlaubt mit gegenüberliegenden Ansaug- und Abgaswegen raschen Gaswechsel. Dazu kommt Servicefreundlichkeit: Die beiden durch die markenübliche Duplexkette angetriebenen Nockenwellen sind leicht aus- und wieder einzubauen.

Die Verdichtung liegt mit ε=9,0 eher auf gutbürgerlichem denn Hochleistungsniveau. Der Zylinderblock stammt zwar direkt von dem des M 130 ab, wurde jedoch durch zahllose Gussrippen versteift. Die Bohrung des in letzter Phase bis ins Extrem aufgebohrten Blocks ist nun um einen halben Millimeter zurückgenommen worden, um den Wärmehaushalt zu stabilisieren und die Standfestigkeit sicherzustellen.

Auch die Rotationskomponenten des Kurbeltriebs erfahren intensive Überarbeitung: Die siebenfach gelagerte Kurbelwelle besitzt nun zwölf grazile geschmiedete Gegengewichte statt der acht kompakteren im M 130. Ein Zweimassen-Schwingungsdämpfer – eine Stahlscheibe mit Hartgummikern – am Stirnende der Kurbelwelle absorbiert auch feine Stöße.

Schon in den im Prinzip schonungslosen Versuchsreihen zeigt sich, dass der M 110 einen weitaus besseren thermodynamischen Wirkungsgrad als sein Vorgänger besitzt. Wie Dauerlastversuche in Nordafrika zeigen, ist er ganz einfach thermisch gesünder. Auch der bei den Mercedes-ohc-Sechszylindern traditionell erhöhte Ölverbrauch ist deutlich zurückgegangen.

Als einziges Manko ist geblieben, dass der M 110 zwar geschmeidig läuft und turbinenhaft hochdreht, im unteren Drehzahlbereich aber elastischer sein könnte. Außerdem ist er nicht gerade das leiseste aller Triebwerke. Dieses Kriterium war aber bei einem Sportwagen von jeher zweitrangig.

Wie bei den Achtzylindern erfolgt die Gemischbildung durch die elektronisch geregelte Saugrohreinspritzung D-Jetronic von Bosch. Bei 6000/min wird eine Höchstleistung von 185 PS abgegeben. Das maximale Drehmoment von 238 Nm steht bei 4500/min zur Verfügung. Ab Februar 1976 wird der M 110 – den V8-Triebwerken entsprechend – von der mechanischen K-Jetronic ernährt. Gleichzeitig wird die Verdichtung auf ε=8,7 herabgesetzt, da der Sechszylinder bei der in Mittel-, West- und Nordeuropa üblichen Kraftstoffqualität mit einer Oktanzahl von 97 bis 98 ROZ hart an der Klingelgrenze arbeitet und mit einer weiteren Herabsetzung des Bleigehalts gerechnet werden muss.

Ergebnisse sind eine um acht PS verminderte Motorleistung und ein geringfügig auf 233 Nm zurückgegangenes Drehmoment. Die vorsorgliche Rücknahme der Verdichtung erweist sich bald als unnötig, die Verdichtung wird im April 1978 wieder

Potenter Reihensechser: Der M 110 geht mit 185 PS an den Start und verleiht dem 280 SL Fahrleistungen, die von denen des 350 SL nur marginal entfernt sind.

auf den alten Wert angehoben und die Motorleistung auf den alten Stand von 185 PS restauriert. Das maximale Drehmoment hat sogar um ein klein wenig zugelegt und beläuft sich jetzt auf 240 Nm. Daran sind auch ein neues Schwingsaugrohr, wie es im 280 E der Mittelklasse-Baureihe W 123 verwendet wird, erweiterte Auslasskanäle, größere Auslassventile und ein widerstandsärmerer Luftfilter beteiligt.

Drei verschiedene Getriebe sind für den Sechszylinder-SL verfügbar: Serienmäßig wird zunächst ein Viergang-Schaltgetriebe geliefert, das ab Mai 1977 dann etwas enger gestuft ist. Bis Juni 1976 können die Kunden gegen einen Mehrpreis von 728 Mark ein Fünfgang-Schaltgetriebe für den Roadster ordern, dessen mit 0,875 lang übersetzter fünfter Gang eher als Schongang ausgebildet ist. Dann wird dieses Getriebe wegen unzureichender Standfestigkeit aus der Sonderausstattungsliste gestrichen.

Erst im Oktober 1981 wird der 280 SL wieder mit einem Fünfgang-Schaltgetriebe angeboten. Es ersetzt im Rahmen des „Mercedes-Benz Energiekonzepts", einem Programm zur Reduzierung von Abgasschadstoffen und Kraftstoffverbrauch, das Viergang-Getriebe und zählt daher zur Basisausstattung.

Klassische Kombination: Außen Silber und Blau und unter der Haube der wunderbare Reihensechser.

„Nur“ ein Sechszyilnder: Mann kann im Motorabteil des 107er bekanntlich heftig aufrüsten, man muss es aber nicht. Dieses Auto ist immer ein Genuss.

Dritte Variante ist die zunächst für einen Aufpreis von DM 1720,50 erhältliche vierstufige Wandler-Automatik. In den Fahrleistungen kommt der 280 SL sehr nahe, gefährlich nahe – die Verkaufszahlen zeigen es! – an den 350 SL heran. Je nach PS-Leistung und Getriebeart wird der 280 SL bis zu 205 km/h schnell und beschleunigt aus dem Stand zwischen 10,1 und 11,0 Sekunden auf 100 km/h. Das kann der kleine Achtzylinder nur marginal besser. Zum Trost für den V8 sei gesagt, dass der Sechszylinder durchaus kein Kostverächter ist und nur unwesentlich weniger Superbenzin konsumiert.

Im internationalen Zusammenhang gesehen spielt der 280 SL eher ein Nischendasein, denn 84 Prozent der 107er Roadster werden mit V8-Triebwerken geordert. Diese Vorliebe ist dem Hauptmarkt Nordamerika zuzuschreiben – dorthin wird der 280 SL deshalb gar nicht erst exportiert. In Europa wird sein Heimatland zum Hauptabsatzgebiet – bei Mercedes-Roadstern eher die Ausnahme als die Regel. Knapp 70 Prozent der Produktion verbleiben in Deutschland. Mit genau elf Jahren weist der 280 SL die längste Fertigungsspanne aller Roadster der Baureihe R 107 auf. Mit seinem Produktionsergebnis von 25.436 Fahrzeugen liegt er innerhalb der Typenfamilie R 107 auf Rang vier – die exportorientierten V8-Modelle 450 SL, 380 SL und 560 SL werden in weitaus höheren Stückzahlen gebaut, da sie von ihrer Fangemeinde jenseits des Atlantiks profitieren.

Edles Auto im abgerockten Ambiente: Der 280 SL stammt aus dem Baujahr 1984.

Etwas breiter aufgestellt: Dieser 280 SL des Jahrgangs 1980 kommt üppig bereift daher.

08 Der 380 SL

380 SL
MTK SL 84H

Leichtmetall statt Grauguss, und trotzdem viel Masse

Als ab Januar 1980 die zweite so benannte S-Klasse-Generation W 126 mit den neu konzipierten Leichtmetall-Achtzylindern ausgeliefert wird, ist die logische Folge, dass auch die V8-Modelle der Roadster-Reihe R 107 in den Genuss dieser Triebwerkspalette kommen. Auf dem Genfer Automobilsalon im März 1980 wird neben dem 500 SL der 380 SL vorgestellt, der ab Mai 1980 den bisherigen 350 SL ersetzt.

Bereits knapp zweieinhalb Jahre vorher war – dokumentiert auf der Frankfurter IAA im September 1977 – mit dem 450 SLC 5.0 ein Pilotprojekt zur generellen Einführung des Leichtmetall-V8-Motors gestartet worden. Dieses Coupé, von dem es kein Roadster-Pendant gab, diente als Homologationsbasis für den Motorsport, vor allem aber als Technologieträger in Kundenhand. Mit diesem Wegbereiter ließen sich unzählige Erkenntnisse – besonders, was die nicht in jeder Beziehung unproblematische Fertigung der Triebwerke betrifft – gewinnen. Die neuen V8-Motoren stehen nun der gesamten Oberklasse, zu der letzten Endes auch die SL gehören, zur Verfügung.

Die Daimler-Benz A.G. ist in gewisser Weise durchaus mit Leichtmetalltriebwerken in Personenkraftwagen vertraut: Bei dem im April 1961 in den Verkauf gegangenen Spitzenmodell der „Flossengeneration", dem 300 SE (W 112), bestanden sowohl Zylinderblock als auch Zylinderkopf aus einer Aluminiumlegierung, wobei der Block eingepresste „trockene" Stahl-Laufbuchsen aufwies.

Dabei konnte man auf die Erfahrungen aus dem Rennsportwagenbau der fünfziger Jahre zurückgreifen. Der Achtzylinder-Reihenmotor des 300 SLR (W 196-S. 1954/55) war aus Silumin gegossen – einer Aluminium-Legierung mit einem eutektischen Silizium-Anteil von 12 bis 13 Prozent. Bei Mahle im benachbarten Bad Cannstatt wurden die Laufflächen der Zylinder hartverchromt – eine Art Vorstufe des Nikasil-Verfahrens – und anschließend gehont.

Auch der 300 SL Roadster (W 198 I) erhielt im Februar 1962 analog zum 300 SE einen Leichtmetall-Motorblock. Schließlich konnte man in Untertürkheim auch beim Kreiskolbenmotor der Wankel-GT-Proto-

Rückbau: Von diesen beiden reimportierten 380 SL in US-Version hat der rote aus dem Baujahr 1982 sein exportbedingtes Original-Aussehen beibehalten, während der blaue Wagen des Jahrgangs 1985 auf europäische Standards rückgerüstet wurde.

Und so sieht er von innen aus: Durchsichtzeichnung eines 380 SL

typen der Reihe C 111 Werkstoff-Erfahrungen sammeln: Der nur 150 kg schwere Dreischeiben-KKM besaß ein Leichtmetallgehäuse, wobei die galvanische Innenbeschichtung der Trochoidenbahnen mit hochverschleißfestem Nikasil (Nickel-Silizium-Karbid) erfolgte.

Man kann durchaus behaupten, dass die neuen Leichtmetall-Achtzylinder angesichts des geänderten Werkstoffkonzepts einer weitaus gründlicheren Erprobung als vergleichbare Motoren zuvor unterzogen werden. Im Sommer und Herbst 1977 entstehen für Prüfstandtests und dann für ausgedehnte Dauerläufe fast hundert Versuchstriebwerke, die meisten mit puren Leichtmetallzylindern, manche aber auch – vorsichtshalber – mit Grauguss-Laufbuchsen. Der Wärmehaushalt der fast serienreifen Aggregate wird im Mai und dann nochmals im September 1979 nahezu im Renntempo auf dem Rundkurs von Nardo in Süditalien ausgetestet.

Das Triebwerk des 380 SL trägt trotz des Werkstoffwechsels unverändert den Baumustercode M 116, denn strukturell hat sich außer einem wirkungsvolleren Schwingungsdämpfer der Kurbelwelle nur wenig geändert: Die Bohrung ist gleich geblieben, der Kolbenhub wurde um sechs Millimeter verlängert. Der wesentliche Unterschied zum 3,5-Liter besteht letztlich in der Materialwahl, die eine Gewichtsabnahme von immerhin 41 kg mit sich bringt. Dadurch wird die für die Untersteuerneigung verantwortliche Kopflastigkeit vermindert – bei der Angabe des Leergewichts wirkt sich dieser Schwund dagegen überhaupt nicht aus.

Das Zylinderkurbelgehäuse wird bei der Firma KS in Neckarsulm – heute Kolbenschmidt Pierburg – in einem neu entwickelten Niederdruck-Kokillengussverfahren aus einer Aluminiumlegierung mit dem übereutektischen Siliziumanteil von 16 Prozent gegossen.

Diese Prozedur beruht auf der in den USA patentierten Reynolds-390-Methode, nach der 1970 der ohc-Vierzylinder des wegen seiner mangelhaften Haltbarkeit berüchtigten subcompact Chevrolet Vega (bis 1977) konzipiert wurde. Auch bei Daimler-Benz werden keine Zylinderlaufbuchsen verwendet. In der Laufschicht bilden sich größere Silizium-Kristalle in einer Matrix aus feinen Aluminium- und Silizium-Kristallen. Durch elektrolytische Behandlung der Zylinderlaufflächen wird diese Matrix abgetragen. Die 0,02 bis 0,05 mm großen Silizium-Kristalle ragen nun eine Nuance heraus und ergeben eine verschleißresistente Lauffläche für Kolben und Kolbenringe.

Das Stichwort

Reynolds-390-Verfahren

Dieses Verfahren wurde Ende der sechziger Jahre in den USA von der damaligen Reynolds Metals Company in Richmond, Virginia, heute zum Alcoa-Konzern gehörig, patentiert. Im Gegensatz zur bisherigen Leichtmetallmotoren-Praxis weisen die nach der Reynolds 390 engine technology aus einer Alusil-Gusslegierung hergestellten Triebwerksblöcke keine eingesetzten Stahl-Laufbuchsen auf: Die Kolben laufen quasi auf der Aluminium-Legierung.

Durch einen elektrolytischen Ätzprozess werden die sehr widerstandsfähigen Siliziumkristalle in der Zylinderlaufbahn freigelegt. Es entsteht eine harte, weitgehend verschleißfeste und schmierfilmtaugliche Oberfläche, die als Laufflächengerüst bezeichnet wird. Die Leichtmetallkolben tragen zur Sicherstellung ihrer Haltbarkeit eine Beschichtung aus einer Eisenlegierung.

Diese Technik ist nicht ohne Risiken, denn sie erfordert besonders enge Fertigungstoleranzen. In Untertürkheim geht der Start ins Zeitalter der Leichtmetalltriebwerke nicht ganz reibungslos über die Bühne. Während der Einlaufphase kommt es trotz der Testreihen in der Vorserie bei den 3,8- und Fünfliter-Motoren anfangs zu Kolbenfressern, die auf ein Ausbrechen der Laufflächen zurückzuführen sind.

Dauerläufer: Die Leichtmetall-V8 sind für 500.000 Kilometer und mehr gut.

Eine in enger Zusammenarbeit mit dem Vertragspartner KS verbesserte Oberflächenbehandlung sorgt für rasche Abhilfe – die betroffenen Kunden werden ohnehin kulant abgefunden. Thermodynamisch erweisen sich die neuen Aggregate als ausgesprochen gesund. Heute weiß man, dass die Leichtmetallmotoren Laufleistungen von 500.000 Kilometern und mehr erreichen können. Der eingangs zuweilen erhöhte Ölverbrauch wird durch erfolgreiches Experimentieren mit den Kolbenringen normalisiert.

Bei der Leistung des noch immer mit ε=9,0 verdichteten Motors ist es wieder aufwärts gegangen – wenn auch nur für knapp anderthalb Jahre: Sie ist bei der unveränderten Nenndrehzahl von 5500/min um 23 PS auf 218 PS angestiegen, der Höchstwert des Drehmoments um 23 Nm auf 305 Nm bei nach wie vor 4000/min. Zur Kraftübertragung steht ausschließlich eine vierstufige Wandler-Automatik zur Verfügung – auf ein Schaltgetriebe muss im Gegensatz zum 350 SL verzichtet werden. Das höhere Drehmoment erlaubt eine minimal verbrauchszügelnde Verlängerung der Antriebsübersetzung von i=3,46 beim 350 SL auf i=3,27. Die Höchstgeschwindigkeit wird mit 215 km/h angegeben. Der 380 SL beschleunigt nur marginal schneller als sein Vorgänger: aus dem Stand in 9 Sekunden auf 100 km/h. Äußerlich ist der Neue lediglich an dem vom 450 SLC 5.0 übernommenen Spoiler mit dem größeren Lufteinlass zu erkennen, der durch seinen hohen Luftdurchsatz nicht nur

die Kühlmitteltemperatur im Volllast-Betrieb absenkt, sondern auch für einige zusätzliche km/h in der Spitze verantwortlich ist.

Im September 1981 wird auf der IAA in Frankfurt das Mercedes-Benz Energiekonzept für die Sechs- und Achtzylinder-Fahrzeuge präsentiert. Hintergrund sind die nach dem ersten Golfkrieg zwischen dem Irak und dem Iran rapide steigenden Rohölpreise. Die betroffenen Triebwerke werden hausintern als „EK-Motoren" bezeichnet. In erster Linie geht es um Verbrauchsoptimierung. Von diesem Maßnahmenbündel besonders arg betroffen ist der 380 SL – zusammen mit dem identisch motorisierten 380 SE/SEC (W/C 126). Die Zylinderabmessungen werden völlig umgekrempelt: Die Bohrung wird von 90 auf 88 mm zurückgenommen, dafür wird der Hub von 71,8 auf 78,9 mm verlängert. Ziel ist ein optimiertes Verhältnis zwischen Zylinderinhalt und Kolbenoberfläche, um die Wärmeverluste zu mindern. Durch die veränderte Auslegung nimmt der Hubraum um 21 cm^3 zu und beträgt jetzt 3839 cm^3 – was eigentlich die Bezifferung 390 SL rechtfertigen würde.

Auch in der Alten Welt muss der 380 SL Federn lassen. Die Verdichtung wird zwar auf ε=9,4 angehoben, eine Nockenwelle mit entschärften Profilen

Ganz in weiß:
Sowohl der Roadster als auch der SLC im Vordergrund haben den begehrten 3,8-Liter.

Hochzeit: Die Hinterachse wird in einen 380 SL für den nordamerikanischen Markt eingebaut.

sorgt aber für zivilere Steuerzeiten und damit für einen spürbaren Leistungsabfall: Bei 5250/min gibt der V8 jetzt nur noch 204 PS ab. Neue Pleuelzapfen mit verminderter Reibleistung werden eingesetzt. Kleiner Trost am Rande: Das maximale Drehmoment hat sich von 299 auf 315 Nm emporgeschwungen.

Zum Ausgleich wurde die Antriebsübersetzung noch einmal, dieses Mal aber drastisch (i=2,47 statt vorher i=3,27) verlängert und die Schaltsystematik des Automatikgetriebes angepasst. Der 380 SL des zweiten Bauabschnitts schafft so gerade noch 205 km/h und benötigt fast zehn Sekunden, um aus dem Stand die 100 km/h-Marke zu erreichen. Spürbarer als es die dürren Zahlen vermuten lassen ist die völlig veränderte Charakteristik: Aus dem sportlich angehauchten Triebwerk ist ein behäbiger Gebrauchsmotor geworden.

Immerhin wurden Ziel und Zweck dieser Maßnahmen voll und ganz erreicht: Man hat dem 380 SL das Saufen gründlich abgewöhnt. Der nach der EWG-Richtlinie 80/1268 ermittelte Kraftstoff-Normverbrauch ließ sich im Überlandverkehr um gut zwei Liter für 100 km senken. Und beim energetisch bedeutsamen Stadtzyklus sind es fast vier Liter weniger: Bei der ersten Ausführung standen für diese Disziplin noch 19 l/100 km im Prospekt, jetzt sind es 14,2. Durch den gezügelten Durst kann die Vorratshaltung eingeschränkt und damit an Gewicht gespart werden: Der Tankinhalt wird von 90 auf 85 Liter reduziert.

In den Vereinigten Staaten ist der 380 SL bis zum Modelljahr 1985 angesichts der mit einer Strafsteuer dotierten Flottenverbrauchs-Regelung CAFE (Corporate Average Fuel Economy) der einzige angebotene Mercedes-Roadster. Die US-Version des 380 SL weist die veränderte Triebwerks-Stereometrie von Anfang an auf und ist zudem noch mit ε=8,3 überaus niedrig verdichtet. Grund dafür ist die in den USA deutliche Minderung der Klopffestigkeit des handelsüblichen Tankstellenbenzins – die Oktanzahl wird von 91 ROZ sogar noch auf 87 ROZ herabgesetzt. Das Ergebnis sind schier unglaubliche 155 SAE Netto-hp und eine (in den USA rein hypothetische) Höchstgeschwindigkeit von 175 km/h.

Angesichts der geringen Belastung des USA-Triebwerks finden die schwäbischen Kaufleute tatsächlich beim Ventiltrieb eine Einsparmöglichkeit: Die obenliegenden Nockenwellen werden statt mit der gewohnten Doppelrollenkette nur noch von einer einfachen Kette getrieben.

Trotz der Servicevorschrift, Steuerkette und Kettenspanner alle 40.000 Meilen wechseln zu lassen, kommt es beim Reißen der Kette manchmal zu teilweise heftigen und mit rund $ 6000 sündhaft teuren Motorschäden, wenn die Ventile wild spielen

Umrüstung: Mittlerweile werden Stoßstangen nach europäischem Standard rar, weil so viele ihre reimportieren US-SL europäisieren wollen.

und die Kolben behämmern. In der Regel geschieht das glücklicherweise aber bevorzugt während des Anlassvorgangs bei geringer Drehzahl. In der Prophylaxe wird amerikanischen 380-SL-Eignern angeboten, die Motoren entsprechend der Europa-Version auf Duplex-Ketten umrüsten zu lassen – ebenfalls kein billiges Unterfangen. Mitte 1984 ist der Spuk vorbei: Auch die für Nordamerika bestimmten 380 SL werden grundsätzlich mit der Doppelrollenkette ausgerüstet.

Der Muskelschwund der Dreiachtziger tut der Nachfrage jenseits des Atlantiks keinerlei Abbruch – man hat sich daran gewöhnt, dass Leistung nicht mehr gefragt ist, und anderen Sportlern geht's auch nicht viel besser: Während des Modelljahres 1982 werden sage und schreibe 84,6 Prozent der Produktion des 380 SL in den USA abgesetzt. Kein Wunder, dass später viele dank schwachen Dollars wieder den Weg in die Gegenrichtung antreten.

Zum Modelljahr 1980 ist übrigens auf dem Heimatmarkt eine teure Innovation zu verzeichnen: Mit den überarbeiteten Modellen ist erstmals für alle SL (und SLC) die 1978 in der S-Klasse W116 eingeführte Sonderausstattung 47/0 bestellbar – das bald als ABS geläufige Antiblockiersystem. Es kostet anfangs DM 2384,20.

Einmal mit, einmal ohne Riesen-Bumper: In den USA muss der potente 380er-V8 am Ende mit 155 PS auskommen.

09 Der 500 SL

BN KF 500H
BN WG 164H

Magische Ziffernfolge in guter Tradition

Neben dem 380 SL wird beim Genfer Salon im März 1980 der 500 SL vorgestellt, der sechs Wochen später in Produktion geht. Seine glatte Ziffernkombination wirkt exklusiv, deutet auf etwas Besonderes hin. Fünfliter-Achtzylindermodelle wie Nürburg 500 und 500 K hatten schließlich bereits in den Dreißigern hohen Prestigewert.

Der Fünfliter-Leichtmetall-V8 des 500 SL stammt aus der im September 1979 vorgestellten S-Klasse-Limousine 500 SE (W 126). Einziger Unterschied sind die steileren Nockenprofile. Die früher öffnenden und später schließenden Ventile haben aber keine Auswirkungen auf die Motorleistung, sondern nur auf Füllung und Drehmomentverlauf.

Metallurgisch gesehen ist diese Maschine natürlich eng mit dem Triebwerk des 380 SL verwandt, fußt aber auf der konstruktiven Basis des 4½-Liter-Grauguss-Motors aus dem 450 SL und ist daher mit dem gleichen Baumuster-Code M 117 (in diesem Fall mit dem Zusatz E 50) versehen. Bei unverändertem Hub ist die Bohrung mit 96,5 mm um 4½ mm größer als beim 450er. Gegenüber dem Grauguss-V8 ließen sich 43 kg an Gewicht einsparen: Der nackte Block wiegt nur noch 25 kg und selbst der komplett montierte Alu-V8 bringt nur 215 kg auf die Waage. Das Verdichtungsverhältnis von ε=8,8 ist moderater als beim 380 SL.

Die Gemischaufbereitung übernimmt wie beim Vorgänger die Bosch K-Jetronic. Der Durchmesser der zur Wärmeableitung mit Natrium gefüllten Auslassventile ist mit 39 mm um zwei Millimeter größer als beim 4,5-Liter. Mit 240 PS, die bei relativ biederen 4750/min abgegeben werden, ist der Fünfliter mit einer spezifischen Leistung von 48 PS pro Liter Hubraum genauso gering belastet wie vorher der 450 SL – und geringer als ein Opel Kadett der frühen Siebziger.

Spenderherz aus der S-Klasse: Aus dem Flaggschiff der Baureihe W 126 stammt der 1980 eingeführte V8 mit fünf Litern.

Um Himmels Willen, ein Spoiler: Viele 500er-Käufer wählen beim Kauf die Option „Wegfall Heckspoiler und Typenschild".

Das maximale Drehmoment ist mit 410 Nm, die bei 3200/min zur Verfügung stehen, kräftig konstituiert. Mit einer Spitze von 220 km/h ist der 500 SL – zusammen mit seinem Coupé-Pendant – der schnellste 107er. Bei der Standard-Beschleunigung belegt er dagegen mit 7,8 Sekunden nur Rang drei in seiner Sippe.

Von außen ist der 500 SL am größeren Frontspoiler und vor allem an der unorganisch wirkenden schwarzen Spoilerlippe aus synthetischem Kautschuk an der Hinterkante des Kofferraumdeckels zu erkennen. Nicht selten ordern 500 SL-Käufer aus Gründen der Ästhetik den Code 262 „Wegfall Heckspoiler und Typenschild" in der Sonderausstattungsliste. Dieser Sonderwunsch umfasst auch schwächere Federn des Leichtmetall-Heckdeckels, um ein angesichts des verminderten Gewichts zu jähes Aufschwingen zu verhindern. Außerdem zählen beim Spitzenmodell die Fuchs-Leichtmetallräder zum serienmäßigen Lieferumfang.

Im September 1981 greift auch beim 500 SL das Energiekonzept – allerdings in weitaus milderem Maße als beim vorwiegend in die USA ausgeführten 380 SL. Beim Fünfliter bleibt das Bohrung-Hub-Verhältnis unangetastet. Die Verdichtung wird auf ε=9,2 heraufgesetzt. Auch beim 500er wird der Durchmesser der Pleuelzapfen zur Minderung der Reibleistung reduziert. Das Nockenprofil wird mit der Folge geringerer Überschneidungen der Steuerzeiten erneut modifiziert.

Von vorn ist mal wieder praktisch nichts zu sehen: Nur Kenner bemerken den etwas größeren Frontspoiler.

Expressgut: Mit 220 Stundenkilometern Spitze ist der 500 SL der schnellste seiner Baureihe.

Die aus diesen Maßnahmen resultierenden neun Minder-PS sind ohne weiteres zu verschmerzen, zumal der Drehmoment-Höchstwert – allerdings kaum merklich – auf 412 Nm angestiegen ist, und das bei einer um 200/min niedrigeren Nenndrehzahl. Der Achsantrieb wird auch beim 500 SL länger, allerdings fällt der Unterschied mit i=2,24 statt i=2,72 nicht so krass aus wie beim 380er.

Auch die Fahrwerte lassen nur gelinde Einbußen erkennen. Die Spitze hat zumindest laut Prospektangabe gerade einmal um 5 Stundenkilometer abgenommen und liegt damit noch im vorherigen Streubereich – das Team der Fachzeitschrift *auto motor und sport* ermittelt gar 227,8 km/h. Bei der Beschleunigung sieht es mit einem Plus von drei Zehntelsekunden ähnlich aus. Analog dazu hat sich allerdings auch der Benzinverbrauch nicht so deutlich vermindert wie beim 380 SL. Der *auto-motor-und-sport*-Testwert übertrifft die Herstellerangabe mit 16,3 Liter für 100 Kilometer ziemlich drastisch. In der Stadtzyklus-Messung soll die Einsparung laut Werkangabe auf fast dramatische Weise mehr als fünf Liter betragen. Auch beim 500 SL wird das Fassungsvermögen des Tanks um fünf Liter verkleinert.

Vor und nach der großen Modellpflege: Der hintere 500er wurde im Juni 1986 zum ersten Mal zugelassen, der vordere im März 1984.

500 SL: Die zweite Auflage

In den achtziger Jahren ist die Mercedes-Technik von größeren Fortschritten als je zuvor gekennzeichnet – dem SL werden sie indessen bei weitem nicht alle zuteil. Aber im sich rasant entwickelnden Zeitalter digitaler Elektronik, Raumlenker-Hinterachse und 4MATIC ist der Hundertsiebener noch immer da.

Als nach mehr als 14 Jahren Laufzeit nach dem Motto „Totgesagte leben länger" im Spätsommer 1985 die letzte große Modellpflege-Maßnahme der Baureihe R 107 über die Bühne geht, bleibt der 500 SL als einziges Roadster-Modell strukturell weitgehend unverändert erhalten. Die späte Renaissance der ehrwürdigen Roadster ist durchaus angebracht, denn die Nachfrage in Übersee, aber auch im eigenen Land ist ungebrochen.

Durch den hohen Nordamerika-Exportanteil muss die Belieferung der europäischen Märkte kontingentiert werden. Darunter haben vor allem die ausgesprochenen Europa-Versionen wie der 500 SL zu leiden – ihr Anteil an der Gesamtproduktion wird vorübergehend zurückgefahren. In der Bundesrepublik ist die gesamte Produktion des 500 SL im August 1985 bis in den Herbst 1987 hinein ausverkauft.

Als nicht sonderlich wirksames Regulativ werden bei der Vorstellung der Neuauflage trotz einer Tagesproduktion von 85 Einheiten keine Bestellungen mehr entgegengenommen. Allein Großkunden – beispielsweise aus dem Speditions- oder Omnibusgewerbe – werden bevorzugt. Kein Wunder, dass bald ein schwunghafter Handel mit älteren Kaufverträgen einsetzt und die Spekulation blüht.

Nachdem im Juni 1985 die Vorserie gestartet ist, wird die zweite Auflage des großen V8-Roadsters ab Anfang August 1985 ausgeliefert. Dem Roadster werden die umfassendsten Serienänderungen der gesamten Laufbahn zuteil. Äußerlich fallen die mit der Bereifung 205/65 VR 15 bestückten15-Zoll-Rädern im flachen „Kanaldeckel"-Design ins Auge. Der Frontspoiler aus Polykarbonat ist größer und reduziert den Auftrieb bei hoher Geschwindigkeit um 30 Prozent. Seine Lufteinlassöffnung ließ sich verkleinern und somit aerodynamisch optimieren, da die thermisch ausgewogenen Triebwerke verminderten Kühlluftdurchsatz zulassen.

Vor der Kühlluftöffnung sind die zwei serienmäßigen Nebellampen platziert. Der fahrerseitige Außenspiegel wird jetzt serienmäßig beheizt, auch die Zentralverriegelung zählt zur Grundausstattung. Die halb versenkten Türgriffe sind von der S-Klasse der Baureihe W 126 entlehnt.

Auch des Interieurs hat man sich angenommen: Die ausgeprägter konturierten Sitze bieten bessere Seitenführung. Die Lehnenverstellung erfolgt durch ergonomisch verbesserte Handräder. Die Anzeigen der neu gestalteten Kombiinstrumente am Armaturenbrett wurden um weitere Kontrollleuchten – etwa für Ölstandkontrolle oder Glühlampenausfall – ergänzt.

Was man nicht auf den ersten Blick erkennen kann, sind weitreichende Modifikationen der Blechpressteile. So werden die Wagenböden im Mittel- und Heckbereich noch wirkungsvoller versteift und die Stirnwand geändert.

Nochmals geglättet: Namentlich die neuen Leichtmetallräder ändern das Erscheinungsbild erheblich.

Die überarbeitete Vorderradaufhängung mit reduziertem Lenkrollradius bedingt einen neuen Vorderachsträger. Zur veränderten Kinematik der Vorderradaufhängung zählen die verbesserte Radabstützung durch größere Spreizung und der modifizierte Nachlauf. Auch die Abstimmung der Hinterradgeometrie erfährt kleinere Eingriffe zur Verfeinerung des Handlings – bei gleichem Fahrkomfort.

Die vorderen Radhäuser werden zum Schutz vor Steinschlag mit Innenkotflügeln aus Kunststoff ausgekleidet. Die Bremsen geraten dank Vier-Kolben-Festsättel an den Vorderrädern und 8-Zoll-Bremskraftverstärkers noch wirkungsvoller. Das Anti-Blockier-System zählt nun zum serienmäßigen Lieferumfang. Auch triebwerkstechnisch ist man zur Sache gegangen: Die mechanisch geregelte Benzineinspritzung KA-Jetronic wird durch die elektronisch-mechanisch gesteuerte Bosch KE-III-Jetronic ersetzt.

Neu ist auch die elektronische, mikroprozessorgesteuerte Zündanlage EZL, die den Zündzeitpunkt permanent in Abhängigkeit von den jeweiligen Betriebsbedingungen ermittelt. Dabei erstellen die Parameter Drehzahl, Kurbelwellenstellung (induktive Messung an der Schwungscheibe), Motorlast (Druckgeber im Saugrohr) und Kühlmitteltemperatur ein ständig wechselndes Zündkennfeld, aus dem der für einen möglichst schadstoffarmen Verbrennungsablauf bei bestmöglichem Wirkungsgrad günstigste Zündzeitpunkt resultiert. Ein Abgleichstecker im Motorraum ermöglicht das manuelle Umstellen auf niederoktanigen Kraftstoff durch Abrufen des der Kraftstoffqualität zugeordneten Zündkennfelds.

Die Verdichtung wird auf den Wert von ε=9,0 herabgesetzt. Der Durchmesser der Einlassventile wächst. Während das maximale Drehmoment auf 400 Nm zurückgegangen ist, steigt die Motorleistung um 14 auf 245 Pferdestärken. Dies ist allerdings vor dem Hintergrund zu sehen, dass es im Gegensatz zum Rest der Mercedes-Modellpalette mit Benzinmotoren vorerst weder eine Rückrüstversion (RÜF), vorbereitet für die Nachrüstung eines geregelten Drei-Wege-Katalysators, noch eine Katalysatorvariante (KAT) gibt, sondern einzig und allein die nicht „entgiftete" und dadurch weitgehend ungedrosselte ECE-Version.

Unterm Blech hat sich viel getan: Es gibt eine neue Vorderradaufhängung, die hintere wurde neu abgestimmt und die Karosserie steifer gemacht.

Mehr geht nicht: Dieser 500 SL repräsentiert in seiner letzten Evolutionsstufe die Königsklasse der 107er-Roadster der Alten Welt.

Das Stichwort

Bosch KE-III-Jetronic

Im Prinzip stellt die als zuverlässig und unempfindlich geltende KE-Jetronic (kontinuierlich, elektronisch) eine um elektronisches Steuergerät erweiterte mechanisch geregelte K-Jetronic (auch KA-Einspritzung) dar. Dadurch können bei Fahrzeugen, die mit katalytischer Abgas-Nachbehandlung durch einen geregelten Drei-Wege-KAT ausgerüstet sind, die Mess- und Steuerfaktoren der Lambda-Sonde integriert werden. Die mechanisch-hydraulischen Grundfunktionen des Systems ermöglichen bei Ausfall des elektronischen Steuergeräts – sofern der Motor seine Betriebstemperatur erreicht hat – einen allerdings in puncto Leistung, Verbrauchs- und Abgasverhalten etwas eingeschränkten Notlauf des Fahrzeugs.

Der Mikroprozessor des elektronischen Steuergeräts regelt nach sensorischer Datenermittlung ohne jegliche Verzögerung die Gemischanreicherung sowohl in der Warmlaufphase als auch beim Beschleunigen, die Zusammensetzung des Kraftstoff-Luft-Gemisches in Anpassung an den jeweiligen spezifischen Betriebspunkt des Motorkennfelds (Kaltstart, Volllast, Leerlauf) und die Abschaltung der Kraftstoffzufuhr im Schubbetrieb. Er begrenzt die Drehzahl nach oben und hält sie im Leerlauf niedrig und konstant. Bei geringer werdender Luftdichte im Hochgebirge magert er das Gemisch ab, um ein Überfetten zu vermeiden. Die sechs Sensoren erfassen die Parameter des jeweiligen Betriebszustandes: die angesaugte Luftmenge (Stauscheiben-Potentiometer), den Luftdruck zur Höhenkorrektur (Barometerdosensensor), die Drosselklappenstellung (elektromechanischer Kontakt), die Motordrehzahl (Zündauslösungssystem im Verteiler), die Kühlmitteltemperatur (Temperaturfühler) und die Abgaszusammensetzung (Lambdasonde).

Das Steuergerät verarbeitet die Steuersignale dieser Sensoren und berechnet daraus den Steuerstrom für die eigentliche Regeleinheit, den elektrohydraulischen Drucksteller. Er verändert in Abhängigkeit vom Betriebszustand des Motors den Druck in den unteren Kammern der Differenzdruckventile und damit die den Einspritzventilen zugemessene Kraftstoffmenge. Das Steuergerät verfügt über einen Fehlerspeicher, der mit einem externen Diagnoserechner ausgelesen werden kann.

Die eigentliche Kraftstoffversorgung besteht aus der elektrischen Rollenzellenpumpe, einem Kraftstofffilter mit Papiereinsatz, dem Kraftstoffspeicher, der den Druck im System nach dem Abstellen des Motors für einen Neustart aufrecht erhält, und dem Systemdruckregler, der einen gleichbleibenden Versorgungsdruck gewährleistet. Endverbraucher sind die antriebslosen Einspritzventile, die die zugemessene Kraftstoffmenge vor den Einlassventilen in die Saugrohre spritzen. Sie haben keine Zumessfunktion und öffnen sich beim Überschreiten eines bestimmten, festgelegten Drucks selbsttätig. Sie zerstäuben den Kraftstoff durch Schwingbewegungen ihrer Ventilnadel.

Ab September 1986 ist der 500 SL dann ausschließlich mit geregeltem Katalysator erhältlich – eine RÜF-Ausführung ist nicht vorgesehen. Die Motorleistung ist spürbar auf 223 PS abgesunken, die entsprechende Einbuße bei der Höchstgeschwindigkeit beläuft sich auf 10 km/h. Beim Drehmoment hält sich der Rückgang auf nunmehr 385 Nm in Grenzen, zumal der Wert jetzt bereits bei 3500/min zur Verfügung steht.

Von den 11.812 gefertigten 500 SL wird mehr als die Hälfte auf dem Heimatmarkt abgesetzt. Ein in Astralsilber lackierter 500 SL ist es auch, der am 4. August 1989 das Produktionsende der insgesamt 237.287 Roadster der Baumusterfamilie R 107 markiert. Er wird am Bandauslauf von Max-Gerrit von Pein, dem Leiter des Mercedes-Benz-Museums, in Empfang genommen und der Fahrzeugsammlung des Herstellers einverleibt.

Einmal restauriert, einmal mit der mittlerweile wieder begehrten Patina: Der jüngere 500er (Juni 1986) auf dem linken Bild befindet sich bis auf das Lenkrad praktisch wieder im Neuzustand, der auf dem rechten (März 1984) hat noch das erste Verdeck, das praktisch nie benutzt wurde. Das Windschott des 500 SL im unteren Bild wurde nachgerüstet; in der Sonderausstattungsliste taucht es erst 1989 für den Nachfolgetyp R 129 auf.

10 Der 420 SL

Exklusiv
D

Schon zu Lebzeiten eine Rarität

Während der 500 SL die umfangreiche Modellpflege im August 1986 ohne strukturverändernde Eingriffe ins Innenleben des Triebwerks übersteht, wird der 380 SL nach zweimonatiger Gnadenfrist – die der ungebrochenen Nachfrage in den USA geschuldet ist – im November 1985 durch den 420 SL ersetzt. Da der 380 SL in seiner zweiten Ausgabe nicht gerade als Muster an Flexibilität und Durchzugsstärke im unteren Drehzahlbereich gilt, ist Hubraumvergrößerung angesagt.

Ein Griff in den Baukasten macht's möglich: Man nehme den 380er-Block der ersten Bauphase mit einer Zylinderbohrung von 92 mm und die langhubige Kurbelwelle der Zweitauflage. Dazu verpasse man den Zylinderköpfen größere Einlass- und Auslassventile – und fertig ist ein zeitgemäßer, kräftiger Leichtmetall-V8. Auch beim 420 SL hat die mechanisch-elektronisch geregelte Bosch KE-III-Jetronic die rein mechanische KA-Einspritzung abgelöst. Zwei Motorisierungsvarianten stehen zur Verfügung: Für ökologisch Unentschlossene (oder unbeirrt Leistungshungrige?) gibt es bis zum Fertigungsstopp das mit geregeltem Katalysator nachrüstbare RÜF-Modell mit 218 PS und einer Drehmoment-Maximale von 330 Nm.

Wer gleich umweltbewusst (oder um Steuern zu sparen) zur KAT-Version mit „katalytischer Abgasreinigung der zweiten Generation" (Originalton Daimler-Benz) greift, muss mit 204 PS und 310 Nm leben. Immerhin entspricht die Motorleistung der des abgelösten, noch KAT-losen 380 SL. Eine ungedrosselte ECE-Variante – wie sie im ersten Jahr der Zweitausgabe des 500 SL gar obligatorisch war – wird gar nicht erst angeboten.

Alle Fahrwerks-, Karosserie- und Ausstattungsänderungen gegenüber dem Vorgänger 380 SL entsprechen den im zweiten Teil des 500-SL-Kapitels besprochenen. Mit einem Produktionsergebnis von 2148 Wagen bleibt der 420 SL schon zu Lebzeiten eine Rarität. Ein gutes Drittel verbleibt im Herkunftsland.

Seltenheit: Nur knapp über 2000 Exemplare des 420 SL werden gebaut, vom 500er sind es fast sechsmal so viele.

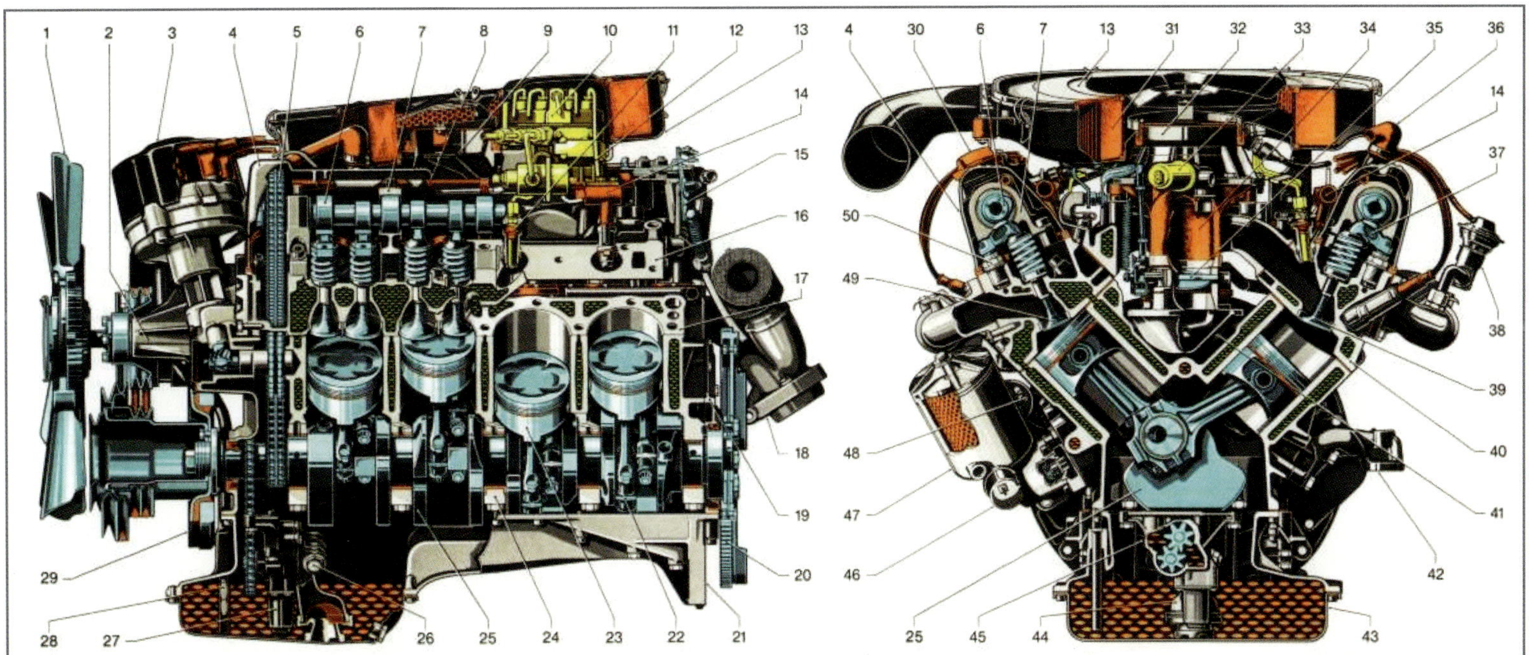

Technische Daten:

Arbeitsverfahren	Viertakt-Benzin-Einspritzung	
Nennleistung nach Richtlinie 80/1269 EWG	KAT 150 kW	RÜF 160 kW
Nenndrehmoment nach Richtlinie 80/1269 EWG	KAT 310 Nm	RÜF 330 Nm
Zylinderzahl	8	
Bohrung/Hub	92,00/78,90 mm	
Gesamthubraum eff.	4196 cm³	

1 Lüfter (mit Visco-Lüfterkupplung)
2 Wasserpumpe
3 Zündverteiler
4 Zylinderkopfhaube
5 Zweifach-Rollenkette
6 Nockenwelle
7 Nockenwellenlager
8 Ölrohr (Nockenwellenschmierung)
9 Stauscheibe
10 Mengenteiler
11 Einspritzventil
12 Kraftstoff-Druckleitung
13 Luftfilter
14 Leerlaufluft-Verteilerleitung
15 Regulierung
16 Saugrohr-Oberteil
17 Zylinderkurbelgehäuse
18 Auspuffkrümmer
19 Abschlußdeckel
20 Anlaßzahnkranz
21 Ölwanne-Oberteil
22 Pleuelstange
23 Kolben
24 Kurbelwellenlagerdeckel
25 Kurbelwelle
26 Ölüberdruckventil
27 Ölstandschalter
28 Ölmeßstab
29 Schwingungsdämpfer
30 Öleinfüllstutzen
31 Filtereinsatz
32 Luftmengenmesser
33 Leerlaufsteller
34 Luftführungsgehäuse
35 Drosselklappe
36 Entlüftungsleitung
37 Schwinghebel
38 Abgasrückführungsventil
39 Einlaßventil
40 Zylinderkopf
41 Saugrohr-Unterteil
42 Motorträger
43 Ölwanne-Unterteil
44 Saugkorb
45 Ölpumpe
46 Druckgeber
47 Ölfilter
48 Anlasser
49 Auslaßventil
50 Ventilspiel-Ausgleichselement

Man nehme: einen 380er-Motorblock der ersten Bauphase, die längerhubige Kurbelwelle der zweiten plus größere Ventile. Fertig ist der 420er, der mal wieder nur an der Zahl auf der Heckklappe zu erkennen ist.

11 Der 560 SL

560 SL
NEVADA
123·ABC

Mehr Hubvolumen für Übersee

Eine ausgesprochene Ausnahmestellung im Reigen der 107er-Roadster nimmt das Top-Modell 560 SL ein – nicht nur wegen des größten Hubraums aller Hundertsiebener, sondern auch angesichts seiner Eigenschaft als pures Exportmodell: Außer zur Belieferung des nordamerikanischen Marktes ist er für die Ausfuhr nach Japan und Australien vorgesehen – Länder, die den USA vergleichbare Emissionsbestimmungen erlassen haben.

Der 560 SL geht im September 1985 in Produktion, löst aber den 380 SL, für den in Nordamerika noch ein beträchtlicher Auftragsbestand abzubauen ist, erst im Oktober 1985 endgültig ab. Dann ist er wie sein Vorgänger der einzige SL auf dem nordamerikanischen Markt. Im Listenpreis von 62.110 Dollar (1988) sind 1300 Dollar Strafsteuer nach der Flottenverbrauchsregelung CAFE – von den Amerikanern salopp als „gas guzzler tax" (Spritfresser-Steuer) bezeichnet – enthalten.

Das Rezept der Entstehung des 560 SL ist recht simpel: Um die Leistungseinbußen durch die einschnürenden Verordnungen der Umweltbehörden zu kompensieren, bleibt auf den ersten Blick nur die Vergrößerung des Hubraums, zumal die Amerikaner traditionell hubraumorientiert sind. Dafür steht das diesseits des Atlantiks, wo man sich eher einer sophistischen Triebwerkskonzeption widmet, reichlich fremd anmutende Schlagwort: There's no substitute for cubic inches. Aus zwingenden ökologischen Gründen gehört die großspurige pseudomaskuline These, dass Hubraum durch nichts zu ersetzen sei (außer durch noch mehr Hubraum) längst der Vergangenheit an.

„Dallas" lässt grüßen: Die Werbaufnahme des 560 SL weckt spontan Assoziationen mit dem Ewing-Fuhrpark aus der legendären Öl-Serie.

Für das Spitzenmodell der seit Anfang 1980 im Amt befindlichen S-Klasse der Baureihe W 126, den von September 1985 an lieferbaren 560 SEL mit verlängertem Radstand und das zugehörige Coupé 560 SEC, ist aus dem Fünfliter-V8 ohne größeren Aufwand das 5,6-Liter-Triebwerk entwickelt worden, immer noch auf Basis des Grundbaumusters M 117 und gedacht auch für den Übersee-SL. Bei gleicher Bohrung wird eine neue Kurbelwelle mit einem um einen knappen Zentimeter verlängerten Kolbenhub und sechs Gegengewichten verwendet. Eine weitere leistungsfördernde Maßnahme besteht in der Vergrößerung der Einlassventile.

Die Verdichtung von $\varepsilon=9{,}0$ ist die gleiche wie die der europäischen Katalysator-Version im 560 SEL/SEC. Von $\varepsilon=8{,}3$ des 380 SL konnte man abgehen, weil die Klopffestigkeit des Tankstellenkraftstoffs in den USA inzwischen von ROZ 87 auf ROZ 92 angehoben wurde. Gegenüber dem mit 155 SAE-Netto-hp arg beschnittenen 380 SL – ein Manko, das die Mehrheit seiner Käufer(innen) gar nicht als solches empfindet – stellt der 560 SL nun mit 227 SAE-Netto-hp ein regelrechtes Kraftbündel dar.

Nach europäischem Standard entspricht die Angabe 230 DIN-PS und bedeutet angesichts der 242 PS der KAT-Version im 560 SEL noch immer ein Defizit. Begründet wurde das Minus mit der angesichts des Platzmangels am Wagenboden leistungsmindernd verlegten Auspuffanlage.

Als Höchstgeschwindigkeit werden im werksinternen Typenblatt – in den US-Prospekten tauchen solche Bezifferungen wegen ihres dort doch sehr theoretischen Charakters nicht auf – 223 km/h und für die standardisierte Null-auf-hundert-Beschleunigung 7,7 Sekunden angegeben. Ein road test des US-Fachblatts *Road & Track* unterbietet diesen Wert mit 6,8 Sekunden für die in etwa vergleichbare Spanne 0-60 mph (96 km/h).

Äußerlich tritt der 560 SL mit massiven 5-mph-DOT-Stoßstangen, Vier-Augen-Gesicht mit sealed beam-Doppelscheinwerfern und unorganisch auf dem Kofferraumdeckel platzierter dritter Bremsleuchte im typischen US-Outfit auf. Dafür fehlt der Heckspoiler, den der ihm zugrunde liegende 500 SL trägt. Die Serienausstattung ist außerordentlich umfangreich und umfasst neben der in den USA nahezu obligatorischen Vier-Stufen-Getriebeautomatik ein Sperrdifferenzial, Lederpolsterung, eine Klimatisierungsautomatik – auch die ist in Nordamerika schon seit 1978 Standard –, eine Diebstahlwarnanlage und die noch taufrischen Sicherheitsattribute Airbag und Anti-Blockier-System. Sonderausstattung ist im Grunde nur die optionale Sitzheizung – und die ist in vielen US-Bundesstaaten ohnehin sinnlos. Im Hinblick auf seinen hohen Drehmoment-Höchstwert von 380 Nm wird der 560 SL als einzige US-Export-Version achtern mit der Koppelachse ausgerüstet.

Der 560 SL ist zwar auf europäischen Straßen trotz des längst in Gang gekommenen Reimports keine alltägliche Erscheinung – global gesehen ist er indessen alles andere als eine Rarität: In vier Jahren entstehen 49.347 Einheiten.

Sieh mal da: US-Präsident Donald Trump besaß einst einen 560 SL und hatte damit den deutschen Handelsüberschuss, den er nun kritisiert, vorsätzlich vergrößert …

12 Der 300 SL

Ein großer Name – und was steckt dahinter?

Als im Sommer 1985 innerhalb der zweiten R-107-Generation auch eine Sechszylinder-Variante mit der legendären Typenbezeichnung 300 SL vorgestellt wird, werden nicht nur bei Kennern und Liebhabern Assoziationen an den unsterblichen „Flügeltürer" geweckt. Freilich hat der Neue mit diesem außer Zylinderzahl und Benennung nicht viel gemeinsam.

Aus Respekt vor dem hochkarätigen Namensvetter plant man in der Untertürkheimer Marketingetage für kurze Zeit, den Roadster in der inzwischen überkommenen Manier (oder Unsitte) der siebziger Jahre „280 SL 3.0" zu nennen, tauft ihn dann aber doch mit der konkreteren auf den Hubraum bezogenen Ziffernfolge. Die optischen Veränderungen entsprechen denen des 420 SL und der Zweitauflage des 500 SL und sind an entsprechender Stelle beschrieben. Der vergrößerte Bugspoiler vermindert den Auftrieb und verbessert den c_W-Wert bei geschlossenem Verdeck auf 0,405.

Der 300 SL ersetzt den populären 280 SL. Triebwerkstechnisch hat man nun mit der Trennung vom formschönen M 110 die auf den M 180 des Jahrgangs 1951 zurückgehende Ahnenreihe beendet. Anlass sind einerseits die hohen Produktionskosten des Doppelnockers, zum anderen aber die angesichts verschärfter Regelungen bald unzureichenden Abgaswerte.

Herzstück ist nun der neue Reihensechser M 103, der bereits seit April 1985 im 300 E der neuen Mittelklassereihe W 124 tätig ist und analog mit dem SL auch in den Modellen 300 SE/SEL der gleichzeitig überarbeiteten S-Klasse der Baureihe W/V 126 verwendet wird. Maßgeblich an der Entwicklung beteiligt war der damalige Leiter des Motorenversuchs und spätere Chef der Motorenentwicklung, Dr. h.c. Kurt Obländer. Er gilt als der hauseigene „Abgaspapst", denn er ist so etwas wie der inoffizielle Ressortchef für schadstoffarme Antriebsmaschinen.

Drei Liter, sechs Zylinder in Reihe: Das und den Namen hat der R 107 mir dem legendären Sportwagen gemein.

Das Stichwort

Dipl.-Ing. Dr.-Ing. E.h. Kurt Obländer (*30.11.1927, † 23.10.2008)

1988 bis 1991 Direktor und Leiter der Mercedes-Benz Pkw-Motorenentwicklung

Dr. Kurt Obländer ist von 1955 bis 1991 in der Motorenkonstruktion der Daimler-Benz A.G. tätig, zuletzt als Leiter der Personenwagen-Motorenentwicklung. Nachhaltig beeinflusst er mehrere Motorengenerationen; einige Triebwerke – wie der legendäre M 100 aus dem 600 und dem 450 SEL 6.9, der V12 des Baumusters M 120 aus dem 600 SE/SEL (W/V 140) oder die Sechszylinder der Baureihe M 103 tragen unverkennbar seine Handschrift. Von 1964 an widmet er sich der Verbrennungsoptimierung, die zu seinem Schwerpunktgebiet wird. Weltweit gilt er als einer der Vordenker der Abgasreinigung.

1975 erhält er von der Universität Kaiserslautern für seine Verdienste um die Entwicklung schadstoffarmer Antriebssysteme die Ehrendoktorwürde. Für die Regierung der Bundesrepublik Deutschland ist er in der Forschungsgruppe Kraftfahrzeugabgase tätig. An der Entwicklung des geregelten Drei-Wege-Katalysators, den Mercedes-Benz 1986 als erster Automobilhersteller im Serienfahrzeug anbietet, hat er großen Anteil.

Nach seiner Verabschiedung in den Ruhestand belebt Obländer den Dialog zwischen Industrie und Umweltverbänden. Für Daimler-Benz bleibt er Berater für Umwelt- und Naturschutzfragen. Als Gründungsmitglied der Stiftung Europäisches Naturerbe ist ihm die Naturverbundenheit ein persönliches Anliegen. Sein Engagement wird im Jahre 2000 mit dem Bundesverdienstkreuz gewürdigt.

Diesmal stammt der Motor aus der Mittelklasse: Die frisch eingeführte Limousinenreihe W 124 spendiert den Reihensechser namens M 103.

Der neue Sechszylinder ist wesentlich kompakter gebaut und um 42 kg leichter als der M 110. Beim Werkstoff des weit über die Kurbelwellenlager nach unten gezogenen Zylinderblocks entscheidet man sich wieder für Grauguss an Stelle der bei den Achtzylindern verwendeten Aluminiumlegierung, kann sich aber dank moderner Gusstechnik auf dünne Wandstärken beschränken. Im CAE-Verfahren berechnete Versteifungsstege sichern die Festigkeit.

Die Kurbelwelle ist siebenfach gelagert und besitzt zwölf Gegengewichte. Die Abmessungen der Lager sind zur Verminderung der Gleitreibung reduziert. Kolben und Pleuel haben abgespeckt. Wegen des ausgeglichenen Wärmehaushalts des M 103 lässt sich das Volumen der Wassermäntel im Block nahezu halbieren. Dadurch werden die Betriebstemperatur schneller erreicht und der Schadstoffausstoß herabgesetzt. Obländers Handschrift ist überall zu erkennen.

Konstruktiv basiert der M 103 auf der 1980 in der damaligen Mittelklassefamilie W 123 eingeführten Vierzylinder-Familie M 102. Das drückt sich sowohl im identischen Kolbenhub von 80,25 mm als auch im Konzept des Zylinderkopfs aus: Der Querstromkopf besitzt V-förmig hängende Ventile, die im sohc-Prinzip von einer einzelnen Nockenwelle über Kipphebel und Hydrostößel betätigt werden.

Die Brennraumform ist erheblich verwirbelungsaktiver gestaltet, um den Verbrennungsablauf zu optimieren. Dadurch wird ein abgemagertes, verbrauchs- und emissionsfreundliches Kraftstoff-Luft-Gemisch ermöglicht.

Die Nockenwelle wird – wie der Hersteller begründet – zur Verminderung der Reibleistung erstmals von einer einfachen Rollenkette getrieben. Diese offenkundige Sparmaßnahme soll sich in der Praxis gelegentlich als Krux herausstellen: Bei nicht eingehaltenen Ölwechselintervallen kann es durch die veränderte Viskosität des Schmierstoffs zum Dehnen der Steuerkette kommen, was zum Überspringen auf dem Nockenwellen-Zahnrad führen kann – mit der Folge eines kapitalen Motorschadens durch die Kollision zwischen Kolben und Ventilen.

Häufiger und typischer sind die eingelaufenen Nockenwellen des M 103. Dieser Fehler liegt an mangelhafter Härtung, wird vom Hersteller kulant geregelt und ab Oktober 1988 definitiv abgestellt. Charakteristisch für den M 103 ist auch der Antrieb der Nebenaggregate mit einem einzelnen, sehr langen Keilrippenriemen. Der Gemischaufbereitung dient die elektronisch-mechanisch gesteuerte Bosch KE-III-Jetronic, ergänzt durch die vollelektronische Zündanlage EZL.

Zurückhaltung: Beinahe wäre ein „280 SL 3.0" draus geworden, dann aber hieß der Neue doch 300 SL.

Ein weiterer Erfolg: In vier Jahren werden knapp 14.000 Exemplare des Dreihunderters verkauft.

Ein elfflügeliger Lüfter mit Viskosekupplung trägt zum ausgeglichenen Wärmehaushalt bei. Im ersten Verkaufsjahr ist die 188 PS starke RÜF-Variante des 300 SL die Normalversion, mit einem Drei-Wege-Abgaskatalysator kann der Roadster gegen Aufpreis ausgerüstet werden. Ab September 1986 ist es umgekehrt: Primär wird die steuerbegünstigte KAT-Ausführung mit 180 PS angeboten, die RÜF-Version wird deutlich seltener geordert. Ein Fünfgang-Schaltgetriebe zählt zur Serienausstattung, als Sonderausstattung ist eine Vierstufen-Automatik erhältlich.

Ungeachtet des Herzeleids der Doppelnocker-Sympathisanten zeigt sich der neue Sechszylinder bald als gelungenes Triebwerk. Er ist spürbar laufruhiger als der etwas raubeinige M 110. Seine vibrationsarme Leistungsabgabe – die der des Vorgängers rein numerisch keineswegs überlegen ist – wirkt müheloser, durch das nahezu turbinenhafte Hochdrehen gleichsam BMW-ähnlich. Trotz der vorübergehenden Nockenwellen-Querelen gilt er in der Retrospektive als ebenso haltbar und robust. Man kann ruhig sagen, dass er ein Markterfolg ist. 60 Prozent der Produktion werden auf dem heimischen Markt ausgeliefert.

13 Die Entstehung der SL-Coupés

Einzelfall im Hause Mercedes-Benz

Bei Daimler-Benz fällt Anfang 1954 innerhalb der 220-Serie (W 187) der zunächst nicht sehr weit hallende Startschuss für ein neues Rennen: In der ausgehenden Nachkriegsära beginnt der Bau exklusiver Oberklasse-Coupés. Vom 220er-Coupé, das noch auf der als Auslaufmodell geltenden Limousine mit separatem Rahmen aufbaut, werden in anderthalb Jahren gerade einmal 85 Stück ausgeliefert.

Das liegt nicht zuletzt am exorbitanten Listenpreis von DM 22.000 – dem Gegenwert von nahezu fünf nagelneuen VW-Export-Käfern. Danach tritt ein Jahr schöpferische Coupé-Pause ein, bis im Juli 1956 das 220-S-Coupé in Produktion geht. Es basiert auf der Ponton-Limousine mit nunmehr selbsttragender Karosserie.

Im Herbst 1958 kommt die SE-Version mit Einspritzmotor hinzu. Im März 1961 wird auf Basis des 220 SEb der Baureihe W 111 die dritte Generation der Oberklasse-Coupés vorgestellt, in der Folge – entsprechend der zurückhaltenden Evolution der Limousinen – ersetzt durch 250 SE und 280 SE, und ergänzt um die 300-SE-Variante und das Coupé 280 SE 3.5 als im Juli 1971 endender Abgesang. Die Grundkonstruktion der zugrundeliegenden Oberklasse-Baureihe W 111/112 ist zu diesem Zeitpunkt – vor allem in puncto Fahrwerk, aber auch hinsichtlich der Sechszylinder-Triebwerke – längst nicht mehr entwicklungsfähig.

Die dann im September 1972 vorgestellte Folgegeneration W 116, die in vielen Belangen in der nun als S-Klasse bezeichneten Oberklasse einen nie dagewesenen Evolutionssprung verkörpert, ist zu diesem Zeitpunkt praktisch serienreif. Die Autos benötigen aber viel Mühe und Arbeit hinsichtlich der Anpassung an die permanent veränderten und ergänzten Sicherheits- und Zulassungsbestimmungen in den USA als Hauptexportmarkt, aber auch in Europa.

Für die parallele Entwicklung eines Coupés bleibt nicht genügend Raum. Hätte man diese Idee konsequent verfolgt, wäre der Zweitürer allenfalls ein Jahr nach der Limousine produktionsreif gewesen – ergo im Herbst 1973 und damit angesichts des Markterfolgs der bisherigen Oberklasse-Coupés viel zu spät für das Kalkül der Kaufleute.

Dazu kommt, dass die sportivere Sichtweise eines exklusiven großen Coupés – etwa im Sinne des traditionellen vor allem in Großbritannien und in Italien geläufigen viersitzigen Grand Tourer oder Gran Turismo – ausgesprochen reizvoll erscheint, zumindest für Karl Wilfert, den obersten Daimler-Karosseriebauer. Als Stammvater dieses Genres,

Früher schon selten, heute unbezahlbar: Nur 85 Stück werden vom 220er-Coupé (links) gebaut. Nächster Streich ist das Ponton-Coupé 220 S.

Einmalig elegant: Die Coupés auf W-111-Basis bestechen mit dem gleichsam aufgetupften leichten Dach.

in dem BMW 2800 CS und 3.0 CS (E 9), Citroën SM, Aston Martin DBS V8 oder Jensen Interceptor vertreten sind, ist der Lancia Aurelia GT von 1950 anzusehen.

Wilfert weiß, dass man in der Untertürkheimer Chefetage aus gutem Grund die expandierenden Münchner Konkurrenten scharf im Auge behalten sollte: Auf Basis der überaus gelungenen BMW-Limousine 2000 ist 1965 mit dem 2000 CS ein zwar vom Kühlergesicht her etwas gewöhnungsbedürftiges, im Ganzen aber recht ansprechendes Coupé entstanden – und der Sechszylinder ist für dieses Auto nur noch eine Frage der Zeit. In Bayern hat man zugelegt: BMW ist längst absolut ernst zu nehmen.

So findet der als hartnäckig bekannte Wilfert allmählich Gehör, und in zähem Ringen wird der Vorstandsbeschluss erreicht, auf der verlängerten Bodengruppe des Roadsters parallel dazu ein vier- bis fünfsitziges Coupé zu entwickeln. Nicht nur die Zeit, auch die Kosten spielen eine entscheidende Rolle: Der Vorbau, für den bei einer reinen Neuentwicklung etwa die Hälfte der Projektkosten zu veranschlagen gewesen wäre, wird vom SL übernommen und ist bis zur Schottwand identisch.

So ergeht der Entwicklungsauftrag für SL und SLC im Doppelpack. Das gemeinsame Lastenheft wird Mitte 1966 erstellt. Im Frühjahr 1968 ist das Konzept des SLC grob umrissen, am 30. April 1969 fällt der Formentscheid des Vorstands für das Coupé.

Des 107ers Konkurrenten: Citroën SM (links) und Jaguar XJ-S spielen in der gleichen Liga.

Vorstellung: Der 350 SLC steht 1971 auf dem Mercedes-Stand beim Autosalon in Paris.

Er geht nicht ohne intensive Diskussionen über die Bühne. Hauptpunkte der Kritik sind der für ein vier- bis fünfsitziges Reisecoupé nach mancher Meinung zu kleine Kofferraum und die Gestaltung des hinteren Seitenfensters. Die Entwicklung der Karosserie erfolgt mit dem im eigenen Haus entwickelten ESEM-System (Elasto-Statik-Element-Methode), einem neuartigen elektronischen Rechenverfahren, das ein genaueres und vor allem schnelleres Prozedere zulässt.

Als der erste 107er-Roadster, der 350 SL, im April 1971 präsentiert wird, hat die Coupé-Variante SLC längst Gestalt angenommen. Ihre Existenz hatten die Vertreter der Fachpresse natürlich schon lange gewittert. Straßenversuch (mit vermummten Erlkönigen) und Produktionsvorbereitung sind in vollem Gang.

Mit AMG-Schürze: Den 380 SLC von 1981 schmückt das Zubehörteil ganz ungemein.

Das neue Coupé wird im Oktober 1971 auf dem Pariser Autosalon vorgestellt. Schließlich geht der Erstgeborene der Baumusterfamilie C 107, der 350 SLC, zehn Monate nach dem 350 SL im Februar 1972 in Produktion. De facto löst er nach sieben Monaten Unterbrechung das ein wenig archaische, aber formvollendete und in nicht allzu ferner Zukunft als hochpreisiger Klassiker gehandelte Drei-Fünfer-Coupé der im Sommer 1959 eingeführten Baureihe W 111 ab.

Erstmals trägt ein Mercedes-Coupé das den Karosseriestil kennzeichnende „C" in der Typenbezeichnung – und gibt damit einen Widerspruch in der Nomenklatur preis: Das Wort Coupé ist dem Französischen entlehnt, wo es als Partizip Perfekt so viel wie „abgeschnitten" heißt – was bei gekürztem Radstand und knapper geschnittenem Dachpavillon auch logisch ist. Sofern dies, wie üblich, auf der Basis einer Limousine geschieht. Der SLC jedoch wurde gegenüber dem Ausgangsprodukt SL im Radstand deutlich gestreckt, der Dachaufbau entsprechend länger und die (theoretisch mögliche) Anzahl der Sitzplätze um drei erhöht. „Allongé" statt „Coupé"? Das ginge aber weniger glatt ins Ohr.

MTK SL 81H

Karosserie und Styling

Die Bodengruppe ist gegenüber der des SL im Radstand um 36 cm verlängert, die Länge um 37 cm gewachsen. Dennoch verfügt der SLC um vergleichsweise kompakte Abmessungen: Er ist um 16,5 cm kürzer, um 7,5 cm niedriger und um 5,5 cm schmaler als sein direkter Vorgänger des Baumusters W 111. Nicht uninteressant ist die zeittypische Tatsache, dass der SLC um 20 kg schwerer ist als das viel größere 3.5-Coupé, das er de facto ablöst.

Das Leergewicht des SLC entspricht annähernd dem des Ausgangsprodukts: Der 350 SLC wiegt nach Herstellerangabe 1590 kg, beim kürzeren 350 SL sind es (in vergleichbarer Ausstattung mit Hardtop) 1580 kg. Dieser Umstand ist dem Wegfall einer Vielzahl von Versteifungen des Roadsters geschuldet.

Dennoch zeigt sich der SLC spürbar verwindungsfreier als der SL. Es ist nicht von der Hand zu weisen, dass sich Solidität und Qualität letzen Endes im Gewicht äußern: Sowohl SL als auch SLC sind ausgesprochen schwere Autos. Beim Coupé kommt das Manko durch das Platzangebot von vier bis fünf Sitzen noch weitaus stärker zum Tragen. Der 350 SLC gerät mit vier Personen und deren Gepäck besetzt trotz seiner 200 PS schnell – und angesichts der Datenlage eigentlich unerwartet – an die Grenzen seiner Leistungsfähigkeit. Temperament und Bergfreudigkeit ziehen sich auf das Niveau eines bürgerlichen Mittelklassewagens zurück.

Besser sieht es dann allerdings bei den voluminöser motorisierten Varianten aus. Eine weitere strukturelle Abweichung gegenüber dem Roadster verkörpert der Kraftstofftank: Bei gleichem Rauminhalt von 90 Litern ist er durch den Wegfall des Verdeckkastens und zugunsten von mehr Kofferraumvolumen höher und schmaler als im SL ausgebildet.

Die Streckung der Karosserie kommt auch der Linienführung der Coupés unbestreitbar zugute: Sie wirken in der Seitenansicht erheblich schlanker als die Roadster und sind ohne Zweifel geglückter proportioniert. Sie kommen dem Ideal der formalen Harmonie weitaus näher als die Zweisitzer.

Harmonielehre: Nicht zuletzt weil er etwas mehr Radstand bekommt, empfinden viele das Coupé als stimmiger als den Roadster.

Das traditionell enthusiastisch redigierte US-amerikanische Fachblatt *Road & Track* bezeichnet den SLC in der Januar-Ausgabe 1972 als „eines der bestproportionierten Automobile, die Mercedes seit dem Krieg angeboten hat". Mit ihrer Wagenlänge, die durch die riesige, extrem schräg stehende Heckscheibe betont wird, entsprechen die SLC-Modelle dem Segment der gehobenen Mittelklasse. Ihre Abmessungen sind annähernd die der amerikanischen compact cars des Jahrgangs 1972.

Das Platzangebot vermittelt – im Gegensatz zu manchen 2+2-Coupés mit symbolischer Sitzanlage im Fond – ein großzügiges Raumgefühl, das auch durch die SL-verwandte hohe Gürtellinie nicht getrübt wird. Der SLC ist keineswegs ein 2+2-Coupé, sondern bietet die Raumfülle einer zweitürigen Limousine. Er ist ein echter Viersitzer mit reichlicher Sitztiefe und Kopffreiheit im Fond. Für den „Fall eines Falles" ist er vom Kraftfahrt-Bundesamt als Fünfsitzer zugelassen: Sitzbreite und Knieraum hinten erlauben das Mitreisen einer fünften Person, falls die Strecke nicht zu lang ist.

Beim zulässigen Gesamtgewicht von 1975 kg gerät der 350 SLC dann allerdings an seine Grenzen. Angesichts der (ausstattungsbereinigt zu sehenden) Zuladung von 370 kg, die bereits mit vier Insassen und Gepäck nahezu ausgeschöpft ist, muss der zusätzliche Fahrgast nicht nur ausgesprochen leichtgewichtig sein, sondern auch auf die Mitnahme jeglicher Ausrüstung verzichten. Der Hersteller bereinigt diesen Missstand und veranlasst im Herbst 1972 eine Anhebung des zulässigen Gesamtgewichts auf 2055 kg und fünf Jahre später um weitere 25 kg auf 2080 kg.

Das Styling des SLC ist im Frontbereich notwendigerweise mit dem des Roadsters vollkommen identisch. Auch die langen Türen, die einen bequemen Durchstieg zu den Rücksitzen auch ohne Akrobatik gestatten, sich dafür aber beim Öffnen in dicht besetzten Schräg- und Querparkboxen als nachteilig erweisen, sind die gleichen wie im Roadster. Nicht identisch ist hingegen trotz ihrer Ähnlichkeit die Windschutzscheibe: Wegen des angehobenen Dachs ist sie etwas höher als die des SL und steht fast unmerklich weniger flach.

Das lange, mäßig gewölbte Dach schließt an die riesige, kuppelartige Heckscheibe an. Sie ist

sowohl horizontal als auch vertikal gekrümmt, steht betont flach und nimmt in ihrer Grundfläche die Hälfte des Wagenhecks ein. Durch ihre ausladende Form kann sie eine regelrechte Sinnestäuschung verursachen: Beim flüchtigen Betrachten misst man dem SLC auf den ersten Blick einen größeren hinteren Überhang zu als dem Roadster. In Wirklichkeit sind die Überhänge aber mit 1060 mm identisch. Die Regenrinne über dem Heckfenster leitet das Schmutzwasser seitlich ab.

Hinsichtlich seines Luftwiderstandes liegt der 350 SLC mit einem c_W-Wert von 0,42 etwa auf dem Niveau des 350 SL mit geschlossenem Verdeck und auf der gleichen Stufe wie die meisten seiner vergleichbaren Zeitgenossen. Eine Glanzleistung ist das nicht, zumal der in vielerlei Hinsicht artverwandte Citroën SM mit einem Luftwiderstandsbeiwert von $c_W=0{,}33$ herausragt. Erst spätere SLC-Versionen sind in dieser Hinsicht dank aerodynamischer Hilfsmittel besser aufgestellt.

Im Gegensatz zum SL ist der Kofferraumdeckel des SLC nahezu eben, eher unmerklich konvex ausgebildet. Das Kofferraumvolumen des Coupés ist mit 303 Litern um ein Fünftel größer als das Fassungsvermögen des Roadsters, bei dem wegen des Verdeckkastens nur 260 Liter zur Verfügung stehen.

Die Mitnahme von nicht zu kleinlich bemessenem Reisegepäck für vier Erwachsene ist jedoch nur bei sorgfältiger Auswahl möglich und erfordert gewisse Beschränkung. Im Vergleich mit dem enormen Kofferrauminhalt des Vorgängertyps, der sich auf 530 Liter belief, wirkt dieser Mangel noch gravierender. Die Gestaltung des Heckabschlusses einschließlich der schmutzabweisend profilierten Heckleuchten ist mit der entsprechenden Architektur der R-107-Modelle identisch.

Das Stichwort

Dipl.-Ing. Dr. E.h. Karl Wilfert (*1.7.1910, † 8.3.1976)

1959 bis 1976 Leiter der Mercedes-Benz Karosserie-Entwicklung

Der gebürtige Wiener Karl Wilfert wechselte im Herbst 1929 von der Wiener Mercedes-Benz-Niederlassung in die Daimler-Benz-Versuchsabteilung in Sindelfingen. Dort arbeitete er als Assistent des damaligen Chefkonstrukteurs Hans Nibel. Im Februar 1933 wurde er zum Leiter der Versuchsabteilung, der Sparte Einzelwagenbau, der Fertigung der großen Serienwagen sowie der Karosserie- und Reparaturabteilung ernannt.

Nach dem Neuanfang nach dem Krieg leitete er ab Januar 1949 wieder die Versuchsabteilung des Werkes Sindelfingen, der 1955 eine Stylingabteilung angeschlossen wurde. Der im Umgang nicht immer einfache Wilfert stieg zum Leiter der Entwicklung der Pkw-Aufbauten und später zum Direktor aller Karosserie-Entwicklungsabteilungen in Sindelfingen auf. Er gehörte unter Fritz Nallinger und Hans Scherenberg zu jener Gruppe von Ingenieuren, die das Nachkriegs-Profil der Marke Mercedes-Benz formten. Karl Wilfert ging zum Jahresende 1973 in den Ruhestand und verstarb im Jahre 1976.

Weiche und harte Tests: Im Windkanal und im Crashversuch müssen die Coupés zeigen, wie gut sie sind.

Gediegen: Gestühl und Ausstattung sind vom Feinsten, und im Coupè gibt es sogar so etwas wie Rücksitze.

Wie bei einem Hardtop-Coupé üblich, fehlt der sichtbare Teil der B-Säule. Die Seitenscheiben lassen sich so fast komplett versenken – wobei die Betonung auf „fast" liegt: Der Raum zwischen Schlosssäule und Radkasten ist einfach zu knapp bemessen, um das hintere Seitenfenster vollständig und ohne Komplikationen aufnehmen zu können. Abhilfe böte eine durchaus mögliche, allerdings reichlich komplexe Kipp- und Drehmechanik, die nicht zuletzt wegen der zu erwartenden Störanfälligkeit verworfen wird.

Der von Karl Wilfert gefundene und vom Chefstilisten Friedrich Geiger ausgearbeitete Ausweg ist weitaus einfacher: Die Scheibe wird schlicht und ergreifend geteilt, diese Tatsache wird aber optisch

Möglichst leise, möglichst sauber: Viel Entwicklungsgarbeit steckt in den Maßnahmen gegen Fahrtwindgeräusch und Spritzwasser.

verbrämt: Der vordere trapezförmige Abschnitt des Fondfensters ist beweglich und auf übliche Weise vollständig absenkbar, das hintere Drittel hingegen fest eingebaut.

Dieser starre Teil besteht aus doppelt verglasten Kunststofflamellen. Der Raum zwischen diesen beiden Scheiben, der letztlich kein Vakuum darstellt, wird durch eine raffinierte Dauerbelüftung beschlagfrei gehalten. Den von außen blickdicht wirkenden, vom Fond aus aber durchsichtigen Lamellen wird durchaus nicht einhelliges Wohlgefallen der Betrachter entgegengebracht. Sie werden schnell zum stilistischen Diskussionspunkt, gleichzeitig aber zum charakteristischen Merkmal der SLC-Coupés. Die potenter motorisierten Versionen heißen wegen dieses Stilelements in der Szene „schnelle Lamelle".

Länge läuft: Das etwas bessere Fahrverhalten gegenüber dem Roadster verdankt der SLC nicht zuletzt dem längeren Radstand.

Der Trick mit der Scheibe: Damit sich die hinteren Seitenfenster hinabkurbeln lassen, wird das Lamellenfenster geschaffen.

Der Trick mit dem Gurt: Weil es keine B-Säule bis zum Dach gibt, läuft der Sicherheitsgurt über den Bügel.

Im Innenraum weisen die Coupés neben der größtenteils identischen Innenarchitektur auch die meisten Ausstattungsdetails und Sicherheitskomponenten der Roadster auf. Die Gleichheit der Bedienungselemente ermöglicht eine gemeinsame Betriebsanleitung für SL und SLC. Die vordere Sitzanlage ist die gleiche, die Klimatisierung erfolgt ebenfalls durch die Türverkleidungen, und die Armaturenanlage mit sämtlichen Instrumenten stimmt mit der des SL überein.

Wie schon bei der letzten Auflage der 111er-Coupés (280 SE/C 3.5) und in den Strich-Acht-Coupés (W 114) werden die Vordersitzlehnen während der Fahrt durch Unterdruck arretiert. Diese Verriegelung wird entweder beim Öffnen der Türen oder durch Betätigen eines Druckknopfes an der Seitenverkleidung im Fond gelöst. Die Ausgestaltung des Fondraums entspricht der von den Mercedes-Limousinen gewohnten Machart bis hin zur klappbaren Mittelarmstütze. Im Gegensatz zum Roadster können die Sitze des Coupés gegen ansehnliche Zuzahlung – die ebenfalls aufpreispflichtige Lederausstattung ist noch ein Stück teurer – mit Velours bezogen werden.

Das Interieur des SLC hat ein markenbezogenes Novum zu bieten: Erstmals bei einem Mercedes-Benz-Automobil wird der gesetzlich vorgeschriebene Verbandkasten in einem speziellen mit Deckel versehenen Fach in der Ablage unter dem Heckfenster untergebracht. Für die SLC gelten auch die sporadischen Serienänderungen der SL-Typen im Karosseriebereich wie die der Signalhornbetätigung am Lenkrad im Dezember 1972 und die Vergrößerung des fahrerseitigen Außenspiegels im Dezember 1975.

Fahrwerk und Fahreigenschaften

Im Grunde sind die Fahrwerke von Roadster und Coupé der Typenfamilie 107 sehr eng verwandt, die meisten Komponenten wie die Bremsen gar identisch. Es gibt aber Unterschiede, die im Fahrbetrieb offenkundig werden. Da ist zunächst der um 36 cm verlängerte Radstand, der den Coupés nach dem aus der Seefahrt stammenden Grundsatz „Länge läuft" gegenüber den Roadstern sowohl einen stabileren Geradeauslauf als auch einen spürbar höheren Fahrkomfort verleiht. Dieser ist es auch, der das Konzept des SLC-Fahrwerks dominiert.

Das Resultat wird in zeitgenössischen Testberichten einhellig positiv bewertet. Besser ist in dieser Disziplin allein der gleich teure und schnellere, aber hyperkomplexe Citroën SM mit seinem Maserati-V6-Motor und seiner genialen hydropneumatischen Federung. „Die Fahrstabilität ist bei hohem Tempo makellos", lobt Tester Manfred Jantke den 350 SLC 1971 in *auto motor und sport.* Kollege Reinhard Seiffert konzediert dem Coupé im gleichen Blatt gutmütige Fahreigenschaften mit neutraler Grundabstimmung im Grenzbereich. Diese Anerkennung wurde dem SL – zumindest in seiner ersten Bauphase – durchaus nicht zuteil.

Während die Vorderachsgeometrie beider 107er-Varianten absolut identisch ist, weicht das Trägersystem der Schräglenker-Hinterachse ab: Während der hintere Fahrschemel des SL aus einem speziellen, relativ leichten Rohrgebilde besteht, verfügt der SLC über den massiveren, bumerangförmigen Träger der Strich-Acht-Mittelklassereihe (W 114/115). Beim 450 SLC, bei dessen Fünfliter-Version, beim 380 SLC und beim 500 SLC – außer bei deren Nordamerika-Exportversionen – wird die sogenannte Koppelachse (Näheres siehe Kapitel 450 SL) eingesetzt, die eine Anfahrmoment- und Bremsnick-Abstützung ermöglicht.

Ab September 1972 lässt sich für den 350 SLC und alle folgenden C-107-Modelle eine hydropneumatische Niveauregulierung an der Hinterachse (Code 48/0) als Sonderausstattung ordern, die zunächst DM 533,80 kostet. Beim Roadster ist diese Option niemals erhältlich. Nicht wenige SLC werden mit den von der Firma Fuchs gefertigten geschmiedeten Leichtmetallrädern bestellt, die als Sonderausstattung mit 1332 DM an den Verkaufsstart gehen. Die formschönen Räder werden später schnöde als „Barockfelgen" apostrophiert.

Lobenswert: „Die Fahrstabilität ist bei hohem Tempo makelos", heißt es in *auto motor und sport*.

Endergebnis – oder: Addiert wird erst unterm Strich

Einst und jetzt im Ländle: Den SLC vorm Daimler-Geburtshaus in Schorndorf ließ das Werk fotografieren, den unten lichtete unser Fotograf im Winter 2016/2017 im Remstal ab.

Der letzte SLC läuft im September 1981 vom Band. Die Coupé-Produktion geht mehr oder minder nahtlos zur Baureihe C 126 über. Die Nachfolger tragen das Suffix SEC und bauen – wie vor dem SLC üblich – wieder auf der Plattform der S-Klasse-Limousinen auf. Vom SLC sind in 9½ Jahren 62.888 Exemplare entstanden. Häufigste Variante ist dank der US-Nachfrage der 450 SLC, seltenster Vertreter seiner Gattung der gemeinhin als „Leichtbau-Coupé“ bezeichnete 500 SLC. Nach absoluten Zahlen scheint die Baureihe C 107 mit ihrem Fertigungsergebnis im internationalen Vergleich weit davon entfernt, in ihrem Segment Marktführer zu sein.

Dieses Prädikat gebührt auf den ersten Blick dem Hauptkonkurrenten des SLC auf dem Weltmarkt, dem britischen Jaguar XJ-S (ab 1991 XJS geschrieben), der es in zwanzigeinhalb Produktionsjahren auf 119.268 Einheiten bringt. Angesichts seiner weitaus geringeren Bauzeit ist der SLC in der Relation letztlich aber doch der Erfolgreichere. Gleiches gilt für die beiden heimischen Konkurrenten: Das BMW-Sechser-Coupé (E 24) bringt es in dreizehneinhalb Jahren auf 86.219 Exemplare, und Porsches Frontmotortyp 928 benötigt für ein Fertigungsergebnis von 61.056 Wagen aller Ausführungen 18 Jahre.

Daimler-Stube
OTTO SCHNABEL
S-DK 3058

THE
People!
OK
MTK BL 79H

HG EG 280H

14 Die Triebwerksvarianten

Von der Vielfalt der Kraftquellen

Der 350 SLC wird ab Februar 1972 ausgeliefert und bleibt gut acht Jahre lang bis März 1980 im Programm. Auch das Coupé geht als 3,5-Liter mit dem von W 108/109/111 ererbten V8-Triebwerk an den Start. Die Evolution des famosen, als verlässlich und langlebig geltenden M 116 ist – vor allem hinsichtlich seiner Gemischaufbereitung – im entsprechenden Roadster-Kapitel beschrieben.

Der seidenweich laufende und drehfreudige Kurzhuber erweist sich mit einem Drehmoment-Höchstwert von 286 Nm, der zudem erst bei einer Drehzahl von 4000/min zur Verfügung steht, in der Praxis nicht gerade als Kraftprotz – und im Coupé gleich gar nicht. Auch die erst bei 5800/min abgegebene nominelle Höchstleistung von 200 PS ist nicht unbedingt aussagekräftig.

Jubiläums-Coupé: Nach 4.999.999 Nachkriegs-Mercedes läuft in Sindelfingen als nächstes ein roter 350 SLC vom Band.

Rechte Seite: Geschmeidig und drehfreudig ist der kleine V8, der aus dem relativ schweren Coupé aber nicht unbedingt ein Rakete macht.

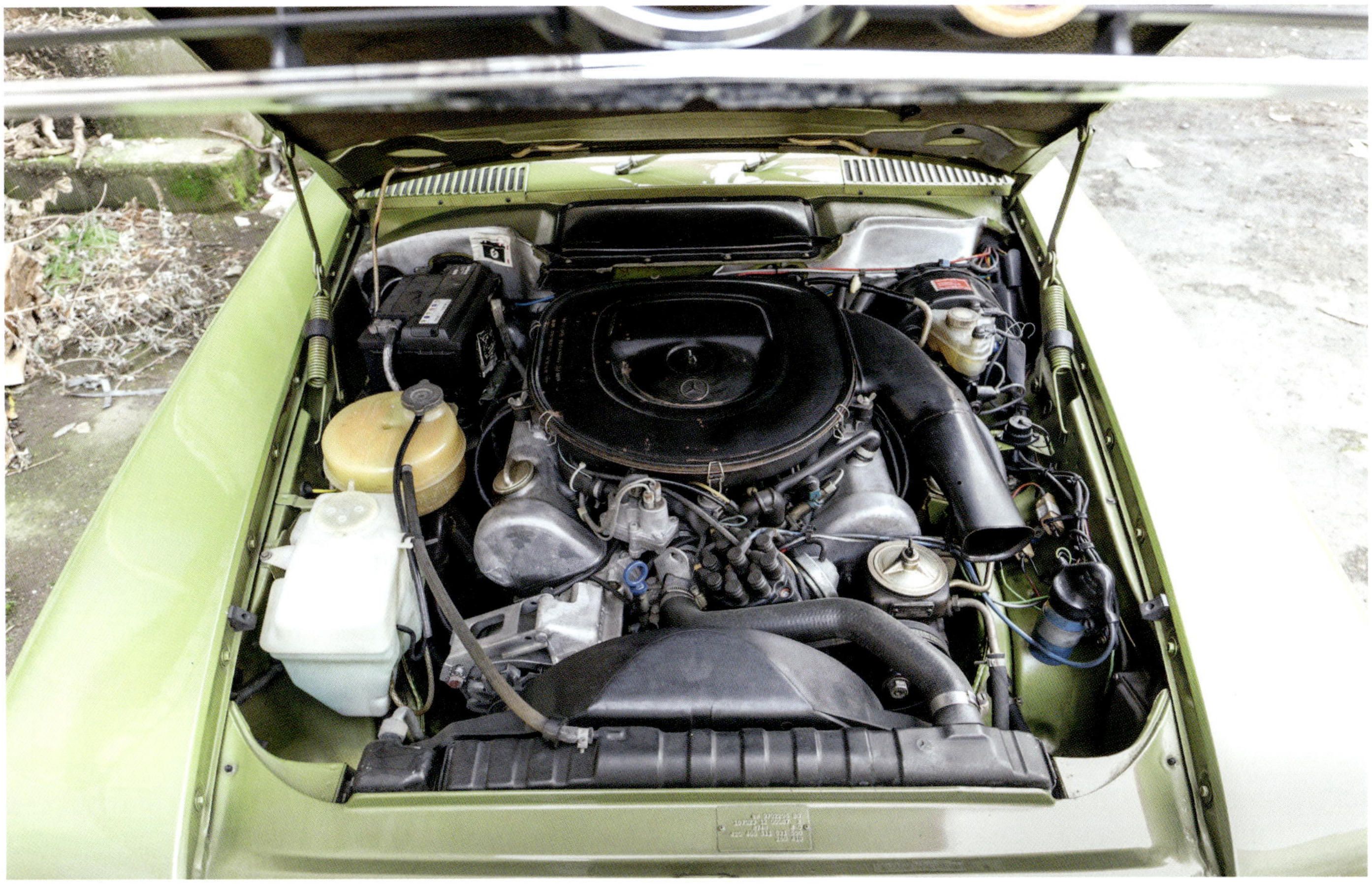

MTK BL 79H

Fein-Tuning: Originalität hin oder her – die nachträgliche durchaus geschmackssichere Aufrüstung und Umbereifung steht diesem 350 SL ausgesprochen gut.

Zwar ermittelt *auto motor und sport* im Mai 1972 in einem Test des 350 SLC mit einer Spitze von 211,8 km/h und der Absolvierung des Standard-Sprints in 10,2 Sekunden einigermaßen akzeptable Leistungswerte. Die sind aber nicht absolut zu setzen: Der 350 SLC ist seinem etwas leichteren Vorgänger, dem 280 SE 3.5 Coupé – deutlich unterlegen.

Dazu kommt, dass die Fahrleistungen bei voller Besetzung des Wagens allenfalls die Stufe eines Durchschnitts-Automobils der Mittelklasse erreichen, was die dürren Zahlen der Werksangaben nicht sofort vermuten lassen. Nach der im Februar 1976 vollzogenen Umstellung auf die mechanische K-Jetronic gehen die Leistungsdaten zudem auf 195 PS und 275 Nm zurück.

Im SLC wird der Achtzylinder mit dem gleichen Getriebeangebot wie im Roadster gekoppelt. Als Grundausstattung steht das Viergang-Schaltgetriebe in der Liste, auf Wunsch wird der 350 SLC gegen einen (anfänglichen) Mehrpreis von 1443 DM mit der Drei-Stufen-Automatik mit Drehmomentwandler geliefert. Mit 13.924 Exemplaren bleibt der 350 SLC unter dem Fertigungsergebnis des zweisitzigen 350 SL.

450 SLC

Hubraum ist durch nichts zu ersetzen: Ein Liter mehr macht den SLC zum Leistungsträger.

Zu Lebzeiten der Oberklasse-Typenreihe W 108/109 wird – nicht zuletzt im Hinblick auf das US-Geschäft – parallel zum 3,5 Liter großen V8-Triebwerk des Baumusters M 116 durch Verlängerung des Kolbenhubs der voluminösere 4,5-Liter entwickelt. Der Viereinhalb-Liter mit dem Code M 117 ist im Mai 1971serienreif und treibt nicht nur die US-Versionen der großen Limousinen an, sondern auch die zur Transatlantik-Ausfuhr bestimmten 350 SL (siehe dort).

Im Juli 1972 folgt die USA-Variante des 350 SLC mit der vom Roadster bekannten eigenartigen nomenklatorischen Begleiterscheinung. Die widersinnige Bezeichnung 350 SLC wird zuweilen in Pressemitteilungen – nicht aber wie gewohnt am Wagenheck – durch ein inoffizielles „4.5" ergänzt. Dies ist aber durchaus nicht die Regel. Bedauerlicher ist, dass der große V8 in Nordamerika durch die EPA-Verordnungen in der Leistung gedrosselt wird, zunächst nur 195 hp abgeben darf und immer weiter auf 180 hp und schließlich bis 160 hp entkräftet ist.

Von Anfang an erwartet die in der Heimat des SLC angesiedelte Fachwelt, dass der 4,5-Liter auch diesseits des Atlantiks erhältlich werde, zumal diesbezügliche Gerüchte nicht verstummen wollen. Beim Genfer Salon im März 1973 ist es soweit: Dort wird der 450 SLC zusammen mit den entsprechenden Versionen von SL und S-Klasse vorgestellt.

Die leistungsfreudigere Europa-Version geht im Juli 1972 in Produktion. Noch weitgehend ungehemmte 225 PS und ein satter Drehmoment-Höchstwert von 378 Nm lassen die Leistungsmisere des 350 SLC in Vergessenheit geraten. Die Schräglenkerkonstruktion der Hinterachse wird zu der im Kapitel 450 SL beschriebenen Koppelachse ergänzt.

Das Stuttgarter Fachblatt *auto motor und sport* ermittelt in einem Test des 450 SLC eine Spitze von 216,9 km/h und misst beim Standard-Sprint 9,7 Sekunden. Bessere Ergebnisse erzielt man in der Schweiz: Die renommierte Berner *Automobil Revue* unterzieht 1973 den 450 SLC einer ihrer gewohnt präzisen Prüfungen und protokolliert eine Höchstgeschwindigkeit von 221,5 km/h und eine Null-auf-hundert-Beschleunigungszeit von 9,6 Sekunden. Das eidgenössische Blatt zeigt sich vom Fahrverhalten des Coupés angetan, meint aber, der Fahrkomfort sei nicht ganz auf dem Niveau der S-Klasse-Limousine 350 SE (W 116).

Dass dagegen die US-amerikanische Zeitschrift *Motor Trend* in einem Test des 450 SLC, der im Juni 1976 mit der vielsagenden Headline „King of the Road" überschrieben ist, angesichts des strikten bundesweiten speed limits und der erschlafften Motorleistung erst gar keine Fahrleistungen ermittelt, erscheint schlüssig. Hier steht der Verbrauch im Vordergrund, der mit dem

Weltweit begehrt: Gut die Hälfte aller 450 SLC gehen nach Nordamerika, wo *Motor Trend* titelt: „King of the Road".

hervorragenden Wert von 13,8 l/100 km ermittelt wird. Negativ wird eine gewisse Anfahrschwäche kommentiert: Die dem 450 SLC zugesprochene Trägheit bei Ampelstarts gilt in den Siebzigern bei den populären stoplight drags, den Beschleunigungsrennen an der Ampel, sicher als Manko.

Das britische Magazin *Road Test* lässt den 450 SLC im Oktober 1975 gegen das heimische Jaguar-Coupé XJ-S mit 5,4-Liter-V12-Triebwerk antreten. Der Vergleich endet nach Punkten in einem toten Rennen. Der Jaguar erweist sich als schneller, handlicher, leiser und im Fahrkomfort überlegen und bringt natürlich den Preisvorteil ins Gefecht. Der in Britannien durchaus nicht unpopuläre 450 SLC ist besser verarbeitet und wirtschaftlicher, hat das brauchbarer abgestufte Automatikgetriebe, die besser ablesbaren Instrumente und die wirksamere Belüftung.

Im Oktober 1980 endet die Fertigung des 450 SLC nach 31.739 gebauten Einheiten. Davon werden 5441 Wagen auf dem Heimatmarkt zugelassen – der Inlandsanteil von 17 Prozent ist angesichts der Hubraumgröße durchaus ansehnlich und höher als beim zweisitzigen Schwestermodell 450 SL. Der Anteil der nach Nordamerika ausgeführten 450 SLC liegt dagegen bei knapp 50 Prozent.

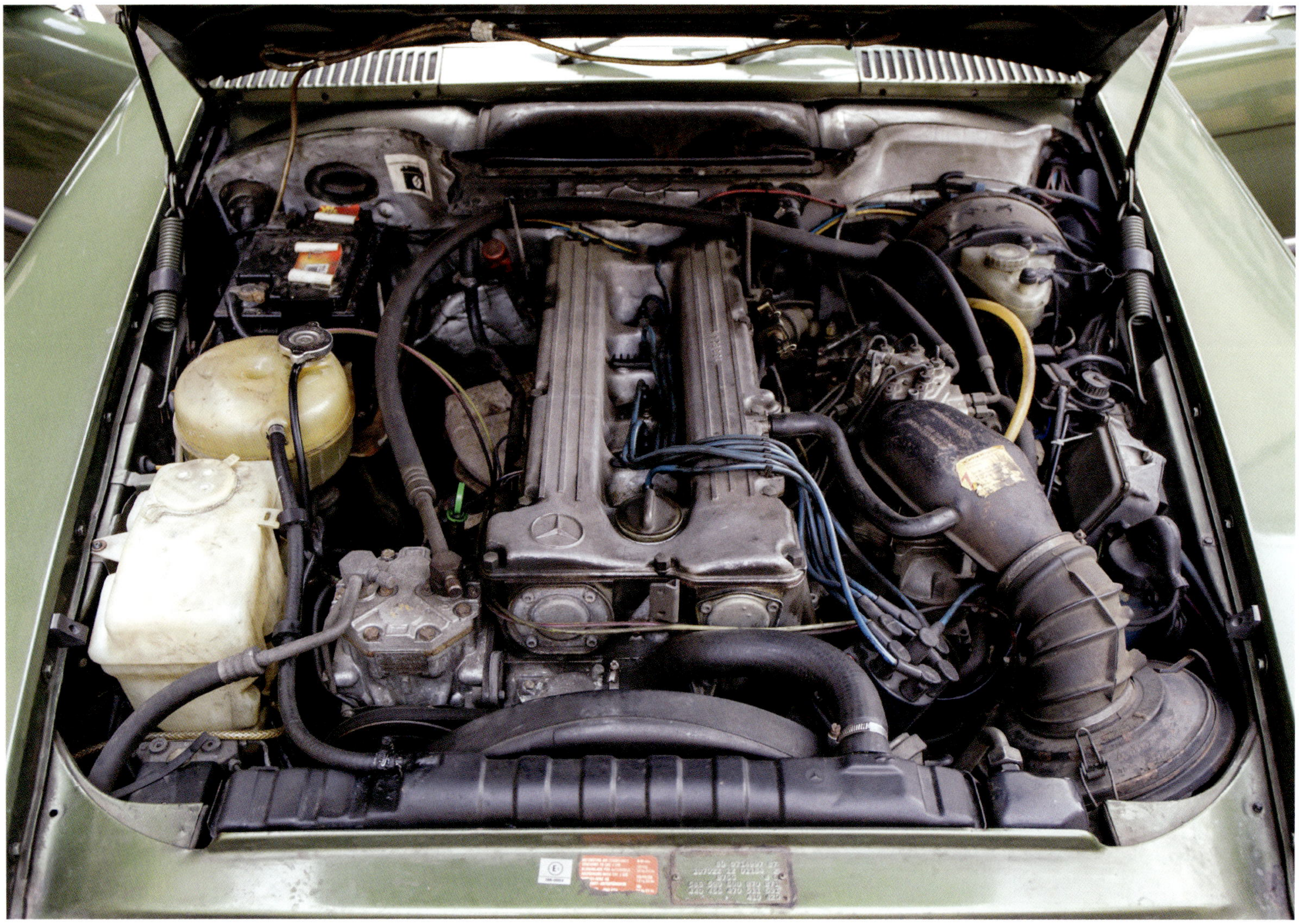

Kaum schlechter als der V8: Der Reihensechser macht seine Arbeit ebenso gut wie der Dreieinhalbliter.

280 SLC

Zur gleichen Zeit wie sein Open-Air-Pendant 280 SL geht im August 1974 das Coupé 280 SLC in Produktion. Entwicklung und technischer Steckbrief sind dem entsprechenden Roadster-Kapitel zu entnehmen. Die nun vorliegende dritte SLC-Variante mit dem drehfreudigen Reihen-Sechszylinder M 110 mit zwei obenliegenden Nockenwellen und zunächst 185 PS wirkt nach dem gefühlten Temperament ebenso lebhaft wie die kleinere V8-Version 350 SLC – und sie ist es auch: Die dürren Zahlen beweisen den Gleichstand.

Der 280 SLC scheint das richtige Auto für den Heimatmarkt zu sein, wo – vom Fiskus gefördert – traditionell eine gewisse Scheu vor großen Hubräumen herrscht. Allerdings ist das Sechszylinder-Coupé auch nicht wesentlich sparsamer als die 350er-Version. Wie der Roadster wird auch der 280 SLC im Februar 1976 bei etwas abgesenkter Verdichtung mit der mechanisch gesteuerten Bosch K-Jetronic ausgerüstet und muss sich vorübergehend mit 177 PS begnügen. Im April 1984 werden Verdichtung und Motorleistung wieder auf die ursprünglichen Werte angehoben.

Als die Fertigung des 280 SLC und der Achtzylinder-Versionen im September 1981 endet, sind 10.666 Exemplare ausgeliefert worden. Das entspricht einem Anteil von etwa 17 Prozent am gesamten Produktionsergebnis der SLC-Coupés. Fast zwei Drittel der 280 SLC werden in Deutschland abgesetzt, beinahe der gleiche Anteil wie beim 2,8-Liter-Roadster.

Glänzende Figur: Auch mit dem 280er-Motor ist der SLC ausreichend motorisiert.

450 SLC 5.0

In jeder Hinsicht eine Besonderheit verkörpert das Spitzenmodell der SLC-Familie – das Attribut ist vom heutigen Standpunkt aus zu sehen –, der im September 1977 auf der IAA in Frankfurt vorgestellte und ab Mai 1978 ausgelieferte 450 SLC 5.0. Im Gegensatz zu den übrigen Coupés hat er kein direktes Gegenstück in der Roadster-Familie. Auch vom Einsatzprofil her ist er ein Außenseiter: Er spielt in erster Linie die Rolle des Leichtbau-Erprobungsträgers in Kundenhand und ist Vorreiter für die Einführung der aus den Grauguss-Triebwerken entwickelten und in Großserie produzierten Leichtmetall-V8-Motoren der S-Klasse W/C 126.

Daimler-Benz begründet die Existenz des 5.0 mit dem Hinweis auf eine exklusive „Sonderserie". Motoren-Entwicklungschef Obländer spricht gar von einem „Großtest", da die „Beurteilung durch die Fahrer bedeutungsvoll" sei. Aus einem anderen Blickwinkel deutet die *Motor Revue* den 450 SLC 5.0 in ihrer Jahresausgabe im Herbst 1977: Sie bezeichnet ihn in einer Modellvorstellung als schnelle Reaktion auf das Erscheinen des viersitzigen Porsche-Frontmotortyps 928. Der 5.0 sei „ganz eindeutig als 928-Konkurrent konzipiert" worden. Zylinderzahl und Motorleistung stimmen immerhin überein – und sonst?

Eine weitere Bestimmung des 5.0 ist die der Homologationsbasis für ein künftiges Gruppe-2-Wettbewerbsfahrzeug. In dieser Funktion hat das Fünfliter-Coupé eine nicht in allen Belangen transparente Vorgeschichte aufzuweisen. Ende 1964 hatte Daimler-Benz nach glorreichen Siegesserien vor allem im Langstrecken-Rallyesport jegliches werksseitige Motorsport-Engagement abrupt beendet. Der jähe Stopp beruhte auf einem unter Walter Hitzinger erwirkten Vorstandsbeschluss.

Die Unterstützung privater oder halboffizieller Händler-Teams bleibt von der „Lex Hitzinger" unberührt. Ihr dient eine Rumpf-Wettbewerbsabteilung unter Leitung des Ex-Formel-Eins-Fahrers Karl Kling, die sich mehr administrativen als technischen Aufgaben widmet. Dann gibt es aber noch jenen berühmt-berüchtigten Winkel der Versuchsabteilung, in der Erich Waxenberger, der Vater der Stern-Legende 300 SEL 6.3, den Fahrversuch leitet.

Hauptinitiator des Top-SLC-Projekts ist Erich Waxenberger (rechts), hier im August 1983 mit Kurt Obländer.

Im Halbdunkel dieser abgeschotteten, vorstandsfernen Sektion befasst man sich längst unter motorsportlichen Gesichtspunkten mit dem Top-Modell der SLC-Reihe. Hauptinitiator ist – wie sollte es anders sein – Erich Waxenberger. Die Aktivitäten werden ruchbar, als am 27. Oktober 1973 auf dem Innentitel einer deutschen Fachzeitschrift ein Leser-Schnappschuss von der Nürburgring-Nordschleife erscheint, der einen forsch dahineilenden, aerodynamisch stark modifizierten SLC zeigt. Ein gewaltiger Bugspoiler und dicke Kotflügelverbreiterungen deuten auf ernsthafte Absichten hin. Erst viel später wird in den Tiefen des Werksarchivs deutlich, worum es sich bei jenem Schemen handelte und was genau dahinter steckte.

Mit viel Weitblick – und mit Näschen für die Nische – peilt man auf der Basis des 450 SLC insgeheim die neu zu belebende Domäne des Langstreckensports an, zunächst wohl aber mehr im Hinblick auf die Rundstrecke. Der Chefkonstrukteur des Hauses, Prof. Hans Scherenberg, wird früh in das Projekt eingeweiht, steht ihm ausgesprochen gewogen gegenüber und berichtet seinen Vorstandskollegen davon auf einer Sitzung im Sommer 1973.

Scherenberg rechtfertigt die Arbeit am Leichtbau-SLC damit, dass das Fahrzeug „Grundsatzuntersuchungen" diene. Begeisterung erzeugt er damit trotzdem nicht und muss viel Überzeugungsarbeit leisten, um den Abbruch des Vorhabens abzuwenden. Ergebnis der nicht ohne Enthusiasmus und Idealismus vollzogenen Weiterentwicklung ist schließlich das bei den mehrtägigen Versuchsfahrten auf dem Nürburgring gesichtete Auto – ein leistungsgesteigertes und in einer Vielzahl von Bauteilen abgemagertes Wettbewerbs-Coupé.

In der Silberpfeilzeit: Beim Großen Preis von Italien in Monza 1954 unterhalten sich (von links) Rudolf Uhlenhaut, Fritz Nallinger, Hans Scherenberg und Oberingenieur Ludwig Kraus.

Das Stichwort

Prof. Dr.-Ing. Dr. E.h. Hans Scherenberg (*28.10.1910, †17.11.2000)

1952 Direktor der Mercedes-Benz Pkw-Konstruktion, 1955 stellvertretendes Vorstandsmitglieder der Daimler-Benz A.G., 1965 bis 1977 Chefingenieur und als Leiter des Gesamtbereichs Forschung und Entwicklung ordentliches Vorstandsmitglied

Der gebürtige Sachse Scherenberg studiert 1930 bis 1935 an den Technischen Hochschulen Stuttgart und Karlsruhe. Nach abgeschlossenem Studium tritt er als Versuchsingenieur in die Flugmotoren-Abteilung der Daimler-Benz A.G. ein. Er ist maßgeblich an der Entwicklung des legendären DB 601 mit Benzin-Direkteinspritzung beteiligt, wie er im Jagdflugzeug Messerschmitt Bf 109 Verwendung fand. 1942 promoviert er an der TH Stuttgart mit dem Thema „Ventilsteuerung für Viertakt-Höhenflugmotoren".

Nach dem Krieg arbeitet Scherenberg bei Gutbrod in Plochingen in der Kleinwagenkonstruktion und konzipiert dort den Superior, den ersten Serien-Pkw mit Benzindirekteinspritzung. 1952 kehrt er als Chefkonstrukteur zu Daimler-Benz zurück.

Hans Scherenberg zeichnet bei Daimler-Benz für zahlreiche Innovationen verantwortlich: Benzineinspritzung, Vierventiltechnik, Schaltsaugrohr, Nockenwellenverstellung, Anti-Blockier-System, Fünfzylinder-Motor, Airbag und Navigationssysteme.

Der 4,5-Liter-Grauguss-Block muss erhalten bleiben, der V8 wird allerdings mit Hausmitteln frisiert: Zu diesen Maßnahmen zählen die neudeutsch als „Headers" bezeichneten geschweißten Stahlblech-Auspuffkrümmer, atmungsaktivere Saugrohre und schärfere Nockenwellen. Laut Messprotokoll hat sich die Motorleistung dadurch von 225 auf 285 PS emporgeschwungen.

Zu weiterem PS-Zuwachs scheint vorübergehend gar ein Abgas-Turbolader Bestandteil der Planung gewesen zu sein. Das dreistufige Automatikgetriebe wird durch das Viergang-Schaltgetriebe des 350 SL/SLC ersetzt. Neben Waxenberger ist an den Fahrversuchen der Stuttgarter Dieter Glemser beteiligt, der bei Ford als Werksfahrer auf Capri RS und Zakspeed-Escort unter Vertrag steht und soeben dabei ist, zum ersten Mal Deutscher Rennsportmeister zu werden.

Ebenso leistungsorientiert ist die konsequente Gewichtserleichterung des großen Coupés, das um fast 400 Kilogramm abspeckt. Erreicht wird die reduzierte Masse durch die Rückkehr zur leichteren konventionellen Schräglenkeraufhängung an Stelle der Koppelachse, durch den Wegfall vieler komfortbetonter Sonderausstattungen und durch Räder aus Elektron-Sonderguss. Der Ersatz der Wandler-Automatik durch das Schaltgetriebe mit mechanischer Kupplung und dem dafür nötigen Fußhebelwerk ergibt eine Einsparung von rund 30 kg.

Den Hauptanteil der Gewichtsminderung macht mit mehr als 250 kg jedoch die Verschlankung der Karosserie aus. Einige Bauteile sind aus Stahlblech von reduzierter Stärke gepresst – Mindergewicht: fast 20 kg. Vor allem aber werden großflächig Aluminiumbleche eingesetzt: Daraus bestehen Motorhaube, Kofferraumdeckel und beide Stoßstangen samt Halterungen. Eine weitergehende Verwendung von Dünnblech-Komponenten scheitert später im Crashtest. Jedenfalls sind mit diesem Versuchswagen die Grundlagen für den späteren Fünf-Null fürs Erste gelegt – fehlt noch der Leichtmetallmotor.

Der kommt bald, sehr bald sogar: Erstmals läuft er – noch als 4,5-Liter – im Frühjahr 1974 auf dem Prüfstand. Ein paar Monate später gelangt er in den Fahrversuch, um dann im Sommer 1976 – auf gut fünf Liter Hubraum aufgebohrt – ohne Probleme einen 500-Stunden-Dauerlauf auf dem Prüfstand zu absolvieren. Auch dem Leichtmetallmotor gegenüber zeigt sich der Firmenvorstand trotz der durchaus vertretbaren, um nicht einmal 500 DM höheren Mehrkosten gegenüber dem Grauguss-V8 ausgesprochen skeptisch und verlangt eine zukunftsgerichtete Begründung. Scherenberg muss wiederum hartnäckige Überzeugungsarbeit leisten – und setzt sich letztlich durch.

Es ergeht der Beschluss, das Coupé mit dem Leichtmetall-V8 im September 1977 auf der Internationalen Automobil-Ausstellung in Frankfurt zu zeigen. Das geschieht auch – ohne großen Trommelwirbel. Eine weitere Maßgabe besteht darin, im Februar 1978 eine Kleinserie aufzulegen, die allerdings erst drei Monate später realisiert wird. Dabei wird der

450 SLC 5.0 ausdrücklich zur „Sonderserie" erklärt. Schließlich ersetzt er auch keineswegs den bisherigen, bis Oktober 1980 weitergebauten 450 SLC.

Bei der Pressevorstellung des 5.0 dämpft Hans Scherenberg die Hoffnungen der Journalisten auf eine Rückkehr des Sterns zum Motorsport – eine falsche Fährte? Allenfalls Rallyesport in Kundenhand werde unterstützt. Aber die internationale Presse ist hellhörig geworden. *Road & Track* in den USA jubelt: „The King returns" – dabei wird der 5.0 in den Vereinigten Staaten ebensowenig wie in Großbritannien und einigen weiteren Commonwealth-Ländern angeboten. Die auffällig große Zahl offiziell nicht importierter „Fünf-Nuller" und 500 SLC, die sich heute in US-Sammlerhand befinden, ist in der Regel gebraucht durch Privatinitiative im Rahmen des „Grauen Markts" eingeführt worden. Dabei war die „Federalization" der Autos erforderlich – also die Anpassung an die US-Zulassungsbestimmungen bis hin zum Einbau eines US-Norm-Katalysators.

Aber für den „Alu-V8", wie das Leichtmetall-Triebwerk bald apostrophiert wird, spielt der SLC nur die Rolle des Zwischenwirts. Klar gewollt ist er als Antriebsquelle für die Limousinen und Coupés der Typen 380 und 420, 500 und 560 der Baureihe 126 – jeweils in SE-, SEL- und SEC-Konfiguration –, deren Produktionsanlauf für Anfang 1980 vorgesehen ist.

Im SLC kommt lediglich die Fünf-Liter-Variante zum Einsatz. Strukturell stammt sie mit Ausnahme des aus Gründen der Steifigkeit weiter nach unten gezogenen Kurbelgehäuses unverkennbar und direkt vom 4,5-Liter-Grauguss-V8 ab. Die um fünf Millimeter größere Bohrung führt bei unverändertem Kolbenhub von 85 mm zu einem Hubvolumen von 5025 cm^3. Die Verdichtung von $\varepsilon=8,8$ ist gegenüber dem 450er-Stammtriebwerk gleich geblieben. Auch die mechanisch gesteuerte K-Jetronic wird nahezu unverändert beibehalten.

Die weiteren Unterschiede zum 450er-Triebwerk halten sich in Grenzen. So werden die Atemwege bearbeitet: Das Saugrohr erfährt eine strömungsgünstigere Gestaltung, die Auslassventile werden vergrößert und die Auslasskanäle erweitert. Diese Maßnahmen sind weniger leistungsorientiert zu sehen als vom Interesse am thermischen Wohlergehen des Triebwerks bestimmt. Ein zweiflutiges Hosenrohr ersetzt für jede Zylinderbank den bisherigen einteiligen Auspuffkrümmer. Links und rechts des Getriebes vereinigen sich die Rohrpaare jeweils zu einem Auspuffrohr. Das „Ami-ähnliche" unaufdringlich dumpfe V8-Bollern, das den Endrohren entströmt, ist Musik in den Ohren der Autoromantiker und -schwärmer.

Die Leistungsausbeute von 240 PS zeigt eine vergleichsweise bürgerliche spezifische Leistung von knapp 48 PS/l – reine Unterforderung! Der keineswegs überzüchtete VW Golf GTI 1600 bringt immerhin eine Literleistung von 69,3 PS zuwege. Der Drehmoment-Spitzenwert des 5.0 beläuft sich im Vergleich zu den 378 Nm des 450ers auf 404 Nm und steht bei 3200/min zur Verfügung.

Testfahrt: Ein 450 SLC 5.0 auf der Einfahrbahn in Untertürkheim

Metallic ist Standard. Meist wird der 5.0 in Astralsilber geordert, gern mit Flanken in Kontrastfarbe.

Im Gegensatz zum ursprünglichen Leichtbau-Versuchswagen kommt im 450 SLC 5.0 eine verstärkte Dreistufen-Wandler-Automatik zum Einsatz. Auch hinsichtlich des Leergewichts weicht die Kundenversion des 5.0 vom abgespeckten Prototyp ab: 1515 kg sind durchaus keine Sensation und entsprechen im Vergleich zum 450 SLC gerade einmal einem Mindergewicht von 85 kg. 45 kg davon gehen auf das Konto des Leichtmetall-Motorblocks, der Rest verteilt sich auf die Gewichtseinsparung durch die erwähnten Leichtmetall-Karosseriebleche. Deutlich relativiert sich die Körpermasse des 5.0, wenn man ihn dem anderen prominenten deutschen Leichtbau-Coupé der Siebzigerjahre gegenüberstellt, dem in Straßenausführung 1270 kg schweren BMW 3.0 CSL (E9, bis 1975).

Allerdings ist zu bedenken, dass der 5.0 über die volle Komfortausstattung verfügt und auch unverändert – und im Unterschied zu den Wettbewerbsversionen – mit der Koppelachse mit Anfahrmoment-Ausgleich und Bremsnick-Abstützung ausgerüstet ist. Auch für den 5.0 ist die hydropneumatische Niveauregulierung an der Hinterachse als Sonderausstattung lieferbar. Die Antriebsübersetzung allerdings ist gegenüber dem 450 SLC (i=3,07) mit i=2,72 länger ausgelegt, was der Endgeschwindigkeit zugutekommt, weniger aber dem Spurtvermögen.

Dem breiten Publikum tut sich der Fünfpunktnull aber durch einen nicht in allen Belangen dezenten

Geschmacksache: Den Spoiler mag nicht jeder.

Kann auch wegfallen: Das Auto gibt es auch ohne Spoiler. Immerhin verbessert der den Luftwiderstandsbeiwert um 10 Prozent.

Auftritt kund. Metalliclackierung ist serienmäßig, meist wird der Dicke im Farbton 735 „Astralsilber" geordert. Dabei wird das Unterteil der Wagenflanken unterhalb der Schutzleisten mit einer dunkelgrauen Kontrastlackierung – die wahlweise auch entfallen kann – farblich abgesetzt.

Während sich der Bugspoiler, der den Auftrieb an der Vorderachse wirkungsvoll reduziert, von dem des normalen 450 SLC optisch nur geringfügig unterscheidet, wirkt der schwarze Weichgummispoiler an der Kante des Heckdeckels wesentlich auffälliger, im Grunde sogar aufdringlich und wenig geschmackssicher. Der Bürzel aus synthetischem Kautschuk sieht eben wie Aftermarket-Ware aus dem Autozubehörgeschäft aus und wirkt „hemdsärmelig", wie die Schweizer *Automobil Revue* schreibt. Warum färbte man ihn nicht wenigstens in Wagenfarbe ein?

In Untertürkheim wird die Formkritik innerhalb der Käuferschicht schnell bekannt. Folge: Der 5.0 kann auf Sonderwunsch auch ohne Heckspoiler ausgeliefert werden. Dann besteht der Kofferraumdeckel allerdings nicht – wie auch die Motorhaube – aus Aluminium-, sondern aus gewöhnlichem Stahl-

Fern, schnell, gut: Der 5.0 rennt über 230 Stundenkilometer.

blech. Die aerodynamischen Hilfen verbessern den Luftwiderstands-Beiwert laut Hersteller von c_W = 0,42 um 10 Prozent auf c_W = 0,386.

Anfang Mai 1979 wird der Hubraum durch Verkleinern der Bohrung auf 4973 cm^3 reduziert, um die nach dem seit dem Jahr zuvor gültigen Anhang J, Artikel 252, zum Internationalen Automobil-Sportgesetz der FIA vorgesehene Hubraumklasse 13 für homologierte Produktionswagen zwischen 4000 und 5000 cm^3 ausnutzen zu können. Die Leistungswerte bleiben von der Maßnahme allerdings unberührt.

In den Fahrleistungen gibt sich der 5.0 etwas kontrovers: Der Hersteller gibt als Spitzengeschwindigkeit 225 km/h und für den Standard-Sprint 8,5 Sekunden an. Die Testberichte sprechen eine andere Sprache: Das von *auto motor und sport* geprüfte Fünfliter-Coupé erreicht 232,5 km/h, benötigt aber für die Null-auf-Hundert-Spanne 9,8 Sekunden und ist damit sogar noch eine Zehntelsekunde langsamer als der 450-SLC-Testwagen, der eben kürzer und damit spurtfreudiger übersetzt ist.

Der Testverbrauch beläuft sich auf 18,2 l/100 km. Die Messungen der Berner *Automobil Revue* liegen nahezu identisch bei 231 km/h und 18,6 l/100 km, nur die Beschleunigung weicht mit 8,5 Sekunden ins Muntere ab.

Ähnlich geht es im Herbst 1978 im Motorsport-Magazin *rallye racing* bei einem Vergleichstest gegen BMW 635 CSi, Jaguar XJ-S und Porsche 928 zu, wobei der 5.0 der Teuerste im Quartett ist. Seine ermittelte Spitze übertrifft mit 231 km/h zwar die Werksangabe und sichert ihm Platz 3, dafür liegt die mit 9,7 Sekunden gemessene Null-auf-Hundert-Spanne wiederum deutlich darüber und macht ihn zum Behäbigsten unter den vier Prüfungskandidaten. Der Porsche 928 benötigt dafür mehr als zwei Sekunden weniger.

Der Testverbrauch von 20 l/100 km wird als angemessen gesehen. Das Fahrverhalten wird als leicht untersteuernd charakterisiert, die Servolenkung als ebenso direkt wie leichtgängig. Aber, so schreibt „rr": Der 5.0 animiere nicht zu extrem sportlicher Fahrweise. Fahren im Grenzbereich bereite „bei der weichen Federkennung ein wenig Unbehagen". Die Domäne des 5.0 sei vielmehr das schnelle und bequeme Reisen, das ermüdungsfreie Fahren auf langen Strecken, bei hohem Fahrkomfort auch auf schlechter Fahrbahn.

Der ebenso reichhaltig wie der 450 SLC ausgestattete 5.0 ist in ziviler Ausführung eher eine schnelle Luxusjacht als ein Sportboot. Da kann kein Sonderangebot erwartet werden: Bei einem anfänglichen Listenpreis von 62.272 DM beläuft sich der Mehrpreis zum normalen 450 SLC auf knapp 10.000 DM. Dieser Aufschlag ist inzwischen beträchtlich angestiegen: Heute kostet ein 5.0 im normalerweise als praxisgerechter Bestwert betrachteten Zustand 2 fast um die Hälfte mehr als sein geringerer Bruder ohne das adelnde Suffix.

Im März 1980 wird der 5.0 nach 1615 gefertigten Einheiten – in der Tat eine exklusive Serie – vom eng verwandten 500 SLC abgelöst. Er, der bereits zu Lebzeiten als Liebhaberstück gilt, kann sich heute eines wachsenden Kreises von Verehrern erfreuen. Innerhalb des sehr aktiven Mercedes-Benz Club of America (MBCA) wird ein internationales Register der Fünfliter-Coupés geführt, das auch ein reges Internet-Forum umfasst.

Eher Luxusjacht als Sportboot: Trotz toller Leistung kann der 5.0 mit Konkurrenzsportlern wie dem 928 nicht mithalten.

500 SLC

Als im März 1980 auf dem Genfer Salon der 500 SLC präsentiert wird, glauben viele an die populären Untertürkheimer Zahlenspiele – an die nicht seltenen Umbenennungen bestehender, kaum oder gar nicht veränderter Typen oder an die Auflösung der verschlungenen Nomenklatur. Dieser Denkweise kommt die Tatsache entgegen, dass für beide Fünfliter-Coupés die gleich lautende Baumusterbezeichnung 107.026 verwendet wird.

L wie Leichtbau: Allerhand Aluminiumteile halten das Gewicht im Rahmen.

Ganz so simpel ist es freilich nicht: Der 500 SLC ist nicht in allen Punkten mit seinem Vorgänger identisch, sondern stellt eine mehr oder minder zurückhaltende Weiterentwicklung dar. Von außen ist bis hin zum Heckspoiler kein Unterschied zu erkennen, Motorhaube und Heckdeckel bestehen nach wie vor aus Aluminiumblech. Das Interieur – vor allem das Lenkrad – wurde aber an die Innenarchitektur der S-Klasse-Limousinen der Baureihe W 126 angeglichen.

Das V8-Triebwerk entspricht voll und ganz dem des 5.0. Nur die Drehstrom-Lichtmaschine wurde durch eine stärkere mit 980 Watt Leistung ersetzt. Hauptunterschied ist jedoch die nun vierstufige Wandlerautomatik, die mit engerer Stufung bei unveränderter Antriebsübersetzung bessere Beschleunigung ermöglicht. Die Bremse wird parallel zum Rest der Modellpalette aktualisiert: Der 500 SLC ist nun serienmäßig mit dem Anti-Blockier-System ausgerüstet. Das Fünfliter-Coupé zweiter Auflage erreicht in anderthalbjähriger Bauzeit das überschaubare Produktionsergebnis von 1154 Exemplaren.

Im Oktober 1981 übernehmen die gewohntermaßen wieder auf der Plattform der S-Klasse-Limousinen (nun Baureihe 126) aufbauenden SEC-Coupés nahtlos das Zepter. Der 500 SEC wird nicht nur vom gleichen Triebwerk wie der 500 SLC angetrieben – Motorhaube und Kofferraumdeckel sind wie bei diesem ebenfalls aus Leichtmetallblech.

Nachschlag: Im Mai 1980 ersetzt der 380 den 350 SLC. Dieser ist von 1981.

380 SLC

Im Mai 1980 tritt der 380 SLC analog zur Roadster-Variante 380 SL die Nachfolge des bereits im März aus der Fertigung genommenen 350 SLC an. Er löst auf dem Rest-of-the-World-Markt nicht nur das 3,5-Liter-Coupé, sondern auch den 450 SLC mit Grauguss-V8 ab, der bis Oktober 1980 nur noch für den Nordamerika-Export gebaut wird. Dann wird der 380er im offiziellen Lieferprogramm für die USA und Kanada zum einzigen dort erhältlichen SLC-Coupé. Nahezu 40 Prozent der Produktion dieses Typs, die sich in eineinhalb Jahren auf 3789 Einheiten beläuft, werden nach Nordamerika verschifft.

Als der 380 SLC auf den Markt kommt, arbeitet der 3,8-Liter-Leichtmetall-V8 bereits seit zwei Monaten im 380 SE der S-Klasse der Baumusterfamilie 126. Dieses Triebwerk ist im Kapitel über den 380 SL beschrieben. Wir erinnern uns: Der „kleine" V8 des Baumusters M 116 E 38 wurde durch Hubverlängerung der Kurbelwelle um sechs Millimeter aus dem 3,5-Liter-Graugussblock M 116 E 35 entwickelt. Mit 218 PS, die bei einer Tourenzahl von 5500/min zur Verfügung stehen, entspricht seine Motorleistung dem 217 PS starken, abgelösten 450 SLC.

Allerdings ist der 380er deutlich drehmomentschwächer, was letztlich mit dem geringeren Hubvolumen von 3818 cm^3 zusammenhängt: Die 299 Nm, die erst bei 4000/min anliegen, stehen den bereits bei 3250/min greifbaren 360 Nm des verblichenen 450 SLC gegenüber. Wie beim 500 SLC wird die Kraft über eine Vierstufen-Automatik mit Drehmomentwandler übertragen. Ein Schaltgetriebe wie weiland beim 350 SLC wird auch nicht als Sonderausstattung angeboten.

Auch äußerlich hat sich der 380 SLC gegenüber seinen Vorfahren ein wenig weiter entwickelt: Der größere Frontspoiler des 450 SLC 5.0 bzw. 500 SLC verbessert die Windschlüpfigkeit und reduziert vor allem den Auftrieb an den Vorderrädern um gut 30 Prozent. Haupteffekt dürfte aber die durch die veränderte Aerodynamik erreichte thermische Ausgeglichenheit des vom Wärmehaushalt her im Versuchsstadium noch etwas problematischen Triebwerks sein.

Relativ kurz vor dem Fertigungsstopp im September 1981 unterzieht das britische Fachmagazin *Motor* einen 380 SLC einem road test. Man bemängelt eine gewisse Seitenwindempfindlichkeit und unzureichende Traktion auf nasser Fahrbahn – im Reiche der (angeblich) immerwährenden Regenschauer sicher ein Argument. Die Engländer protokollieren eine Höchstgeschwindigkeit von 213 km/h und bleiben damit knapp unter der Werksbezifferung von 215 km/h, bestätigen die Herstellerangabe der Standardbeschleunigung von neun Sekunden und ermitteln mit 16,9 l/100 km einen weniger optimistischen Verbrauch als das Mutterhaus.

15 Der SLC im Rallyesport

Bandama, Codasur und weitere Lustbarkeiten

Als das Coupé SLC im Oktober 1971 im Schatten des Eiffelturms vorgestellt wird, gilt dieses Auto als sportlich angehauchter, individuell geprägter Reisewagen mit hohem Prestigewert. Dass diese Modellreihe – freilich im Hubraum gewachsen und beim Gewicht abgespeckt – knapp sieben Jahre später aus Übersee höchsten sportlichen Lorbeer nach Hause bringen wird, wurde ihr wahrlich nicht an der Wiege gesungen. Die eleganten Wagen reihen beachtliche Erfolge aneinander. Nicht einmal drei Jahre währen die wiedererweckten Aktivitäten des Werksteams, bis unvermittelt der erneute Ausstieg aus dem Motorsport verkündet wird.

Stop and Go

Blicken wir innerhalb der wechselvollen jüngeren Geschichte des Mercedes-Benz-Motorsports ein wenig zurück: Nach einem Dreifachsieg der Teams Böhringer/Kaiser, Glemser/Braungart und von Korff-Rosqvist/Falk, alle auf der 300-SE-„Flossen"-Limousine der Baureihe W 112, beim 4780 km langen Großen Straßenpreis für Tourenwagen in Argentinien im Oktober und November 1964 beschließt der Daimler-Benz-Vorstand den Eintritt in eine Phase der Motorsport-Abstinenz. Sie soll 13 Jahre dauern.

4780 Kilometer: Glemser/Braungart fahren 1964 in Argentinien mit ihrem 300 SE (W 112) auf den zweiten Platz.

Ausnahmen werden nur ungern bewilligt: Die letztlich erfolglose private Teilnahme des Grand-Prix-Piloten Innes Ireland mit seinen Mitstreitern Andrew Hedges und Michael Taylor am London to Sydney Marathon 1968 wird werksseitig nur halbherzig betreut, und das auch nur, weil Taylor Sohn eines großen englischen Mercedes-Händlers ist. Mercedes-Motorsport-Koordinator Karl Kling – der ehemalige Grand-Prix-Pilot folgte Ende 1955 dem legendären Alfred Neubauer als Rennleiter nach – zeigt sich angesichts der wegen des zur Verfügung stehenden Quasi-Null-Budgets geringen Erfolgsaussichten wenig begeistert. Auf halbem Weg des Marathons errang das Team den Preis „First Private Entry to Bombay". In Australien warf dann ein Kühlerdefekt, verbunden mit einem Schaden am Zylinderkopf, den 280 SE (W 108) zwar nicht aus dem Rennen, wohl aber aus der Wertung.

Es bleiben dann Engländer, die das weitgehend im Verborgenen flatternde Fähnchen des Mercedes-Benz-Motorsports hochhalten: In der Ergebnisliste der von Texaco gesponserten Tour of Britain 1976 taucht ein 450 SLC auf Rang 10 des Gesamtklassements auf. Der Londoner Garagist Tony Fowkes und sein Beifahrer Jonathan Ashman – ein Angestellter von Mercedes-Benz (United Kingdom) Ltd. – erringen mit dem anderthalb Jahre alten Gebrauchtwagen sogar den Sieg in der Klasse 2 der production cars. In der Tat ist das Auto absolut serienmäßig, nur das Fahrwerk wurde neu abgestimmt. Dabei dürfte es sich um den ersten ernst zu nehmenden Wettbewerbseinsatz eines SLC handeln.

Erst im Frühherbst 1977 ist mit dem mehr oder minder getarnten Engagement der britischen Filiale beim Straßenmarathon London – Sydney in der Untertürkheimer Chefetage eine indirekte Lockerung der starren Motorsport-Entsagung zu erkennen, was aber noch lange nicht heißt, dass man sich dort zum Automobilsport bekennt. Die Monster-Rallye führt über eine Strecke von 34.000 km und endet mit dem Doppelsieg zweier britischer Teams – Sieger: Cowan/Malkin/Broad, Zweite: Fowkes/O'Gorman – jeweils auf einer 280-E-Limousine der Baureihe W 123.

Martialischer Auftritt: Mit dem wohlpräparierten 280 E (W 123) kommen Fowkes/O'Gorman auf Platz zwei beim Marathon London-Sydney.

Als Bewerber für die erfolgreichen Mannschaften treten externe Sponsoren auf: Für das Siegerauto ist es die britische Filmgesellschaft The Rank Organisation und für die Zweiten der US-amerikanische Autopflegemittel-Hersteller Johnson Wax. Auch weitere vordere Plätze werden von 280-E-Limousinen belegt. Auf Rang sechs läuft das deutsche Team Kling/Kaiser/Leininger im Ziel ein, wobei Alfred Kling als unabhängiger Bewerber auftritt.

Platz acht belegt die ebenfalls „privat" von Herbert Kleint gemeldete deutsche Equipe Kleint/Klapproth/Vormbruck. Ein weiterer mit der multinationalen Besetzung Achim Warmbold (zweimaliger deutscher Rallye-Meister), der natürlich die Nennung abgab, Hans Willemsen aus den Niederlanden und Jean Todt (dem späteren Ferrari-Rennleiter) aus Frankreich hochkarätig besetzter 280 E fällt in Indien aus.

Diese Pseudo-Werksteams unterliegen einem rührenden, sofort durchschaubaren Versteckspiel. Wem gilt der Winkelzug? Der Presse und damit der breiten Öffentlichkeit? Vielleicht. Dem Konzernvorstand? Schon wahrscheinlicher. Schließlich werden Disziplin und Gehorsam im Zeichen des Sterns von jeher großgeschrieben. Obwohl ein werksseitiger Einsatz strikt dementiert wird, ist die Untertürkheimer Versuchsabteilung durchaus nicht nur peripher mit dem Projekt betraut.

Da man aber nicht weiß, wie das zwar bestens vorbereitete, aber naturgemäß mit einigen Restrisiken behaftete Unternehmen ausgehen wird, will man damit zunächst nach außen hin nichts zu tun haben. Das ändert sich bald: Angesichts des großartigen Erfolgs wird die Beteiligung in der Folge reichlich werbewirksam verwertet und ist bei Mercedes-Benz heute Bestandteil der höchst offiziellen Motorsport-Annalen.

Rang sechs von London nach Sydney: Kling/Kaiser/Leininger sind auf 280 E (W 123) schnell.

Nach dem siegreich bewältigten Sydney-Marathon richtet die Versuchsabteilung, in der die Relikte der Sportbetreuung verwaltet werden, unter der Federführung von Erich Waxenberger und im Namen weiterer Entwicklungs- und Versuchsingenieure im Oktober 1977 eine Petition an den Firmenvorstand. Darin werden die Wiederaufnahme des werksseitigen Motorsports dringend empfohlen und der Vorschlag detailliert konkretisiert.

Man übt sich in Bescheidenheit: Grundsätzlich sei nur an einen begrenzten Einsatz gedacht. Einerseits wird die punktuelle Beteiligung an ausgesprochenen Langstreckenrennen mit seriennahen Tourenwagen gemäß der Gruppe 2 im Anhang J des FIA-Sportgesetzes befürwortet – etwa bei den 24 Stunden von Spa-Francorchamps in Belgien. Dabei hat man den soeben vorgestellten 450 SLC 5.0 im Auge, dessen Motorleistung aber noch kräftig anzuheben wäre.

Erich Waxenberger: „Wax" hat das Herz und das Talent für den Motorsport.

Auf der anderen Seite wird auch die Teilnahme an ausgewählten Läufen der Rallye-Weltmeisterschaft erwogen. Dabei wird in Rechnung gezogen, dass die großen, schweren Coupés bei typischen Asphalt-Rallyes wie der Tour de Corse gegen kleinere, agilere Wettbewerber kaum Chancen haben, und noch weniger auf Eis und Schnee bei Winterveranstaltungen à la Rallye Monte Carlo. Den SLC werden allein bei den Langstrecken-Materialschlachten auf Naturstraßen und Schotter, den beinharten endurance events vor allem in Übersee, ernsthafte Erfolgsaussichten eingeräumt.

Ungeachtet dieser Denkschrift dauert der Status Quo „beim Daimler" vorerst an. Im Klartext: Beteiligung an Wettbewerben ist nach wie vor Kundensache – wer diese „Kunden" sind und wer im Hintergrund die Fäden zieht, steht dann auf einem ganz anderen Blatt. Nach diesem Motto geht im Frühjahr 1978 ein Team von vier 280-E-Limousinen bei der East African Safari in Kenia an den Start. Drei der Wagen fallen aus, das überlebende Auto fährt auf Rang sechs durchs Ziel. Wiederum unter der etwas unglücklichen Tarnung einer reinen Privatunternehmung hat dann der SLC seinen ersten großen Wettbewerbsauftritt – und einen spektakulären dazu.

Erfolgreiche Runde durch Südamerika: Sieg der 450 SLC bei der Vuelta 1978

Vom 17. August bis zum 24. September 1978 findet im Süden des amerikanischen Kontinents die vom Automóvil Club Argentino veranstaltete Vuelta a la América del Sur statt. Die knapp 29.000 km lange Südamerika-Rallye führt vorwiegend auf unbefestigten Straßen zwischen den Extrempunkten Ushuaia, argentinisches Feuerland, im Süden und Caracas, Venezuela, im Norden durch zehn Länder, mehrere Klima- und Vegetationsregionen, bewältigt Höhenunterschiede von mehr als 4500 Metern und hält allein 6000 km, davon 3700 km als reine

Vuelta 1978: Den vierten Platz macht die unfallgeplagte und auch sonst vom Pech verfolgte finnisch-französische Star-Mannschaft Timo Mäkinen/Jean Todt.

Hochgeschwindigkeitsetappen, an Sonderprüfungen bereit – ein kaum zu übertreffender Härtegrad.

Die Mercedes-Benz-„Privatmannschaft" rückt als Armada mit großem Gefolge an: Acht Kampfgefährte der Kategorie D, Gruppe 1, – vier 280 E und vier 450 SLC – werden von einer Flotte von Service-Lkw, einer südamerikanischen Service-Crew, einem Techniker und 13 Mechanikern aus Deutschland unterstützt. Begleitet wird der Tross von Erich Waxenberger und Sportleiter Gerhard Härle.

Zur Vuelta treten die 450 SLC letztmals mit dem Grauguss-V8 an, da der 5.0 noch nicht homologiert ist. Weil die Wagen nach dem Reglement weitgehend der Serien-Spezifikation entsprechen müssen, wird die Motorleistung mit der serienmäßigen Bezifferung 217 PS angegeben. Dass es bei allen ausgesuchten Triebwerken Streuungen nach oben gibt, ist nun wirklich nicht zu vermeiden. In der Versuchsabteilung werden Höchstwerte bis zu 234 PS protokolliert – immerhin ein Plus von fast acht Prozent.

Auch beim dreistufigen Automatikgetriebe – ein Schaltgetriebe ist für den 450 SLC nicht homologiert und würde in Normalausführung auch die Mammut-Strapazen nicht überstehen – ist man auf handelsübliche Baugruppen angewiesen, hat aber einen geringen Spielraum: Der Produktion wurden sorgfältig ausgesuchte Exemplare entnommen, die über einen möglichst hohen Regeldruck des Wandlers verfügten.

Hauptfeind ist jedoch das Gewicht – aber in dieser Hinsicht lässt sich nicht viel verbessern, zumal der Stabilität der Karosseriestruktur angesichts der Wegeverhältnisse erhöhte Aufmerksamkeit gewidmet werden muss. Ganz im Gegenteil – es kommt noch umfangreiche, 45 kg schwere Zusatzausrüstung hinzu: Den Platz der Rücksitzbank nehmen ein weiteres Ersatzrad, ein Werkzeugkasten und eine Grundauswahl an Verschleißteilen ein.

Der vorgeschriebene Überrollkäfig versteift die Dachstruktur. Eine Sauerstoffflasche dient der Atmung der Insassen und damit der Milderung der Höhenkrankheit im hochalpinen Bereich der Kordilleren. Die leichten Schalensitze sind mit Britax-Hosenträgergurten ausgestattet. Das Interieur ist keineswegs spartanisch ausgestattet – die Cockpits entsprechen bis hin zum Lenkrad der Serienausführung. Der 90-Liter-Tank der Zivilversion des SLC ist einem Reservoir mit 120 Litern Inhalt gewichen.

Auch das Fahrwerk muss gemäß dem Regelwerk in der Grobstruktur unangetastet bleiben. Die Bodenfreiheit lässt sich – nicht zuletzt durch das Entfernen des mittleren Schalldämpfers mit dem Nebeneffekt einer musikalisch veredelten V8-Geräuschkulisse – auf 195 mm vergrößern. Die geschmiedeten Fuchs-Leichtmetallräder sind mit vergleichsweise schmalen M+S-Reifen der Dimension 195/70 HR 14 bestückt. Die Bilstein-Gasdruckdämpfer – obwohl dreifach verstärkt – erweisen sich als nur sehr begrenzt haltbar.

Die 60-Prozent-Differenzialsperre ist homologiert, da sie aus dem regulären Zubehörfundus stammt. Ein Unterschutz aus Duraluminium reicht vom Kühler bis hinter das Getriebe. Brems- und Triebstoffleitungen werden besonders gegen Steinschlag gesichert. Von außen sehen die Autos weitgehend seriennah aus. Das Kühlergesicht wird von vier riesigen Zusatzlampen beherrscht – zwei Breitstrahlern und zwei Fernscheinwerfern. Die „entspiegelte" mattschwarze Motorhaube kontrastiert mit der astralsilbernen Lackierung.

Die Vuelta ist dank der einmaligen Dichte an naturgegebenen Widrigkeiten eine Auslese der Besten schlechthin. Der dicke Staub der Pampas und die klebrigen Schlammbäder in der Regenwaldregion sind noch die geringsten Übel. Die sauerstoffarme Luft in den Anden führt zu einer Leistungsminderung von bis zu 40 Prozent.

Die beispiellos schlechten Pisten fordern auch unter den Mercedes permanent ihren Tribut in Form gebrochener Motoraufhängungen und abgerissener Stoßdämpfer, deren Reservebestände bald aufgebraucht sind. Die Logistik der Ersatzteilsicherung ist aber bestens organisiert. Unfallschäden – die Vorkommnisse reichen bis zum mehrfachen Überschlag – werden durch die Serviceteams, aber auch im Falle von Mäkinen in spontaner Eigenleistung repariert.

Von den 57 Startern der Vuelta erreichen nur 19 das Ziel in Wertung. Die aus Schwaben entsandte Kampfgruppe schlägt sich prächtig: Von acht teilnehmenden „Werks"-Mercedes kommen sieben auf vordersten Plätzen ins Ziel. Der erste Nicht-Mercedes in der Kategorie D, der BMW 528 eines spanischen Teams, liegt mehr als 16 Stunden zurück, obwohl sich die Daimler-Stallregie durch Herausnehmen des Tempos um einen weniger spektakulären Abstand bemüht hatte. Von den vier gemeldeten 450 SLC laufen drei auf den Rängen eins, zwei und vier ein – allen herben Schicksalsschlägen zum Trotz.

Das lange in Führung liegende, unter der Kennung 409 gestartete Auto des polnischen Teams

Sieger auf 450 SLC: Die Vuelta a la America del Sur gewinnen Andrew Cowan und Colin Malkin.

Hartgesotten: Auf den 29.000 Kilometern durch Südamerika schlagen sich die Mercedes-Coupés blendend.

Sobiesław Zasada/Andrzej Zembrzuski – das ist 1978 alles andere als eine Selbstverständlichkeit, wir befinden uns wohlgemerkt noch mitten im permanenten Ost-West-Konflikt, im „Kalten Krieg"! – fällt erst durch einen Kurzschluss in der (serienmäßigen) Batterie, dann durch ein körperliches Handicap zurück und wird vom siegreichen schottisch-englischen Paar Andrew Cowan/Colin Malkin mit der Startnummer 421 auf den zweiten Platz verwiesen.

Der vierte Platz nach dem 280 E der britisch-deutschen Paarung Fowkes/Kaiser geht an die unfallgeplagte und auch sonst vom Pech verfolgte finnisch-französische Star-Mannschaft Timo Mäkinen/Jean Todt mit der Ziffernfolge 401 auf den Türen. Der vierte mit den argentinischen Lokalmatadoren Rubén Daray und José Araujo besetzte 450 SLC fällt nach einer Kollision mit defektem Automatikgetriebe aus.

Nach bravourös geschlagener Bataille werden die an erster bis vierter Stelle platzierten Teams in Stuttgart mit großzügigen Erfolgsprämien bedacht. Während der Veranstaltung – als der Ausgang des Unternehmens noch ungewiss ist – wird der Finanztransfer noch umgekehrt dargestellt: Einsatzleiter Härle räumte den Verdacht deutscher Journalisten, es handle sich um ein Werksengagement, mit kategorisch gesetzten Worten aus: „Das ist kein offizieller Werkseinsatz. Gegen Spesenerstattung haben wir unsere Autos Privatfahrern zur Verfügung gestellt." Aha – die Teams mussten die Kosten tragen?

Nahezu den identischen Wortlaut deklamiert dann der kurz vor dem Ruhestand stehende Vorstandsvorsitzende Dr. Joachim Zahn in der ersten Vorstandssitzung nach dem Triumphmarsch durch Südamerika. Zahn räumt indessen die Finanzierung und organisatorische Unterstützung der „Privatteams" ein.

Der publikumswirksame Erfolg in der Vuelta hat aber letztlich doch noch eine positive Konsequenz: Die unvermittelt, aber nicht unerwartet vollzogene Wende wird in der nächsten Vorstandssitzung publik, als das Rallye-Engagement prinzipielles Einverständnis findet. Daraufhin befasst man sich ohne Verzug mit einem punktuellen Einsatzplan für die Rallye-Weltmeisterschaft 1979. Zunächst aber laufen die Vorbereitungen für den nächsten Großeinsatz an, der ein halbes Jahr später in Afrika stattfindet.

Nach der Vuelta in Südamerika: Das Gruppenbild mit Siegerwagen, „Privatteams" und Chefetage zeigt in der Mitte den Vorstandsvorsitzenden Joachim Zahn und dahinter Entwicklungschef Werner Breitschwerdt.

Platz zwei in Ostafrika: East African Safari 1979 mit dem 5.0

Im Spätherbst 1978 beginnt die Erprobung des 450 SLC 5.0 mit dem Leichtmetall-V8 für den Einsatz bei wenigen ausgewählten Langstrecken-Rallyes. Die Homologation des Coupés in seiner letzten Evolutionsstufe für die Gruppe 4 des von 1975 bis Ende 1980 gültigen Anhangs „J" zum Internationalen Automobil-Sportgesetz des Motorsport-Dachverbandes FIA ist beantragt und wird am 1. April 1979 unter dem Aktenzeichen 661 bestätigt.

Damit zählt der große SLC laut Definition der FIA zu den „Spezial-Grand-Tourisme-Fahrzeugen" mit mindestens zwei Sitzen, einem in der Hubraumklasse bis fünf Liter vorgeschriebenen Minimalgewicht von 1170 kg und einer Mindeststückzahl von 400 in 24 aufeinanderfolgenden Monaten. Diese Bedingungen werden vom 5.0 problemlos erfüllt – auch hinsichtlich der Fertigungszahl.

In die Fünfliter-Klasse, die letztlich mit Fug und Recht das Suffix „5.0" erlaubt, passt das große Coupé aber erst durch die Verkleinerung der Bohrung um 0,5 mm und das so geschrumpfte Hubvolumen von 4973 cm^3 (statt 5025 cm^3). Während die Wettbewerbsautos schon im Herbst 1978 als echte „Fünf-Null"-Typen laufen, wird diese Änderung der Serienausführung erst Anfang Mai 1979 zuteil.

Bei der Gelegenheit ist dem für das „Leichtmetallcoupé" – schon diese Bezeichnung ist falsch – häufig gebrauchte Begriff „Homologationsmodell" zu widersprechen. In einem durchaus seriösen englischen Artikel hieß es gar: „Just a handful of homologation specials were made and sold on the European market". Im 450 SLC 5.0 ist in erster Linie ein Versuchsträger für den Leichtmetall-V8 im Alltagsbetrieb zu sehen – der Wettbewerbseinsatz ist ein willkommener Nebeneffekt, der sich in dieses Programm bestens einfügt und zudem für optimale Öffentlichkeitsarbeit sorgt.

Die Fahrversuche mit dem Gruppe-4-SLC in verschiedenen Leistungsstufen verlaufen größtenteils zufriedenstellend. Ausnahme ist die unbefriedigende Standfestigkeit der Stoßdämpfer. Dieses Problem kann durch die Verwendung des Hydrauliköls eines anderen Herstellers einigermaßen, wenn auch nicht vollständig, gelöst werden. Im Dezember 1978 darf der 5.0 dann als wettbewerbsfähig gelten.

Coronation Safari 1959: Bill Fritschy und Jack Ellis fahren auf Mercedes 219 zum Sieg.

Die Teilnahme an der 5028 km langen, durch Kenia, Tansania und Uganda führenden 27. Safari Rally, die in der Zeit vom 12. bis zum 16. April 1979 stattfindet, wird endgültig beschlossen und durch ein Pressekommuniqué öffentlich bestätigt. Dieser Lauf zählt zur Rallye-Weltmeisterschaft, was aber für Daimler-Benz am Ende nur theoretischen Charakter hat.

Rein historisch gesehen kann sich der Einsatz der „Sterne" in Ostafrika sogar auf eine gewisse Tradition berufen, wenn das auch mit Sicherheit nicht ausschlaggebend für die Teilnahme ist: Privat gemeldete Mercedes-Personenwagen hatten schon dreimal bei der legendären East African Safari Rally gesiegt. Jeweils 1959 und 1960 steuerten die in Kenia lebenden Briten Bill Fritschy und Jack Ellis einen 219 (W 105 – das war der im Radstand um 10 cm verlängerte Ponton-190 mit dem leistungsgesteigerten 220a-Sechszylinder) auf Platz eins.

Ein Jahr später errang das ebenfalls britische Team Manussis/Coleridge/Beckett den Gesamtsieg auf einem Ponton-220 SE (W 128). Zweite wurden Bill Fritschy und der Viscount Mandeville mit dem Nachfolgemodell 220 SEb (W 111).

Und noch einmal: Auch 1960 sind Fritschy/Ellis auf Ponton erfolgreich.

Schnelle Rallye-Flosse: 1961 werden Bill Fritschy und Viscount Mandeville mit dem 220 SEb (W 111) Zweite der East African Safari.

Klassische Safari-Sieger sind allerdings die französischen Peugeots: zunächst die 404, die viermal den Gesamtsieg nach Sochaux bringen, dann die 504-Limousinen und -Coupés, die nach drei dritten Plätzen zweimal Erste werden und den von der Presse verliehenen königlichen Titel La Reine d'Afrique sehr wohl verdienen.

Die Mercedes-Fünfliter-Coupés werden natürlich in ihrer Motorleistung, vor allem aber auch hinsichtlich ihrer Standfestigkeit und schließlich auch in Bezug auf ihre Wasserunempfindlichkeit überarbeitet. Die Motorlagerung und die Träger der Vorderradaufhängung werden verstärkt, ebenso die wesentlichen Komponenten der Getriebeautomatik. Da Wasserdurchfahrten bei der Safari von jeher eine große Rolle spielen, muss das Zündsystem komplett gekapselt werden. Die Ansaugluft für das Triebwerk kann bei Bedarf umgeschaltet werden – dann atmet der Motor kurzzeitig aus dem Passagierabteil. Im gleichen Sinne wird die Getriebeentlüftung höhergelegt.

Neben drei 280 E (W 123) werden für die Safari fünf Coupés vorbereitet, die jeweils zwischen 290 und 300 PS abgeben – zwei Trainings- und Ersatzfahrzeuge und drei Einsatzautos, die durchweg von internationalen Cracks pilotiert und navigiert werden: Startnummer 6 erhalten die kenianischen Lokalmatadore Vic Preston und John B. Lyall, die im Jahr zuvor auf einem Porsche 911 Zweite geworden sind. Das prominente finnisch-schwedische Team Hannu Mikkola und Arne Hertz startet mit der Nummer 14.

Als größte Hoffnung gelten die angehenden Rallye-Weltmeister und als Ford-Escort-Werksfahrer an Mercedes „ausgeliehenen" Schweden Björn Waldegård und Hans Thorszelius. Sie sind

Rallye-Star aus Finnland: Die Safari 79 beendet Hannu Mikkola im Team mit Arne Hertz wegen Kühlerdefekts auf dem zweiten Rang.

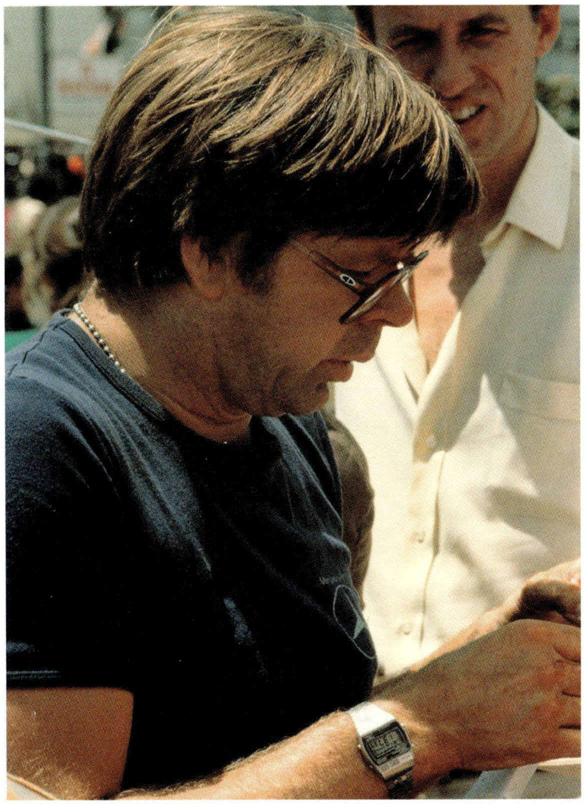

Zweiter Mann im zweitplatzierten SLC: Arne Hertz muss sich ebenfalls dem siegreichen Datsun beugen.

schließlich 1977 mit ihrem britischen Ford Escort RS 1800 Twin Cam mit Cosworth-BDA-Vierventiler, gewissermaßen einem Formel-3-Triebwerk, Gesamtsieger der Safari gewesen. Als Bewerber tritt der kenianische Mercedes-Benz-Importeur DT Dobie & Company (Kenya) Ltd. auf, der auch Fahrzeuge des japanischen Herstellers Nissan einführt und deshalb paradoxerweise auch die Meldung für die erfolgreichen Datsun, darunter das Siegerfahrzeug, einreicht.

Waldegård geht erwartungsgemäß in Führung – wenn auch nur für begrenzte Zeit. Dann bricht ein Bolzen am Schräglenker. Auch Mikkola liegt zeitweise auf Position eins, bis seine Hinterradaufhängung zunehmend ein lockeres Eigenleben an den Tag legt. Die schweren Autos beider Teams werden in der dritten Etappe zudem vom Schlamm ausgebremst. Mikkolas Coupé wird durch einen perforierten Kühler so lange außer Gefecht gesetzt, dass die lokalen Größen Shekar Mehta und Mike Doughty mit ihrem Gruppe-2-Auto des Typs Datsun Violet 160J in Führung gehen und schließlich als Erste durchs Ziel fahren.

Mikkola/Hertz werden Zweite, gefolgt von den Finnen Markku Alén und Ilkka Kivimäki auf Fiat 131 Abarth. Waldegård/Thorszelius belegen nach allen Mühen und Plagen Rang sechs, während sich zwei der 280E auf Position 4 und 11 platzieren. Der dritte SLC von Preston/Lyall ist mit defekter Hinterachse ausgeschieden. Summa summarum lässt sich die Safari-Teilnahme trotz des nahezu fünf Millionen Mark schweren Veranstaltungs-Budgets nicht nur als Achtungserfolg verbuchen – zumal der Paukenschlag noch kommt …

Safari-Express: Auch eine lose Hinterradaufhängung vermag Mikkola/Hertz nicht zu stoppen.

Limousinen bevorzugt: Andrew Cowan und Johnstone Syer kommen auf 280 E auf den vierten Platz.

Noch immer Afrika: 11ème Rallye Côte d'Ivoire 1979

Staub und Schlamm: Die Sieger der Bandama 1979, Mikkola/Hertz, tauchen kurz ein.

Die Rallye Bandama wird seit 1969 in Westafrika ausgetragen und ist nach einer Provinz und zwei Flüssen in der Republik Elfenbeinküste benannt. 1979 wird sie in Rallye Côte d'Ivoire (Rallye Elfenbeinküste) umbenannt, behält aber unter Rallye-Freaks ihren wohlklingenden ursprünglichen Namen.

Der 5668 km lange Lauf mit hohem Dschungel-Anteil gilt innerhalb der Rallye-Weltmeisterschaft wie die Safari als Härtetest, als Materialschlacht ersten Ranges – genau das Genre für ebenso ausdauernde wie leistungsfähige Autos mit langem Atem, wie es der 450 SLC 5.0 ist.

Wie die Safari ist auch die Bandama traditionell eine Domäne der robusten Löwen aus der Franche-Comté: Peugeot-504-Limousinen und 504-V6-Coupés haben in den Jahren von 1971 bis 1978 unter internationalen Spitzenfahrern wie Bob Neyret oder Timo Mäkinen nicht weniger als fünfmal den Gesamtsieg erzielt.

Nachdem das Planungsgerüst steht und die Erfolgsaussichten durch ein Vortraining Anfang September 1979 bestätigt sind, gibt die Daimler-Benz-Presseabteilung Ende September ein Statement heraus, das die Teilnahme an der 11. Rallye Côte d'Ivoire bestätigt. Die elfte Bandama findet vom 9. bis 14. Dezember 1979 statt.

Die Autos sind durchweg 450 SLC 5.0 mit großenteils von der Safari her bekannter Besetzung: Zwei Werks-Coupés sind mit den skandinavischen Teams Waldegård/Thorszelius und Mikkola/Hertz bemannt, ein weiteres mit Vic Preston jr. und seinem von Nissan abspenstig gemachten Copiloten Mike Doughty, ein viertes schließlich mit dem Südamerika-Sieger Andrew Cowan und dem deutschen Navigator Klaus Kaiser. Offizieller Bewerber ist der

Mercedes-Importeur der Elfenbeinküste, die Firma S.E.A.C.I., die auch für Logistik und Ersatzteilnachschub sorgt. Dazu kommen die beiden Trainings- und Ersatzwagen, die schon bei der Safari mit von der Partie waren.

Die Einsatzautos verfügen im Schnitt über 285 PS, haben gegenüber dem Safari-Einsatz zwar an Leistung eingebüßt, aber zum Ausgleich auch durch die Verwendung von Kunststoff- und Kohlefaser-Komponenten um 95 kg abgespeckt.

Ein weiterer privater 450 SLC – kein 5.0! – des Darmstädters Albert Pfuhl, der als erfolgreicher „Rennflossen"-Pilot auf dem 300 SE (W 112) in die Geschichte eingegangen ist und mit Beifahrer Jörg Leininger unterwegs ist, wird vom Sportservice des Werks betreut. Es handelt sich dabei um das vom Werk verkaufte und wiederhergestellte Unfallauto der Argentinier Daray/Araujo von der vorjährigen Südamerika-Rallye. Die Privatiers müssen mit 257 PS auskommen.

Anfang Dezember wird das Haupttraining zur Bandama absolviert. Die Rallye selbst verläuft nach Plan und ohne größere Probleme. Allein das Privatteam Pfuhl/Leininger mit der Startnummer 27 fällt mit defekter Radaufhängung aus.

Die Elfenbeinküste wird zum Schauplatz eines Paukenschlags: Mercedes-Benz nimmt im Ziel die Ränge eins bis vier ein. Waldegård, der lange in Führung liegt, wird wegen einer defekten Motorhauben-Sicherung mit der Folge einer sich in voller Fahrt unvermittelt öffnenden Haube vom späteren Sieger Mikkola auf Platz zwei verwiesen. Cowan/Kaiser laufen als Dritte ein und wenig später Vic Preston, der übrigens das gleiche Auto wie bei der Safari fährt, als Vierter. Der erste Nicht-Mercedes – ein Toyota Celica GT mit dem Schweden Ove Andersson am Steuer – überquert die Ziellinie fast eine Stunde später.

Mit nur zwei WM-Läufen von insgesamt zwölf – es sind aber die mit Abstand längsten und schwierigsten – kann Mercedes-Benz in der Markenwertung keinen der vorderen Ränge einnehmen. Ford wird mit dem ausgezeichneten Escort RS 1800 und den fliegenden Nordmännern Björn Waldegård und Hannu Mikkola Weltmeister. Die Untertürkheimer belegen mit 35 Punkten Platz 8 – knapp vor ihren Nachbarn aus Zuffenhausen.

Stadtverkehr: Vic Preston jr. und Mike Doughty passieren eine Ortschaft.

Wartung am Pistenrand: Der spätere Siegerwagen mit der Startnummer 6. Unten ist er in voller Fahrt zu sehen.

Nur die Startnummern müssen sauber bleiben: Die Rallyeautos von Cowan/Kaiser, Waldegård/Thorszelius, Mikkola/Hertz und Preston/Doughty am Pistenrand.

Freuen sich über das tolle Ergebnis an der Elfenbeinküste: Andrew Cowan (links) und Björn Waldegård.

Landestypische Siegestrophäen: Björn Waldegård (links) und Hannu Mikkola (an der Fahrertür) nach der 11. Rallye Bandama Côte d'Ivoire

Rallye-Weltmeisterschaft 1980: Nun mit immerhin halbem Programm

Nach den punktuellen, aber letztlich ansehnlichen Anfangserfolgen der Saison 1979 ringt Waxenbergers Truppe dem Daimler-Benz-Vorstand ein zumindest fünfzigprozentiges Engagement bei den Läufen der Rallye-Weltmeisterschaft 1980 ab. Man sieht die Beteiligung an sechs der zwölf WRC-Veranstaltungen vor und favorisiert in bewährter Manier den Langstreckentypus mit hohem Schotteranteil.

In der dreimonatigen Wettbewerbspause werden die Fünfliter-Coupés – zunächst wird aus Gründen der Homologation bei den ersten drei Rallyes noch der 450 SLC 5.0 mit der Dreigang-Automatik eingesetzt – grundlegend überarbeitet. Schon äußerlich sind die ohnehin mächtigen Autos durch die an den Hinterrädern geöffneten Radhäuser, die um 70 mm verbreiterten Kotflügel und die fülligen Reifen ringsum noch muskulöser geworden.

An den Vorderrädern wollen Reifen der Dimension 225/70 R 15 auf sieben Zoll breiten Felgen untergebracht sein, hinten sind es gar Gummis der Größe 245/50 R 15 auf Neun-Zoll-Felgenbett. Die Motorleistung liegt nun im Durchschnitt bei etwas über 300 PS. Die Wagen sind wieder in der Serienfarbe Astralsilber mit schwarzen Motorhauben lackiert. Ende Januar 1980 werden die Mercedes-Rallye-Pläne per Pressemitteilung veröffentlicht.

Nicht schlecht gelaufen in Portugal: Portwein-Rallye 1980

Bei der dritten Runde der Rallye-WM ist Schwabens Stolz wieder dabei: Mercedes-Benz meldet über den portugiesischen Konzessionär C. Santos VP zwei Wagen zur 13. Rallye de Portugal Vinho do Porto vom 4. bis 9. März 1980. Zwischen Start und Ziel in Estoril liegen 2641 km, die 47 Spezialetappen mit einer Länge von 673 km enthalten, wobei Schotter und Asphalt ausgeglichen vertreten sind. Trotzdem kein Kinderspiel: 101 Wagen sind am Start, nur 16 erreichen das Ziel. Die Fiat 131 Abarth der Koryphäen Röhrl/Geistdörfer und Alén/Kivimäki belegen die Plätze eins und zwei der Gesamtwertung, Position drei geht an die Franzosen Fréquelin/Todt auf ihrem noch seltenen Talbot Sunbeam Lotus, der ein Jahr später die Weltmeisterschaft gewinnen wird.

Die beiden komplett schwedisch besetzten 450 SLC 5.0 landen auf dem vierten und dem fünften Gesamtrang: Waldegård/Thorszelius haben 43 Minuten Rückstand auf den Sieger Röhrl, Ingvar Carlsson/Claes Billstam laufen weitere elf Minuten später ein – für einige Köpfe im Daimler-Hauptquartier enttäuschend, aber angesichts der unhandlichen Autos und eingedenk der außerordentlichen Ausfallrate eigentlich gar nicht so übel.

Nur 16 von 101 Wagen kommen an: In Portugal schaffen es Waldegård (oben) und Thorszelius (unten) auf den vierten Platz.

In Ostafrika chancenlos gegen die flinken Datsun: 28th Safari Rally 1980

Die 5333 km lange Gesamtstrecke der vom 3. bis 7. April 1980 stattfindenden 28. Safari Rally ist in drei Etappen eingeteilt, die von 95 Zeit- und Durchfahrtskontrollen überwacht sind. Wiederum besteht die Route vor allem aus unbefestigten Naturstraßen. Diesmal ist es trocken, es gibt keine Schlammlöcher – aber dadurch liegt das Durchschnittstempo höher. Die Fahrwerke leiden mehr denn je.

58 Autos gehen an den Start, nur 24 erreichen das Ziel. Daimler-Benz beteiligt sich über sei-

Heia Safari: Oder: Sideways in Africa

nen Importeur DT Dobie mit vier 450 SLC 5.0, ein weiterer unabhängig vom privaten Bewerber American Sports Sales gemeldeter Wagen gleichen Typs kommt hinzu.

Auch diese Safari steht nicht unter dem glücklichsten aller Sterne – fast könnte man von einem Fiasko für die Untertürkheimer reden: Trotz noch minuziöserer Vorbereitung als je zuvor werden die Wagen von Pannenserien heimgesucht. Ständig scheren Radbolzen ab, drei Wagen leiden unter permanenten Frakturen der hinteren Radaufhängung. Hannu Mikkola muss nach der Hälfte der Distanz aufgeben. Auch bei seinem SLC mit der Startnummer 7 ist ein Radträger gebrochen.

Während der Reparatur wird Mikkolas Copilot Arne Hertz von einem dicht vorbeirasenden Teilnehmerfahrzeug erheblich verletzt. Als die Sieben nun regelwidrig – Austausch-Beifahrer ist kein Geringerer als Erich Waxenberger, der es besser hätte wissen müssen – erneut auf die Reise geht, wird das Team disqualifiziert. Als offizieller Grund des „Ausfalls" wird ein „Schaden an der Hinterachse" angegeben.

Die restlichen drei Werkswagen platzieren sich nicht gerade sensationell weit vorne: Bestes Mercedes-Team sind die Einheimischen Vic Preston jr./ John Lyall auf Platz drei hinter den beiden virtuos gefahrenen Datsun Violet 160J der Kenianer Shekar Mehte/Mike Doughty und der finnisch-kenianischen Kombination Rauno Aaltonen/Lofty Drews. Die britisch-deutsche Besatzung Andrew Cowan/ Klaus Kaiser erreicht mit ihrem SLC Rang sechs.

Björn Waldegård und Hans Thorszelius, die während der ersten zweitausend Kilometer deutlich in Führung lagen, fallen auf der zweiten Etappe auf Platz vier zurück und humpeln schließlich mit ihrem angeschlagenen Auto in zehnter Position ins Ziel. Der privat gemeldete 5.0 des kenianischen Teams Joginder Singh/Parker Stevenson schafft es auf Platz 14.

Glücksgöttin Tyche ist ungnädig: Rallye Akropolis

Zurück in Europa kommt's dann noch schlimmer: Die 2743 km lange griechische Rallye Akropolis findet vom 26. bis zum 29. Mai 1980 statt und umfasst 56 Spezialetappen, die mehr als ein Drittel der Gesamtstrecke ausmachen. Nur eine einzige dieser Sonderprüfungen wird auf Asphaltbelag gefahren, der Rest spielt sich auf Schotterpisten und ausgewaschenen Bergwegen ab. Die Ausfallquote zeugt von der Härte der Veranstaltung: Von 154 gestarteten Mannschaften erreichen lediglich 37 das Ziel.

Folgende Doppelseite: Quertreiber: Waldegård/Thorszelius stauben bei der Rallye Côte d'Ivoire 1980 im 500 SLC ihrem Sieg entgegen.

In Griechenland: Vic Preston und Mike Doughty retten bei der Rallye Akropolis mit ihrem 450 SLC 5.0 die Ehre des Mercedes-Teams auf Platz 14.

Auch das Mercedes-Team bleibt keineswegs vom Schicksal verschont: Bestplatzierter Stern ist durch fast fünf Etappen und durch 49 Sonderprüfungen hindurch das einsame 280-CE-Coupé mit der schwedischen Besatzung Ingvar Carlsson/Claes Billstam, das im Gesamtklassement lange an neunter Stelle liegt, aber kurz vor dem Ziel durch Fahrzeugbrand verendet.

Daneben werden drei 450 SLC 5.0 eingesetzt, die sich – wie schon bei der Portugal-Rallye – mit ihrem vergleichsweise langen Radstand als zu unhandlich erweisen. Mit fast 1700 kg Kampfgewicht sind sie – obwohl seit der Safari abgespeckt – den Escorts, Violets, Celicas und Fiat 131 beim ständigen Bremsen und Beschleunigen in den Sonderprüfungen klar unterlegen. Dieses Manko können auch die rund 305 PS kaum kompensieren. Auch von Reifenproblemen sind die schweren SLCs weitaus mehr betroffen als die selbst gebeutelten Konkurrenten.

Hannu Mikkola und der wieder genesene Arne Hertz müssen ihren vertragsgemäßen Verpflichtungen bei Ford Europe nachkommen, starten auf einem Escort RS 1800, fallen aber im ersten Viertel aus. An ihrer Stelle hat Daimler-Benz das schwedische Team Bror Danielsson/Sölve Andreasson engagiert.

Danielsson hat sich bis dato durch Erfolge für das Opel Dealer Team vor allem in Skandinavien und Großbritannien hervorgetan, Andreasson war langjähriger Co für Simo Lampinen auf dem Fiat 131 Abarth. Durch Bruch des Lenkhebels fällt ihr 5.0 mit der Startnummer 24 kaum mehr als 100 km vor dem Ziel an 15. Position liegend aus.

Zu diesem Zeitpunkt sind ihre Landsleute Waldegård/Thorszelius, die als einzige im Team einen völlig neu aufgebauten 5.0 – mit Startnummer 1 – fahren, mit durchgebrannter Kopfdichtung in der 48. Sonderprüfung auf Position 14 liegend ausgeschieden. Nach einem vorangegangenen Unfall – heftiger Überschlag nach einem Bremsdefekt – ist dem SLC die Aufholjagd schlecht bekommen.

Die Anglo-Kenianer Vic Preston jr./Mike Doughty sind es schließlich, die die Ehre der Stuttgarter Marke ansatzweise retten: Sie kommen im Ziel in Athen auf Platz 14 in Wertung an, obwohl sie sich im Gegensatz zu ihren Mitstreitern hinter dem Kühlerstern auf keiner der Etappen im Vorderfeld platzieren konnten.

Im Juni 1980 beschließt man in der für Wettbewerbseinsätze zuständigen Mercedes-Benz-Versuchsabteilung hinsichtlich der nicht von der Hand zu weisenden Materialermüdung der stets mehrfach verwendeten SLC für die weiteren Veranstaltungen nur noch Wagen mit fabrikneuen Rohkarosserien aufzubauen. Aus Kapazitätsgründen kann dieses Vorhaben allerdings nicht komplett in die Tat umgesetzt werden.

Tango solo argentino – oder die Rückkehr nach Südamerika: 2° Rally Codasur

Zwischen dem 19. und dem 24. Juli 1980 findet die Rally Codasur – heute als Argentinien-Rallye bekannt – statt, deren Bezeichnung nichts mit der Côte d'Azur oder einer sonstigen blauen Küste zu tun hat, sondern die Abkürzung des südamerikanischen Motorsportverbandes COnfederación Deportiva Automovilística SURamericana darstellt. Die anspruchsvolle Veranstaltung wird zum zweiten Mal, erstmals aber als Weltmeisterschaftslauf ausgetragen.

Ähnlich der Rallye Monte Carlo handelt es sich in der Anfangsphase um eine Sternfahrt. Dabei stehen fünf Startorte in Argentinien, Brasilien, Chile, Paraguay und Uruguay zur Auswahl, Ziel ist jeweils San Miguel de Tucumán im nördlichen Argentinien. Ein weiterer ursprünglich ausgeschriebener Startort in Bolivien ist wegen des dortigen Militärputsches gestrichen. Die Gesamtstrecke der Codasur beläuft sich auf 3435 km und schließt 14 Spezialetappen mit insgesamt 1224 km ein. Nach einem „Vorspiel" auf Asphalt geht die Route bis zum Ziel auf Schotterpisten über. 89 Wagen gehen auf die Reise, 24 kommen an.

Wie in Hellas beteiligt sich Mercedes-Benz mit einem 280 CE und drei SLC-Coupés. Zwei davon sind nagelneue 500 SLC mit der Viergang-Automatik. Sie werden von den skandinavischen Hoffnungsträgern Waldegård/Thorszelius und Mikkola/Hertz bemannt. Das letztere Paar wurde von Ford für diesen nichteuropäischen Lauf freigegeben. Das dritte Coupé ist ein „gebrauchter" 450 SLC 5.0 für die argentinischen Lokalgrößen Jorge Recalde und Nestor Straimel, die bisher einige Läufe zur WRC auf einem Ford Escort RS bestritten und erstmals für Mercedes unterwegs sind.

Die Argentinier gehen zunächst weit vor Mikkola und Waldegård in Führung, allerdings ändert sich die Reihenfolge bald. Hannu Mikkola arbeitet sich hinter dem Fiat-Abarth-Team Walter Röhrl/Christian Geistdörfer stetig auf Platz zwei vor und behält die Position bis ins Ziel bei – noch vor dem Formel-1-Piloten und nationalen Volkshelden Carlos Reutemann.

Den Kollegen ergeht es schlimmer. Waldegårds Pechsträhne reißt nicht ab: Sein SLC mit der Startnummer 8 fällt in der gleichen Sonderprüfung und mit dem gleichen Symptom aus wie Recaldes Auto mit der Nummer 14: Bruch der Antriebswelle. Das unaufhörliche Drama, das die Serviceteams nahezu rund um die Uhr beschäftigt, wird durch Schäden an den Differenzialen, Bremsdefekte und Reifenpannen vervollständigt. Der 280 CE der Besatzung Cowan/Kaiser bleibt mit defekter Zylinderkopfdichtung stehen. Im Ganzen wieder ein mageres Resultat – aber immerhin besser als gar kein Podiumsplatz …

Ausfall in Argentinien: Cowan und Kaiser auf 280 CE bleiben mit defekter Zylinderkopfdichtung liegen.

Kiwi Connection am Ende der Welt: 11th Motoguard Rally of New Zealand

Neu im Daimler-Repertoire ist auch die ebenfalls zur Weltmeisterschaft zählende Neuseeland-Rallye, die auf 2191 km Schotter mit einigen eingestreuten Asphaltstrecken auf der Südinsel ausgetragen wird. 40 Spezialetappen stellen knapp die Hälfte der Streckenlänge dar. Der Schwierigkeitsgrad ist etwas milder als bei den vorangegangenen Rallyes. Von den 85 gestarteten Wagen kommen 46 Überlebende in Wertung an.

Die Untertürkheimer Mannschaft tritt wiederum mit drei 500 SLC und einem C-123-Coupé des Typs 280 CE an, das dieses Mal wieder vom Schwedenteam Ingvar Carlsson/Claes Billstam gefahren wird. Offizieller Bewerber ist der damalige Mercedes-Generalimporteur für Neuseeland, die Cable-Price Corporation. Bei den großen Coupés hat man inzwischen versucht, die Standfestigkeit durch verstärkte Ausgleichsgetriebe zu erhöhen – mit zweifelhaftem Erfolg, denn Cowans Auto fällt bereits in der elften Spezialetappe wegen Differenzialproblemen von Platz 7 auf Platz 33 zurück.

Im Großen und Ganzen liegen die 500 SLC relativ gut im Rennen und absolvieren die einzelnen stages in der Regel unter den ersten Zehn. Dennoch hätten sich einige Rückschläge vermeiden lassen. So bleibt Mikkolas Wagen Nummer 3 gleich nach der ersten Sonderprüfung ohne Benzin stehen und liegt dann für einige Zeit auf Position 28 – Folge dilettantischer Planung? Auf der sechsten Spezialetappe verliert Waldegård durch eine Reifenpanne viel Zeit und fällt vom achten auf den 14. Rang zurück.

Während die Besatzung Cowan/Kaiser zu Beginn des letzten Viertels ebenso wie der 280 CE nach einem Unfall ausscheidet, kommen Hannu Mikkola/Arne Hertz hinter Timo Salonens Datsun 160J und Walter Röhrls Fiat Mirafiori mit rund 22 Minuten Rückstand auf den Sieger als Dritte ins Ziel. Die mit Waldegård/Thorszelius besetzte Startnummer 1 beendet die Neuseeland-Rallye hinter einem weiteren Datsun Violet auf fünfter Position.

Der darf dreckig sein: In Genf stellt Mercedes 1980 den siegreichen Rallye-SLC aus.

Die Könige des Dschungels kehren zurück: 12ème Rallye Côte d'Ivoire

Letzter Lauf zur Rallye-Weltmeisterschaft (WRC) 1980 ist die vom 9. bis zum 14. Dezember veranstaltete und von der Zigarettenmarke Marlboro gesponserte zwölfte Auflage der Rallye Elfenbeinküste, vormals unter dem klangvollen Namen „Rallye Bandama" bekannt. Auf dem in vier Etappen eingeteilten gigantischen Rundkurs von 5336 Kilometern, die zu 85 Prozent aus Naturstraßen bestehen, trennen 62 Zeitkontrollen und unzählige Ausfälle die Spreu vom Weizen. Von den 52 Startern in der Hauptstadt Abidjan werden fünf Tage später am gleichen Ort ganze elf gewertet.

Mercedes-Benz ist zum Finale mit einer regelrechten Armada von fünf 500 SLC angetreten, deren Motorleistung – schenkt man zeitgenössischen Presseberichten Glauben – 320 PS beträgt. Darunter sind drei nagelneue Wagen. Wie im Vorjahr tritt der lokale Importeur S.E.A.C.I. als Bewerber auf. Auch die „Bandama" erweist sich trotz der netten Erfolgsbilanz der schwäbischen Sterne als alles andere als problemlos: Die traditionell glücklose Mannschaft Cowan/Kaiser beschädigt ihren SLC bei einem heftigen Ausritt irreparabel.

Das die meiste Zeit über deutlich in Führung liegende Team Mikkola/Hertz leidet nicht nur unter wiederum auftretenden Gebrechen der Hinterradaufhängung, sondern muss auch eine massive Beschädigung der Hinterradbremsen durch Steinschlag hinnehmen. In der Folge verlässt auch der SLC mit der Startnummer 4 ungebremst die Piste mehr oder minder im Fluge. Nach Notreparatur der Unfallschäden vollzieht sich die Aufholjagd allerdings jenseits der Bestimmungen: Eine illegale Abkürzung führt zur Disqualifikation.

Noch brisanter ist zeitweise der Erklärungsnotstand, in den die Mercedes-Einsatzleitung gerät: Vom Veranstalter und lokalen Behörden wird den Mechanikern der Werkstattwagen vorgeworfen, sie hielten an den Servicepunkten die sehr kontaktfreudige Menge mit Hochdruck-Wasserschläuchen zurück, um ungestört arbeiten zu können. Ob berechtigt oder nicht, zur Beschwichtigung der herben Kritik wird jedenfalls eilends eine Pressekonferenz einberufen.

Noch ganz sauber und hoffnungsvoll: Hannu Mikkola und Arne Hertz beim Start in Abidjan

Ungeachtet dieser Vorfälle fährt die Mercedes-Benz-Mannschaft das beste Ergebnis der Saison ein: Björn Waldegård und Hans Thorszelius sind zu alter Form aufgelaufen und siegen knapp vor dem zweitplatzierten 500 SLC des argentinischen Teams Jorge Recalde/Nestor Straimel. Vic Preston jr., dieses Mal von Claes Billstam navigiert, belegt Rang fünf.

Den Gewinn der Rallye-Weltmeisterschaft hatten die Stuttgarter nicht angestrebt, Teilerfolge müssen (vorerst) reichen. Weltmeister wird das legendäre Team Walter Röhrl/Christian Geistdörfer auf Fiat 131 Abarth mit vier ersten und zwei zweiten Platzierungen. Summa summarum belegt Mercedes-Benz 1980 trotz des nur selektiven Auftretens bei der Rallye-Weltmeisterschaft unter den 16 teilnehmenden Fabrikaten aus sieben Nationen mit 79 Punkten den vierten Rang hinter Fiat (120 Punkte), Datsun und Ford (93 respektive 90 Zähler), aber vor den alles andere als chancenlosen Opel Ascona 400 und Talbot Sunbeam Lotus. Vor dem Hintergrund der lediglich sporadischen Beteiligung der Stuttgarter in der WRC-Saison 1980 ist das gewiss ein respektables Resultat, das für die nächsten Jahre zu berechtigten Hoffnungen Anlass bietet. Aber …

Reisecoupé extrem: Impressionen von der 12. Rallye Côte d'Ivoire

Markenzeichen: Die roten Schlammfontänen bestimmen das Bild von der Côte d'Ivoire.

Auf dem Weg zum zweiten Platz: Die Argentinier Jorge Recalde und Nestor Straimel überqueren einen Fluss.

Glorreiche Vergangenheit: Im Stuttgarter Mercedes-Museum stand der Rallye-SLC 2008 zwischen weiteren Motorsportikonen.

Finale triste – jähes Ende

In gewissen Kreisen in Untertürkheim sieht man sich angesichts dieser Erfolge zu Höherem, noch Besserem berufen. Treibende Kraft ist der urwüchsige Rallye-Einsatzleiter Erich Waxenberger, Oberbayer des Jahrgangs 1931, Versuchs- und Entwicklungsingenieur im Hause Mercedes-Benz und eigentlicher Vater des legendären 300 SEL 6.3. Als Headhunter wildert er im altbayerischen Stammesgebiet – und wird auf höchster sportlicher Ebene fündig: Am 1. November 1980 unterschreibt kein Geringerer als Walter Röhrl – der nur ganz knapp vor der Krönung stehende World Champion – zusammen mit seinem Copiloten Christian Geistdörfer bei Mercedes-Benz einen Fünfjahresvertrag. Ein „Vertrag auf Lebenszeit", wie in manchen Quellen zu lesen ist, darf ins Reich der Fabel verwiesen werden.

Als zweites Team ist die finnisch-britische Paarung Ari Vatanen/David Richards vorgesehen. Auch ein neues Kampfgerät ist auserkoren worden und läuft seit Herbst 1980 im Rallye-Versuch unter Einbeziehung von Schotter- und Naturstraßen. Vom SLC hat man sich abgewandt, Einsatzfahrzeug für die beiden kommenden Jahre soll der zweisitzige 500 SL Roadster mit einem aus Gründen der Steifigkeit mit dem Aluminium-Überrollkäfig verschraubten Hardtop sein. Durch den deutlich kürzeren Radstand ist der SL wendiger und durch die herabgesetzte Blechstärke nichttragender Elemente der Bodengruppe sowie Polykarbonat-Seiten- und Heckfenster leichter als das alte Wettbewerbsgerät. Gegenüber dem WRC-SLC werden 236 Kilogramm abgespeckt. Vier solche Rallye-SL entstehen.

Laut Röhrls Autobiographie „Aufschrieb" hatte Mercedes-Teamchef Waxenberger ihm für die Zeit

Schöne Erinnerungen: Der frühere Rallye-Einsatzleiter Erich Waxenberger mit einem der Rallye-SL.

320 PS, fünf Liter, Spurtübersetzung: So hätte der 107 auch in Roadster-Ausführung im Rallyesport mitmischen sollen.

nach 1983 reichlich nebulös ein auf die Rahmenbedingungen der Gruppe B hin entwickeltes Auto mit Mittelmotor und Turbolader in Aussicht gestellt, analog etwa zu Renault 5 Turbo oder Peugeot 205 Turbo 16. Doch Träume sind Schäume – nur drei Tage nach dem Doppelsieg an der Elfenbeinküste, am 17. Dezember 1980, verkündet der Vorstand von Daimler-Benz unter seinem Vorsitzenden Dr. Gerhard Prinz plötzlich und unerwartet den definitiven Ausstieg aus der Rallye-Weltmeisterschaft.

Daran kann auch der spätere Vorstandsvorsitzende Prof. Werner Breitschwerdt – zu diesem Zeitpunkt noch Ressortchef für Entwicklung und Forschung –, der dem Motorsport eher befürwortend gegenübersteht, nichts ändern. Röhrl erhält nach Verhandlungen eine Abfindung von 900.000 DM, wird aus seinem Fünfjahresvertrag entlassen und startet mit seinem bewährten „Co" für kurze Zeit übergangsweise für Porsche. Waxenberger geht als Abteilungsleiter „Vorentwicklung und Versuch" 16 Jahre später mit 65 Jahren in den Ruhestand.

Als Begründung für den unvermittelten Schlussstrich werden in einem Interview die ungenügenden Kapazitäten und die unzureichende Finanzausstattung für erfolgversprechende motorsportliche Aktivitäten angegeben. Insider lesen zwischen den Zeilen, dass daran die aufwändige Konzeption einer unter dem Stern völlig neuen Fahrzeugklasse – der gemeinhin als „190er" bezeichneten Kompaktreihe W 201, die im Herbst 1982 erscheint, – und in deren Kielwasser dann die im Frühjahr 1984 vorgestellte Baumusterfamilie 124 der Mittelklasse nicht unbeteiligt ist.

Angebliche technische Probleme, wie zuweilen in der automobilhistorischen Fachliteratur kolportiert wird, können als Beweggrund für jene Entscheidung ruhig ad acta gelegt werden. Gelegentliches Abscheren von Antriebswellen in Afrika kann angesichts des hohen zu übertragenden Drehmoments der bulligen V8-Maschinen einerseits und des wirkungsvollen Werksservice mit bewährter Ersatzteil-Logistik andererseits nicht als Fiasko bezeichnet werden. Und von „Pannenserien“ kann schon gar keine Rede sein.

Die angeblichen in der Führungsetage herrschenden Zweifel am Wunschdenken, sich in wenigen Wochen bei der Rallye Monte Carlo als Auftaktveranstaltung der Saison 1981 ganz vorne platzieren zu können, erscheinen aus heutiger Sicht schon konkreter. Wie stichhaltig sie sind, lässt sich nur vermuten. Walter Röhrl ist bei Probefahrten mit dem neuen Rallye-SL, die Anfang November 1980 im Hinblick auf die Rallye Monte Carlo am Col de Turini stattfinden, von dem Rallye-Roadster zunächst ziemlich angetan.

Die Eckdaten sprechen eine deutliche Sprache: Ein 320 PS starker Fünfliter-V8 arbeitet im Team mit einer vierstufigen Getriebeautomatik, einer 80-prozentig wirksamen Differenzialsperre und einer auf optimales Beschleunigungsvermögen ausgelegten Antriebsübersetzung von 1:4,08. Während Waxenberger der Daimler-Führungsriege gegenüber das Erringen des Rallye-Weltmeister-Titels mit diesem Auto bis spätestens 1986 – dem Jahr des von Daimler-Benz geprägten 100-jährigen Jubiläums des Automobils – versichert hat, äußert sich Röhrl in punkto Siegeschancen eher verhalten: Bestenfalls sei bei der Markenwertung mit Endresultaten unter den ersten fünf Bewerbern zu rechnen.

Die Konkurrenz ist hellwach und hat längst aufgerüstet. Der aussichtsreichste Mitbewerber ist der in seiner Entwicklung schon weit fortgeschrittene und gleichstarke Audi quattro. Der „Ur-quattro“ mit seinen kompakten Abmessungen, seinem kraftvollen Turbo-Fünfzylinder und seinem permanenten Allradantrieb könnte auch in Untertürkheim als Bedrohung empfunden worden sein, und das ganz und gar nicht zu Unrecht. Bereits in der Saison 1981 siegt der Ur-Quattro nicht nur in einigen wichtigeren nationalen Veranstaltungen, sondern gewinnt im Februar 1981 mit dem Team Mikkola/Hertz seinen ersten Weltmeisterschaftslauf, die 31. Schweden-Rallye.

Noch fünf Monate zuvor hatte dieses Stern-Fahrer-Team auf dem 500 SLC bei einem WRC-Lauf gepunktet und bei der Neuseeland-Rallye einen 3. Platz erreicht, ehe die finnisch-schwedische Paarung wenig später ein kurzes Intermezzo auf Ford Escort RS1800 beginnt. Im nächsten Jahr ist Audi Marken-Weltmeister …

Einer von vier: Ein Quartett von 500 SL wurde für die 1981er Saison aufgebaut.

Arbeitsplatz: Auch Walter Röhrl testete einst den Rallye-SL. Seine Reaktion: verhalten angetan. Und dann kam auch schon der Ur-quattro.

Gedächtnisrunde: Jochen Mass fährt den Rallye-SL 2012 auf dem Ascari Racetrack in Spanien.

16 Motorsportliche Schwanengesänge

CIBIE
CIBIE
A
LI LAG 38
STEIERMARK

Tourenwagenrennen mit dem Mampe-SLC

Vorherige Doppelseite: Dieser 350 SLC von 1972 nahm 2016 an der Planai-Classic teil.

Die Mercedes-Benz-Mitarbeiter Hans Werner Aufrecht und Erhard Melcher gründen am 1. Juni 1967 im württembergischen Großaspach die Firma AMG als (noch) unabhängigen Mercedes-„Friseur", wie man seinerzeit Spezialisten zur Leistungssteigerung salopp bezeichnet. Die Firmenbezeichnung setzt sich aus den Initialen der Gründer und dem Anfangsbuchstaben des Firmensitzes zusammen.

Der erste große sportliche Erfolg gelingt AMG 1971 beim 24-Stunden-Rennen von Spa-Francorchamps in Belgien – einem Lauf zur Tourenwagen-Europameisterschaft – mit der in die Motorsport-Geschichte eingegangenen „Roten Sau". Den aus dem luftgefederten Mercedes 300 SEL 6.3 der Baureihe W 109 entwickelten AMG Mercedes 300 SEL 6.8 pilotieren Hans Heyer und Clemens Schickentanz. Dem martialischen Auftritt entspricht das erfreuliche Resultat des roten Boliden: Klassensieg und zweiter Platz in der Gesamtwertung hinter Dieter Glemsers Ford Capri RS.

AMG verlegt 1976 seinen Firmensitz ins nahe Affalterbach. 1990 kommt es zum Kooperationsvertrag mit Mercedes-Benz, und 1999 übernimmt die damals unter dieser Bezeichnung firmierende DaimlerChrysler AG 51 Prozent der Anteile von Hans Werner Aufrecht, wodurch das Unternehmen in Mercedes-AMG GmbH umbenannt wird. Firmensitz bleibt Affalterbach. Seit Januar 2005 ist die Mercedes-AMG GmbH ein hundertprozentiges Tochterunternehmen der Daimler AG.

Nach dem spektakulären Erfolg der „Roten Sau" ertönt im Oktober 1977 bei AMG der Anpfiff zum Bau eines 450 SLC für die Tourenwagen-Europameisterschaft. Ursprünglich war als Basis das Leichtbaucoupé 450 SLC 5.0 mit Karosserieelementen und dem Fünfliter-Motorblock aus Leichtmetall vorgesehen, wie es im September 1977 von Mercedes-Benz auf der IAA vorgestellt wurde.

Da sich der Serienanlauf allerdings bis Frühjahr 1978 verzögert, muss ein herkömmlicher 450 SLC in der FIA-Gruppe-2-Version homologiert werden, der die Tourenwagen-Europameisterschaft aufmischen soll und dabei gegen Konkurrenten wie TWR-Jaguar XJS und BMW Alpina CSL antreten wird. Das Gewicht lässt sich zwar – vor allem durch Entfernung komfortbetonter Ausstattungsdetails – von 1630 auf 1225 Kilogramm senken, aber an der ziemlich träge schaltenden antiquierten Drei-Stufen-Automatik muss regelkonform festgehalten werden.

Schade, denn bei AMG steht ein hochgradig überlegenes mechanisches Fünfganggetriebe zur Verfügung, aber für den Mercedes SLC ist es nicht homologiert. Ebenso muss der Serien-V8 mit 4520 cm^3 Hubraum beibehalten werden, ihm werden allerdings statt der 217 Serien-PS satte (und wie später zu sehen ist, auch standfeste) 375 PS entlockt, die bei schrillen 6550/min zur Verfügung stehen.

Das Äußere des Renn-SLC steht kaum hinter dem martialischen Auftritt der „Roten Sau" zurück – verglichen mit dem BMW CSL wirkt der schwäbische Streitwagen wie ein brachiales Ungetüm, das flach und lauernd daherkommt. Die gewaltigen BBS-Räder rotieren unter üppigen Kotflügelverbreiterungen, die gemäß Reglement nur 120 Grad des Radausschnitts umfassen dürfen und daher nach hinten teilweise offen sind.

Die vorderen Leuchteinheiten wurden durch einfache und wesentlich leichtere, wie aggressive Wildschweinaugen wirkende Rundscheinwerfer ersetzt, und die Rückleuchten weichen rudimentären Lichtern. Vom Rundstrecken-SLC entstehen bei AMG – teilweise aus gebrauchten Rohkarosserien – drei Exemplare. Eines davon findet beim Testen einen frühen Tod, die beiden anderen fungieren als Einsatzfahrzeug (heute im Fundus des Mercedes-Museums) respektive als Ersatzwagen (heute in den USA in Privatbesitz).

Brachialer Auftritt: Für die Tourenwagen-Europameisterschaft kreiert AMG den 375 PS starken Mampe-SLC.

Silverstone 1978: Ein Motorschaden verhindert Größeres bei der RAC Tourist Trophy.

Als Sponsor wird der Spirituosen-Hersteller Mampe gewonnen, der mit den Renneinsätzen für seinen „Lufthansa-Cocktail" wirbt. Willy Maurer von der Carl Mampe AG unterstützte 1977 auf der Rundstrecke das Ford-Zakspeed-Capri-Team mit dem Fahrer Hans Heyer. 1978 geht das Sponsoring auf das AMG-SLC-Team über, zumal Hans Heyer dort Pilot Nummer eins ist.

Die Fertigstellung der Wettbewerbsfahrzeuge gelingt nur knapp vor dem ersten Saisonlauf, dem Vier-Stunden-Tourenwagenrennen am 26. März 1978 in Monza. Bereits im Training wird klar, dass Bremsen und Kraftübertragung noch verbesserungswürdig sind. Dennoch steht das Coupé auf dem fünften Startplatz, und das Ergebnis kann sich für eine Rennpremiere sehen lassen: dritter Platz im Gesamtklassement für das Team Hans Heyer/Clemens Schickentanz hinter Carlo Facettis BMW 3.0 CSL und einem weiteren BMW.

Auch am Salzburgring reicht es im August 1978 nur zum dritten Platz – Sieger ist wieder Carlo Facetti auf dem BMW CSL. Bei der zur Tourenwagen-Europameisterschaft zählenden RAC Tourist Trophy im englischen Silverstone im September 1978 wird das Team Heyer/Schickentanz durch den Briten Brian Redman verstärkt. Ein unerwarteter Motorschaden verhindert jedoch einen Höhenflug.

Meldungen, wonach 1979 die Teilnahme des AMG-SLC am prestigeträchtigen 24-Stunden-Rennen von Le Mans vorgesehen sei, müssen im Reich der Fabel (oder neudeutsch der Fake News) bleiben. In der Nennungsliste des A.C.O. findet sich jedenfalls keinerlei Hinweis darauf. 1980 wird in Monza der zweite Podiumsplatz erreicht, und endlich kommt es im gleichen Jahr zum Gesamtsieg – dazu noch auf heimischem Boden: Das Team Clemens Schickentanz/Jörg Denzel fährt am 18. Mai 1980 im 6-Stunden-Rennen auf der Nordschleife des Nürburgrings den Gesamtsieg ein.

Eine Erfolgsbilanz von gerade einmal einem Sieg der schwäbischen Streitwagen in fünf Rennen binnen drei Jahren mag dürftig anmuten – ihr Auftritt war es indessen ganz und gar nicht, weder optisch noch akustisch.

Kompromiss: Die üppigen Kotflügelverbreiterungen dürfen nur 120 Grad des Radausschnittes abdecken und sind daher nach hinten offen.

Halboffizielle Rallye-Einsätze mit dem SL

Der für die Rallyesaison 1981 vorgesehene SL-Fuhrpark wird durchaus noch seinem ursprünglichen Zweck zugeführt, wenn auch mehr oder minder auf Sparflamme – aber innerhalb des Einflussbereichs der Daimler-Benz-Organisation. Die political correctness verbietet nach dem konsequenten Ausstieg eine direkte Beteiligung des Stammwerks am Rallyesport.

Dennoch wird beschlossen, die nach dem Gruppe-4-Regelwerk der FIA fertig präparierten und unter der Blattnummer 673 homologierten Autos vereinzelt Händlerteams zum Einsatz bei nationalen, zuweilen auch ausgewählten internationalen Wettbewerben zusammen mit Serviceteams aus Untertürkheim zur Verfügung zu stellen. Erfolgreichster Bewerber ist die Scuderia Kassel – nichts anderes als die Motorsport-Abteilung jener nordhessischen Werksniederlassung. Fahrer sind Holger Bohne, Peter Diekmann, Albert Pfuhl und der Österreicher Josef Haider.

Den Auftakt bildet 1981 die zur Europa-Rallye-Meisterschaft zählende 30. Hessen-Rallye im Juni 1981, die von der Paarung Bohne/Diekmann auf dem dritten Gesamtrang absolviert wird. Dann peilen die Kasseler sogar einen Weltmeisterschaftslauf an: Bei der 23. Rallye San Remo Anfang Oktober 1981, die dank Michèle Mouton zur Audi-quattro-Domäne wird, fällt der 500 SL der Equipe Bohne/Diekmann allerdings mit defekter hinterer Radaufhängung aus.

Bei der Rally South Africa, die zum African Rally Championship (ARC) zählt, bekommt Übersee-Spezialist Albert Pfuhl einen der Gruppe-4-500 SL, fährt damit den fünften Gesamtrang ein und erringt den Klassensieg.

Das Jahr 1982 bringt zwei Einsätze der Scuderia Kassel: Während Sepp Haider und Peter Diekmann bei der 15. AvD-Hunsrück-Rallye im Juli mit einem 450 SLC Coupé aus dem ehemaligen Werks-Arsenal auf den vierten Gesamtrang fahren, treibt dieses Team bei der 1. ADAC-Deutschland-Rallye im Oktober einen Gruppe-4-500 SL auf Platz zwei im Gesamtklassement.

1983 beginnt der Reigen mit der österreichischen 2000-Minuten-ARBÖ-Rallye innerhalb des Alpe Adria Rally Cups im April und sieht Haider/Diekmann – mit einem 500 SLC – im Ziel auf Rang drei, weit vor den Audi Quattros. Bei der 32. Internationalen ADAC-Rallye Hessen im Juni läuft dieses Team mit dem gleichen Wagen ebenfalls auf dem zweiten Rang ein – knapp hinter Erwin Webers Opel Manta 400 und vor Harald Demuths Audi Quattro.

Bei der 16. AvD-Hunsrück-Rallye im Juli kommt dieses Spitzentrio in veränderter Reihenfolge ins Ziel: Weber, Demuth und dann Haider mit dem SLC. Bei der 2. ADAC-Rallye Deutschland startet

Mercedes-Benz 500 SL Rallye: Das Auto wurde für die Saison 1981 aufgebaut, kam aber nicht zum Einsatz. Hier fährt es Jochen Mass 2012 auf dem Ascari Racetrack in Spanien.

Sepp Haider Anfang September 1983 mit Jörg Pattermann als Copilot mit einem der 500 SL und platziert sich hinter Walter Röhrls Lancia 037 Rally auf Rang zwei. Gar nicht schlecht für ein einst als „Boulevard-Sportwagen" belächeltes Auto.

Mit Tempo 200 in der Wüste: Der SLC bei der Rallye Paris-Dakar

1978 hat der Franzose Thierry Sabine den Rallye-Raid-Wettbewerb Paris-Dakar ins Leben gerufen. Die Langstreckenveranstaltung mit langen Wüstenetappen auf dem afrikanischen Kontinent wird für Motorräder, Automobile und Lastkraftwagen ausgeschrieben und steht bald international im Rampenlicht. Mercedes-Benz trägt fünfmal den Sieg in der Truck-Kategorie mit Lkw und Unimog davon. 1983 siegt der belgische Formel-1-Pilot Jacky Ickx mit einem von Daimler-Benz gemeldeten Mercedes 280 GE und dem französischen Filmschauspieler Claude Brasseur als Copiloten bei den Automobilen.

1984 tritt wieder der dem Mercedes-Stern treu verbundene Albert Pfuhl auf den Plan. Er hatte 1982 zusammen mit einem Geschäftspartner den Restbestand der 500-SLC-Flotte des Werks-Rallye-Teams zusammen mit dem Ersatzteilbestand für 850.000 DM erworben. Vorrangiges Ziel ist nun die Teilnahme mit zwei Wagen an der Rallye Paris-Dakar. Als Hauptsponsor wird der Herrenausstatter Hugo Boss gewonnen. Mit Startnummer 154 geht der Formel-1- und Langstreckenpilot Jochen Mass mit dem Amerikaner Stephen Pers auf die Piste, dem zweiten SLC-Team Albert Pfuhl mit dem Afrika-erprobten Hans Schuller wird die Nummer 155 zugeteilt.

Die Autos legen anfangs ein hohes Tempo vor, das dem Fahrwerk abseits befestigter Straßen nicht zuträglich ist: Pfuhl fällt – auf dem sechsten Platz liegend – durch eine gebrochene Vorderradaufhängung weit zurück und fährt auf Rang 44 ins Ziel in Dakar. Mass trifft das Schicksal noch härter: Er läuft nach einem Schaden an der Hinterachse auf Platz 62 ein. Im Ganzen ist das Ergebnis inmitten von Horden allradgetriebener Fahrzeuge eine durchaus beachtliche Leistung.

Kein SL, aber mit Sechszylinder M 110: 1983 platzierten Jacky Ickx und Claude Brasseur diesen 280 GE auf Rang eins bei der Rallye Paris-Dakar.

Ehe Albert Pfuhl bei der Dakar mit seinen 500 SLC auftritt, kämpfen sich die 280 GE durch das Sandmeer des Ténéré - und sind erfolgreicher.

Noch eine Härteprüfung: Zur legendären Paris-Dakar treten 1984 Albert Pfuhl und Hans Schuller an.

Die 107er im klassischen Motorsport heute

Die Langstrecken-Tradition des SLC wird auch in seinem Oldtimer-Dasein artgerecht fortgesetzt: Deutsche, französische, österreichische und schweizerische Bewerber setzen die leistungsfähigen, zuverlässigen und robusten Autos im historischen Motorsport ein. Besonders bei der bereits zum 25. Mal veranstalteten französischen Langstreckenrallye Tour Auto Optic 2000 – eher ein Straßenrennen mit eingestreuten Sonderprüfungen auf Rundstrecken als eine Zuverlässigkeitsfahrt – tauchen immer wieder SLC auf. Übrigens geht es da nicht nur in der zahmeren, auf Gleichmäßigkeit ausgerichteten Kategorie „Régularité" zur Sache, sondern auch teils ausgesprochen robust in der heißen Wettbewerbsklasse „Compétition".

Historischer Motorsport: Augustin Cochin trat 2014 mit seinem 1973er 350 SLC bei der Tour Auto Optic 2000 an – hier auf dem Circuit de Dijon-Prénois –, musste aber wegen eines Defekts die Segel streichen.

Stammgast: Augustin Cochin war auch 2016 wieder bei der Tour Auto dabei. Im rechten Bild lauert der 350 SLC neben einem BMW 3.0 CSL – ebenfalls bei einem Tour-Auto-Event.

Optic 2000
291
HUBLOT
R.POMARES
A.COCHIN
278 RHZ 75

17 Wenn Mainstream nicht behagt

MKB

Die Baureihe 107 individualisiert

Von jeher neigen Menschen dazu, sich durch äußerliche, leicht wahrnehmbare Eigenschaften von ihren Artgenossen abzuheben. Zu solchen Kontrastmitteln zählen nicht nur Kleidung und Frisur oder etwa die Farbe der Hausfassade, sondern eben auch das eigene Auto, das sich von der Uniformität anderer Wagen gleichen Typs unterscheiden sollte. Nicht zuletzt aus diesem Grund blüht das Tuning-Gewerbe.

Waren Tuner – gemäß dem englischen Verb tune für „(ab)stimmen", „einstellen" – einst Spezialisten für die Leistungssteigerung von Serienfahrzeugen, kam bald die Optimierung der Fahrwerke dazu, und schließlich widmete man sich in dieser Branche der ästhetisch nicht immer gelungenen Umgestaltung der Karosserie-Architektur. Deshalb spricht man hier auch gerne von „Veredlern", die nicht selten exportorientiert tätig sind.

In Deutschland sind in diesem Handwerk – soweit auf das Fabrikat Mercedes-Benz spezialisiert – einige Betriebe tätig. Die bekanntesten sind die bereits erwähnte Firma AMG, mittlerweile Tochterunternehmen der Daimler AG, der Mercedes-Vertreter Lorinser Sportservice GmbH im baden-württembergischen Winnenden und Bodo Buschmann mit seinem Unternehmen Brabus, das als selbständiger Automobilhersteller gilt, in Bottrop im Ruhrgebiet.

Weltmeister-Auto: Den AMG 60 SL fuhr einst Formel-1-König Michael Schumacher. Der Sechsliter baut auf dem 560 SL auf und ist Ton in Ton ausgestattet.

AMG

AMG

60 SL

14
15
MKB

Immer gut für Ausgefallenes: Dieser Koenig Special trägt das volle Ornat des klassischen 80er-Jahre-Tunings.

Shooting Brake: Den Condor Sports Estate schuf der britische Karossier Crayford auf Basis des SLC.

Diesen SL ließ sich einst Felix Wankel anfertigen. Das Einzelstück hat die Vierscheiben-Wankel-Technik aus dem C 111.

Spielarten: Immer wieder haben sich weltweit Tuner am 107er versucht. Darunter natürlichklingende Namen wie Lorinser (links oben und Mitte), Brabus (unten rechts) und AMG, teilweise vom japanischen Importeur Yanase präpariert (rechts). Der Lorinser auf der rechten Seite unten ist kein echter, aber schick ausgestattet und seit mehr als 40 Jahren in einer Hand. 2009 haben Andrew Ritter und Mike Burroughs in den USA den Internet-Blog „Stance Works" gegründet, der sich gegen prollige Tuning-Auswüchse einsetzt. Jason Withers hat den 560 SL auf der rechten Seite oben stilsicher präpariert.

STANCE|WORKS

350 SLC
Lorinser
WN JS 338 H

18 Die 107er heute

F KJ798H
MTK SL 84H

Die Liebhaber- und Sammlerszene

Wie bereits erwähnt, soll hier keine Kaufberatung stattfinden. Beim Klassikerkauf helfen die Clubs und natürlich der „Praxisratgeber Klassikerkauf Mercedes Benz 280-560 SL & SLC (R/C 107)“ aus dem HEEL Verlag (ISBN 9783898808972). Welches Modell und welches Baujahr am besten zu ihm passt, entscheidet der Interessent nach gründlicher Information am besten selbst.

Mancher wird sich wegen des ausgeprägteren Oldtimer-Charakters ungeachtet der korrosionswirksamen Strich-Acht-Gene den frühen Modellen zuwenden, andere eher den deutlich ausgereifteren Spätlingen. Immerhin sind in 18 Jahren permanenter Weiterentwicklung mehr als eintausend Detailänderungen in die Serie eingegangen.

Längst sind die einzelnen Modelle der Doppelbaureihe R/C 107 mit steilem Preisanstieg zur soliden Kapitalanlage mit günstiger Prognose geworden. In der nicht allzu langen Zeit, in der das Manuskript zum vorliegenden Buch erstellt wurde, verdoppelten sich die Preise geradezu – und ein Ende des Auftriebs ist nicht abzusehen. Auffälligerweise liegen die Sechszylinder- und die V8-Typen in der Werteskala nun immer näher beieinander. Die Coupés haben ihren Preisabstand zu den Zweisitzern merklich verkürzt.

Was den Bestand an Hundertsiebenern betrifft, so sind in der Bundesrepublik Deutschland knapp 20.000 Fahrzeuge in Betrieb, wobei ein Anteil von 85 Prozent auf die zweisitzigen Tourensportwagen entfällt. Die häufigsten noch zugelassenen Modelle sind erwartungsgemäß die Sechszylinder 280 SL und 300 SL.

Mit der Erfüllung des vorgeschriebenen Mindestalters von 30 Jahren sind in Deutschland alle SLC für die Zuteilung eines Oldtimer-Kennzeichens („H-Nummer“) geeignet. Ab August 2019 kommen auch die Eigner der letzten gebauten SL-Roadster in den Genuss des begehrten Kennzeichens. Dem Youngtimer-Status der jüngsten Autos kommt ihre steuervergünstigte Schadstoffklassen-Einteilung nach Euro 2 entgegen, denn ab September 1986 waren die Fahrzeuge serienmäßig mit geregeltem Drei-Wege-Katalysator (G-KAT) ausgerüstet.

Demnächst dürfen alle 107er das H-Kennzeichen führen. Im August 2019 ist auch der jüngste mindestens 30 Jahre alt.

E10-Verträglichkeit

Auszug aus der Liste der Deutschen Automobil Treuhand GmbH (DAT) vom 1. März 2011

Auch die Typen der Baumusterfamilie 107 sind den verkehrs- und umweltpolitischen Zeitläuften unterworfen – darunter fällt seit 2011der flächendeckend verfügbare Bio-Kraftstoff: Nicht für den Betrieb mit dem sozioökologisch nach wie vor umstrittenen E10-Kraftstoff, der bis zu zehn Prozent des aus Feldfrüchten (in erster Linie Getreide) gewonnenen Bio-Ethanol enthält, freigegeben sind laut Hersteller alle Mercedes-Benz-Personenwagen ohne geregelten Drei-Wege-Katalysator, in der Regel also Fahrzeuge vor Baujahr 1985.

Nicht E10-tauglich sind nach einer Liste des Herstellers zudem folgende Modelle der Baureihe 107:

Modell	gebaut von	gebaut bis
280 SL	05.1974	08.1985
350 SL	11.1970	03.1980
450 SL	03.1971	11.1980
380 SL	02.1980	10.1985
500 SL	04.1980	09.1985
300 SL*	05.1985	08.1989
420 SL*	07.1985	08.1989
500 SL*	09.1985	08.1989
560 SL*	06.1985	08.1989

* Anmerkung des Herstellers:
nur Fahrzeuge ohne geregelten Katalysator

Das typenbezogene Clubleben für die Hundertsiebener

In erster Linie kümmert sich der 2003 gegründete und von der Daimler A.G. anerkannte Typenclub mit dem etwas sperrigen Namen „Mercedes-Benz R/C 107 SL-Club Deutschland e.V." (www.107sl-club.de) um die Baureihe 107. Er hat momentan rund 4300 Mitglieder, die in vielen Regionaltreffs dezentral organisiert sind. Das Schwergewicht liegt auf Nordrhein-Westfalen – das ist schließlich auch das volkreichste Bundesland –, gefolgt von Baden-Württemberg und Bayern. Im Mitgliedsbeitrag von zur Zeit der Manuskripterstellung jährlich 65 € ist der Bezug der viermal im Jahr erscheinenden, ansprechend aufgemachten Clubzeitschrift „107 Klassik" enthalten. Die einmalige Aufnahmegebühr beläuft sich auf 45 €. Für Erfahrungsaustausch und Hilfe bei Technik-Problemen steht ein Internet-Forum zur Verfügung.

Auch die ebenfalls beim Mutterhaus der Marke akkreditierte, aus der 1979 gegründeten „IG Ponton" hervorgegangene und 2200 Mitglieder starke Mercedes-Benz Interessengemeinschaft e.V. (MBIG) betreut die 107er (www.mbig.de). Der Jahresbeitrag in Höhe von 70 € enthält den Bezug der ebenfalls in Inhalt und Aufmachung hervorragenden Clubzeitschrift „PontonKurier", die einmalig erhobene Aufnahmegebühr liegt bei 20 €.

In der Schweiz ist der „Mercedes-Benz SL-Club Schweiz" (www.sl-club.ch) für die 107er zuständig, während sie in den Niederlanden vom „Mercedes-Benz R/C 107 Club Nederland" (www.mb107sl-club.nl) umsorgt werden.

Endstation: Was gerettet werden kann, wird auch gerettet. Diese beiden hier taugen aber höchstens noch als Teilespender.

19 Technische Daten

TECHNISCHE DATEN Baureihe R 107		**Sechszylinder-Roadster**	
	Typ	**280 SL**	**300 SL**
Modell	Baumuster	R 107 E 28; 107.042	R 107 E 30; 107.041
	Karosserieform	zweisitziger Roadster mit optionalen hinteren Notsitzen	
	Bauzeit	August 1974 - August 1985	September 1985 - August 1989
Motor	Bauart (Viertakt-Ottomotor)	Reihen-6-Zyl. M 110 E 28	Reihen-6-Zyl. M 103 E 30
	Hubraum in cm^3	2746	2962
	Bohrung x Hub in mm	86,0 x 78,8	88,5 x 80,25
	Leistung in PS/kW bei min^{-1}	185/136 bei 6000; ab Febr. 1976: 177/150 bei 6000; ab April 1978: 185/136 bei 5800	188/138 (KAT: 180/132) bei 5700
	max. Drehmoment in Nm bei min^{-1}	238 bei 4500; ab Febr. 1976: 233 bei 4500; ab April 1978: 240 bei 4500	255 (KAT: 250) bei 4400
	Ventilsteuerung; Ventile pro Zylinder	2 obenliegende Nockenwellen (dohc), Doppelrollenkette; 2	1 obenliegende Nockenwelle (ohc), Einfachrollenkette; 2
	Gemischaufbereitung	Saugrohr-Benzineinspritzung Bosch D-Jetronic, elektronisch geregelt; ab Februar 1976: Bosch K-Jetronic, mechanisch geregelt	Saugrohr-Benzineinspritzung Bosch-KE-Jetronic, mechanisch-elektronisch geregelt; a.W. geregelter 3-Wege-Katalysator, ab Sept. 1986 Serie
	Verdichtung	9,0; ab Febr. 1976: 8,7; ab April 1978: 9,0	9,2
	Bordelektrik	12 V; Batterie 55 Ah	12 V; Batterie 62 Ah
	Drehstrom-Lichtmaschine	770 Watt	980 Watt
Kraftübertragung	Getriebe	4-Gang-Schaltgetriebe; a.W. 5-Gang-Schaltgetriebe (ab Sept.1981 Serie); a.W. 4-Stufen-Automatik	5-Gang-Schaltgetriebe; a.W. 4-Stufen-Automatik
	Antrieb	Hinterräder	
Rahmen, Fahrwerk	Aufbau	selbsttragende Ganzstahlkarosserie	
	Radaufhängung vorn	einzeln an Doppelquerlenkern	
	Radaufhängung hinten	einzeln an Schräglenkern	
	Lenkung	Kugelumlauf-Servolenkung	
	Bremsen	hydraulische Zweikreis-Bremsanlage mit Unterdruck-Bremskraftverstärker; 4 Scheiben, vorne innenbelüftet; ab März 1980: a.W. Anti-Blockier-System	hydraulische Zweikreis-Bremsanlage mit Unterdruck-Bremskraftverstärker; 4 Scheiben, vorne innenbelüftet; a.W. Anti-Blockier-System, ab Dezember 1986 Serie
	Felgengröße	6½ J x 14 H 2	7 J x 15 H 2
	Reifendimension	185 HR 14; ab März 1980: 195/70 R 14 89 H	205/65 VR 15
Maße und Gewichte	Radstand in mm	2460	
	Spur vorne / hinten in mm	1452/1440	1465/1466
	Länge / Breite / Höhe (mit geschlossenem Verdeck) in mm	4390/1790/1300	4390/1790/1305
	Leergewicht in kg (Hardtop +40 kg)	1500	1510
	Tankinhalt in l	-	
Leistungsdaten	Höchstgeschwindigkeit in km/h	205; ab Februar 1976: 200	203; KAT-Version: 200
	Beschleunigung 0-100 km/h in s	10,1	9,4; KAT-Version: 9,8
	Kraftstoffverbrauch in l/100 km	12,5	11,3; KAT-Version: 11,6
Sonstiges	Stückzahl	25.436	13.742
	Preis bei Markteinführung / bei Produktionsende	DM 32.445,30 / DM 58.995,00	DM 63.441,00 / DM 75.126,00

V8-Roadster

350 SL	450 SL	380 SL
R 107 E 35; 107.043	R 107 E 45; 107.044	R 107 E 38; 107.045
zweisitziger Roadster mit optionalen hinteren Notsitzen		
April 1971 - März 1980	Juli 1971 - Nov. 1980	Juni 1980 - Okt. 1985
V8-Motor M 116 E 35	V8-Motor M 117 E 45	V8-Motor M 116 E 38
3499	4520	3818; ab 10/1981: 3839
92,0 x 65,8	92,0 x 85,0	92,0 x 71,8; ab 10/1981: 88,0 x 78,9
200/147 bei 5800; ab 02/1976: 195/143 bei 5600	225/165 bei 5000; ab 11/1975: 217/160 bei 5000	218/160 bei 5500; ab 10/1981: 204/150 bei 5250
286 bei 4000; ab 02/1976: 275 bei 4000	378 bei 3000; ab 11/1975: 360 bei 3250	299 bei 4000; ab 10/1981: 315 bei 3250
je Zylinderbank 1 obenliegende Nockenwelle (ohc), Doppelrollenkette (380 SL US-Version: bis 06/1984 Einfachrollenkette, danach ebenfalls Duplexkette); 2		
Saugrohr-Benzineinspritzung Bosch D-Jetronic, elektronisch geregelt; ab 02/1976: Bosch K-Jetronic, mechanisch geregelt		Saugrohr-Benzineinspritzung Bosch KA-Jetronic, mechanisch geregelt
9,5; ab 02/1976: 9,0	8,8	9,0; ab 10/1981: 9,4
12 V; Batterie 66 Ah		
770 W		980 W
4-Gang-Schaltgetriebe; a.W. 4-Stufen-Automatik, ab 07/1972 3-Stufen-Automatik	3-Stufen-Automatik	4-Stufen-Automatik
Hinterräder		
selbsttragende Ganzstahlkarosserie		
einzeln an Doppelquerlenkern		
einzeln an Schräglenkern	Koppelachse mit Anfahrmoment- und Bremsnickabstützung	
Kugelumlauf-Servolenkung		
hydraulische Zweikreis-Bremsanlage mit Unterdruck-Bremskraftverstärker; 4 Scheiben, vorne innenbelüftet		hydraulische Zweikreis-Bremsanlage mit Unterdruck-Bremskraftverstärker; 4 Scheiben, vorne innenbelüftet; a.W. Anti-Blockier-System
6½ J x 14 H 2		
205/70 VR 14w		
2460	2455	
1452/1440		
4390/1790/1300		
1540	1580	1540
90		90; ab Oktober 1981: 85
210; ab 02/1976: 205	215; ab 11/1975: 210	215; ab 10/1981: 205
8,8; ab 02/1976: 9,5	8,8; ab 11/1975: 9,3	9,0; ab 10/1981: 9,8
13,0	14,5	14,6; ab 10/1981: 11,6
15.304	66.298	53.200
DM 29.970 / DM 43.143,40	DM 36.630,00 (03/1973, vorher nur Export nach Nordamerika, dort $ 10.500) / DM 48.092,80	DM 54.014,00 / DM 74.043,00

TECHNISCHE DATEN Baureihe C 107		V8-Roadster	
	Typ	**500 SL**	**420 SL**
Modell	Baumuster	R 107 E 50; 107.046	R 107 E 42; 107.047
	Karosserieform	zweisitziger Roadster mit optionalen hinteren Notsitzen	
	Bauzeit	April 1980 - Aug. 1989	Nov. 1985 - Aug. 1989
Motor	Bauart (Viertakt-Ottomotor)	V8-Motor M 117 E 50	V8-Motor M 116 E 42
	Hubraum in cm^3	5025; ab 09/1985: 4973	4196
	Bohrung x Hub in mm	97,0 x 85,0; ab 09/1979: 96,5 x 85,0	92,0 x 78,9
	Leistung in PS/kW bei min^{-1}	240/177 bei 5000; ab 10/1981: 231/170 bei 4750; ab 09/1985: 245/180 bei 4750; KAT-Version 223/164 bei 4700	218/160 (KAT-Version: 204/150) bei 5200
	max. Drehmoment in Nm bei min^{-1}	402 bei 3200; ab 10/1981: 404 bei 3000; ab 09/1985: 392 bei 3750; KAT-Version 358 bei 3500	324 (KAT-Version: 304) bei 3600
	Ventilsteuerung; Ventile pro Zylinder	je Zylinderbank 1 obenliegende Nockenwelle (ohc), Doppelrollenkette (380 SL US-Version: bis 06/1984 Einfachrollenkette, danach ebenfalls Duplexkette); 2	
	Gemischaufbereitung	Saugrohr-Benzineinspritzung Bosch KA-Jetronic, mechanisch geregelt; ab 09/1985: Bosch KE-III-Jetronic, mech.-elektron. geregelt; ab 09/1986 geregelter 3-Wege-Katalysator	Saugrohr-Benzineinspritzung Bosch KE-III-Jetronic, mechanisch-elektronisch geregelt; a.W. geregelter 3-Wege-Katalysator, ab 09/1986 Serie
	Verdichtung	8,8; ab 10/1981: 9,2; ab 09/1985: 9,0	9,0
	Bordelektrik	12 V; Batterie 66 Ah	
	Lichtmaschine	980 W	
Kraftübertragung	Getriebe	4-Stufen-Automatik	
	Antrieb	Hinterräder	
Rahmen, Fahrwerk	Aufbau	selbsttragende Ganzstahlkarosserie	
	Radaufhängung vorn	einzeln an Doppelquerlenkern	
	Radaufhängung hinten	Koppelachse mit Anfahrmoment- und Bremsnickabstützung	
	Lenkung	Kugelumlauf-Servolenkung	
	Bremsen	hydraulische Zweikreis-Bremsanlage mit Unterdruck-Bremskraftverstärker; 4 Scheiben, vorne innenbelüftet; a.W. Anti-Blockier-System, ab September 1985 Serie	hydraulische Zweikreis-Bremsanlage mit Unterdruck-Bremskraftverstärker; 4 Scheiben, vorne innenbelüftet; Anti-Blockier-System
	Felgengröße	6½ J x 14 H 2; ab 09/1985: 7 J x 15 H 2	7 J x 15 H 2
	Reifendimension	205/70 VR 14; ab 09/1985: 205/65 VR 15	205/65 VR 15
Maße und Gewichte	Radstand in mm	2455	
	Spur vorne / hinten in mm	1452/1440; ab 09/1985: 1465/1466	1465 / 1466
	Länge / Breite / Höhe in mm	4390/1790/1300; ab 09/1985: 4390/1790/1307	4390/1790/1307
	Leergewicht in kg	1540; ab 09/1985: 1610	1600
	Tankinhalt in l	90; ab Oktober 1981: 85	85
Leistungsdaten	Höchstgeschwindigkeit in km/h	225; ab 10/1981: 220; ab 09/1985: 225, KAT-Version 215	213; KAT-Version: 205
	Beschleunigung 0-100 km/h in s	7,8; ab 10/1981: 8,1; ab 09/1985: 7,3; KAT-Version 7,8	8,5; KAT-Version: 9,0
	Kraftstoffverbrauch in l/100 km	14,7; ab 10/1981: 12,2; ab 09/1985: 12,3; KAT-Version 13,0	11,9; KAT-Version: 12,5
Sonstiges	Stückzahl	11.812	2148
	Preis bei Markteinführung/bei Produktionsende	DM 61.924,00 / DM 100.890,00	DM 80.826,00 / DM 91.827,00

	SLC-Coupés	
560 SL	**350 SLC**	**450 SLC**
R 107 E 56; 107.048	C 107 E 35; 107.023	C 107 E 45; 107.024
	zweitüriges, fünfsitziges Coupé	
Sept. 1985 - Aug. 1989	Febr. 1972 - März 1980	Juli 1972 - Okt. 1980
V8-Motor M 117 E 56	V8-Motor M 116 E 35	V8-Motor M 117 E 45
5547	3499	4520
96,5 x 94,8	92,0 x 65,8	92,0 x 85,0
227 SAE-hp (230 DIN-PS/170 kW) bei 4750	200/147 bei 5800; ab 02/1976: 195/143 bei 5600	225/165 bei 5000; ab 11/1975: 217/160 bei 5000
373 bei 3250	286 bei 4000; ab 02/1976: 275 bei 4000	378 bei 3000; ab 11/1975: 360 bei 3250
je Zylinderbank 1 obenliegende Nockenwelle (ohc), Doppelrollenkette (380 SL US-Version: bis 06/1984 Einfachrollenkette, danach ebenfalls Duplexkette); 2	pro Zylinderbank 1 obenliegende Nockenwelle (ohc), Doppelrollenkette); 2	
Saugrohr-Benzineinspritzung Bosch KE-III-Jetronic, mechanisch-elektronisch geregelt; geregelter 3-Wege-Katalysator	Saugrohr-Benzineinspritzung Bosch D-Jetronic, elektronisch geregelt ; ab 02/1976: Bosch K-Jetronic, mechanisch geregelt	
9,0	9,5; ab 02/1976: 9,0	8,8
12 V; Batterie 66 Ah	12 V; Batterie 66 Ah	
980 W	770 W	
4-Stufen-Automatik	4-Gang-Schaltgetriebe; a.W. 3-Stufen-Automatik	3-Stufen-Automatik
Hinterräder	Hinterräder	
selbsttragende Ganzstahlkarosserie	selbsttragende Ganzstahlkarosserie	
einzeln an Doppelquerlenkern	einzeln an Doppelquerlenkern	
Koppelachse mit Anfahrmoment- und Bremsnickabstützung	einzeln an Schräglenkern; ab 09/1972: a.W. hydropneumatische Niveauregulierung	Koppelachse mit Anfahrmoment- und Bremsnickabstützung; a.W. hydropneumatische Niveauregulierung
Kugelumlauf-Servolenkung	Kugelumlauf-Servolenkung	
hydraulische Zweikreis-Bremsanlage mit Unterdruck-Bremskraftverstärker; 4 Scheiben, vorne innenbelüftet; Anti-Blockier-System	hydraulische Zweikreis-Bremsanlage mit Unterdruck-Bremskraftverstärker; 4 Scheiben, vorne innenbelüftet	
7 J x 15 H 2	6½ J x 14 H 2	
205/65 VR 15	205/70 VR 14	
2455	2820	2815
1465 / 1466	1452/1440	
4580/1790/1300	4750/1790/1330	
1715; ab 10/1986: 1680	1590	1630
85	90	
223	205; ab 02/1976: 200	215; ab 11/1975: 210
7,7	9,5; ab 02/1976: 10,1	8,8; ab 11/1975: 9,3
n.a.	13,0	14,5
49.347	13.925	31.739
$ 48.600 / $ 64.230 (USA; Exportmodell, im Inland nicht erhältlich)	DM 35.631 / DM 50.081,60	DM 31.739 (ab 03/1973, vorher nur Export nach Nordamerika) / DM 55.031,00

TECHNISCHE DATEN Baureihe C 107		SLC-Coupés	
	Typ	**280 SLC**	**450 SLC 5.0**
Modell	Baumuster	C 107 E 28; 107.022	C 107 E 50; 107.026
	Karosserieform	zweitüriges, fünfsitziges Coupé	
	Bauzeit	Aug. 1974 - Sept. 1981	Mai 1978 - März 1980
Motor	Bauart (Viertakt-Ottomotor)	Reihen-6-Zyl. M 110 E 28	V8-Motor M 117 E 50
	Hubraum in cm^3	2746	5025; ab 03.05.79: 4973
	Bohrung x Hub in mm	86,0 x 78,8	97,0 x 85,0; ab 03.05.1979: 96,5 x 85,0
	Leistung in PS/kW bei min^{-1}	185/136 bei 6000; ab 02/1976: 177/150 bei 6000; ab 04/1978: 185/136 bei 5800	240/177 bei 5000
	max. Drehmoment in Nm bei min^{-1}	238 bei 4500; ab 02/1976: 233 bei 4500; ab 04/1978: 240 bei 4500	404 bei 3200
	Ventilsteuerung; Ventile pro Zylinder	2 obenliegende Nockenwellen (dohc), Doppelrollenkette; 2	je Zylinderbank 1 obenliegende Nockenwelle (ohc), Doppelrollenkette); 2
	Gemischaufbereitung	Saugrohr-Benzineinspritzung Bosch D-Jetronic, elektronisch geregelt ; ab 02/1976: Bosch K-Jetronic, mechanisch geregelt	Saugrohr-Benzineinspritzung Bosch K-Jetronic, mechanisch geregelt
	Verdichtung	9,0; ab 02/1976: 8,7; ab 04/1978: 9,0	8,8
	Bordelektrik	12 V; Batterie 55 Ah	12 V; Batterie 66 Ah
	Lichtmaschine	770 W	
Kraftübertragung	Getriebe	4-Gang-Schaltgetriebe; a.W. bis 06/1976 5-Gang-Schaltgetriebe; a.W. 4-Stufen-Automatik	3-Stufen-Automatik
	Antrieb	Hinterräder	
Rahmen, Fahrwerk	Aufbau	selbsttragende Ganzstahlkarosserie	
	Radaufhängung vorn	einzeln an Doppelquerlenkern	
	Radaufhängung hinten	einzeln an Schräglenkern	Koppelachse mit Anfahrmoment- und Bremsnickabstützung; a.W. hydropneumatische Niveauregulierung
	Lenkung	Kugelumlauf-Servolenkung	
	Bremsen	hydraulische Zweikreis-Bremsanlage mit Unterdruck-Bremskraftverstärker; 4 Scheiben, vorne innenbelüftet; ab 03/1980: a.W. Anti-Blockier-System	hydraulische Zweikreis-Bremsanlage mit Unterdruck-Bremskraftverstärker; 4 Scheiben, vorne innenbelüftet
	Felgengröße	6½ J x 14 H 2	
	Reifendimension	185 HR 14; ab März 1980: 195/70 R 14 89 H	205/70 VR 14
Maße und Gewichte	Radstand in mm	2820	2815
	Spur vorne / hinten in mm	1452/1440	
	Länge / Breite / Höhe in mm	4750/1790/1330	
	Leergewicht in kg	1550	1515
	Tankinhalt in l	90	
Leistungsdaten	Höchstgeschwindigkeit in km/h	205; ab 02/1976: 200	225
	Beschleunigung 0-100 km/h in s	10,1	8,5
	Kraftstoffverbrauch in l/100 km	12,5	14,5
Sonstiges	Stückzahl	10.666	1615
	Preis bei Markteinführung/bei Produktionsende	DM 37 218,30 / DM 51.799,20	DM 62.272 / DM 65.517,40

500 SLC	380 SLC
C 107 E 50; 107.026	C 107 E 38; 107.025
zweitüriges, fünfsitziges Coupé	
März 1980 - Sept. 1981	Mai 1980 - Sept. 1981
V8-Motor M 117 E 50	V8-Motor M 116 E 38
4973	3818
96,5 x 85,0	92,0 x 71,8
240/177 bei 5000	218/160 bei 5500
404 bei 3200	299 bei 4000
je Zylinderbank 1 obenliegende Nockenwelle (ohc), Doppelrollenkette); 2	
Saugrohr-Benzineinspritzung Bosch K-Jetronic, mechanisch geregelt	
8,8	9,0
12 V; Batterie 66 Ah	
980 W	
4-Stufen-Automatik	
Hinterräder	
selbsttragende Ganzstahlkarosserie	
einzeln an Doppelquerlenkern	
Koppelachse mit Anfahrmoment- und Bremsnickabstützung; a.W. hydropneumatische Niveauregulierung	einzeln an Schräglenkern
Kugelumlauf-Servolenkung	
hydraulische Zweikreis-Bremsanlage mit Unterdruck-Bremskraftverstärker; 4 Scheiben, vorne innenbelüftet; a.W. Anti-Blockier-System	
6½ J x 14 H 2	
205/70 VR 14	
2815	2820
1452/1440	
4750/1790/1330	
1515	1560
90	
225	215
7,8	9,0
14,5	14,6
1154	3789
DM 67.122 / DM 70.715,40	DM 57.743 / DM 60.850,50

Nur ein Extrakt: Prominente Besitzer der Baureihe R/C 107 – ohne jeglichen Anspruch auf Vollständigkeit

Besitzer	Modell
Lys Assia, Sängerin und Schauspielerin	350 SLC
Ali Aref Bourhan, Präsident der Republik Djibouti	350 SL
Prof. Werner Breitschwerdt, Vorstands-Vorsitzender Daimler-Benz	280 SL
Bernd Clüver, Schlagersänger	450 SL
Patrick Depailler, Formel-1-Pilot	450 SLC 5.0
Kurt Edelhagen, Bigband-Leader	350 SL
Hans-Joachim „Roy" Etzel, Komponist, Dirigent und Trompeter	350 SL
Uschi Glas, Schauspielerin	350 SL
Karel Gott, Sänger	280 SL
Heinrich Harrer, Forscher und Bergsteiger	350 SLC
Heino (Heinz Georg Kramm), Sänger	350 SL
Ulrich „Uli" Hoeneß, Fußballspieler und -manager	450 SL
Horst Hrubesch, Fußballspieler und -trainer	450 SLC
Jean-Pierre Jarier, Formel-1-Pilot	450 SLC 5.0
Curd Jürgens, Schauspieler	450 SL
Udo Jürgens, Komponist und Sänger	350 SL
Kevin Keegan, Fußballer und Popsänger	450 SLC
Birgit Keil, Primaballerina	280 SL
Heinz-Günther Konsalik, Schriftsteller	450 SL
Rodney „Rod" Laver, Tennis-Star	450 SLC
Peter Maffay, Musiker, Sänger, Schauspieler und Komponist	350 SL
Diego Maradona, Fußballstar	500 SLC
Jürgen Marcus, Schlagersänger	350 SLC
Tony Marshall, Schlagersänger	350 SLC, 500 SL
Mario del Monaco, Opernsänger (Tenor)	350 SL
Gerhard „Gerd" Müller, Star-Fußballer	450 SLC
Marie-Theres Nadig, Ski-Weltcup-Siegerin	280 SL
Heinz Oestergaard, Modedesigner	350 SL, 280 SL
Daniel „Dan" Rowan, Komiker und Schauspieler	450 SL
John Russell, 13th Duke of Bedford	350 SLC
Karl-Heinz Schnellinger, Fußballspieler	450 SLC
Margit Sponheimer, Schauspielerin und Karnevalssängerin	450 SLC
Ernst „Erry" Stoklosa, Sänger und Gitarrist der „Bläck Fööss"	300 SL
John Surtees, Formel-1-Weltmeister	450 SLC
Donald Trump, seit 20. Januar 2017 US-Präsident	560 SL
Robert Vaughn, Schauspieler	350 SL
John Watson, Formel 1-Pilot	450 SLC
Hannelore „Hanni" Wenzel, Ski-Weltmeisterin	500 SLC
Roger Whittaker, Schlagersänger	450 SLC
Bernhard Wicki, Filmregisseur und Schauspieler	450 SLC

BB·EF 300

Anhang – Die 107er-Codes

MTK SL 81H

Inhalt

BN KF 500H

Die 107er Codes – entschlüsselt und erklärt

Es gibt in der langen Geschichte der Auseinandersetzung mit den vielen Spezialitäten des Hauses Mercedes-Benz ein paar Dinge, die wahrscheinlich ewig überdauern werden. Eins davon ist die berühmte Mär vom „Vollausstatter", wie in Verkaufsannoncen gern mal gut ausgestattete Mercedes angepriesen werden. Da mag noch so oft darauf hingewiesen sein, dass sich zumindest in den vergangenen 50 Jahren schon aus technischen Gründen gar nicht alles in ein Auto hineinpacken ließ, was es so als Sonderausstattung gab.

Nun, das Thema Sonderausstattung mit seinen eng verwandten Sujets Polster und Farben fasziniert heute vielleicht mehr denn je viele Besitzer und Fans. Um möglichst genau Aufschluss zu geben über die Vielfalt hinter den Verschlüsselungen, gestattet dieser große Datenteil den genauen Blick auf die 107er-Codes.

Die minutiöse Sammlung, Auswertung und Zusammenstellung verdanken wir Hans-Peter Lange, Diplom-Ingenieur und Leiter des Archivs der Mercedes-Benz Interessengemeinschaft e.V. (MBIG), der sich unter anderem der Baureihe 126, der zweiten S-Klasse von Mercedes-Benz, gewidmet hat und sich nun auch eingehend mit der Roadster- und Coupé-Reihe 107 befasst hat. Er hat alle in der Vertriebsliteratur erschienenen Codes gesammelt, sie in ihrer ganzen Vielfalt systematisch geordnet und in einer ganzen Reihe von Tabellen so detailliert wie übersichtlich dargestellt.

Typische Preislisten und Kataloge sind in diesem Anhang beispielhaft abgebildet. Ziel ist es, die Originalität der Fahrzeuge gerade in ihrer unvergleichlichen Vielfalt darzustellen. Gegenüber einer aufgemotzten Prestige-Ausstattung, just bekannt als die notorische Vollausstattung, soll der gepflegten, einfachen Sportwagen-Ausstattung in ihrer Originalität der Vorzug unter den modernen Klassikern eingeräumt werden.

Das von Mercedes-Benz herausgegebene interne Handbuch „Code-Übersicht für Sonderausstattungen" listete ebenfalls diese SA-Codes auf, wurde aber zur Unterstützung des Vertriebs regelmäßig aktualisiert – überschrieb also regelmäßig die nicht mehr im aktuellen Angebot befindlichen Sonderausstattungen. Hier sind nun alle, auch die längst in der Datenverarbeitung überschriebenen Codes konserviert und aufgelistet. Der damalige Auslieferungszustand wird nachträglich wieder sichtbar und nachvollziehbar.

Jeder Besitzer kann nun die Codes seines Fahrzeuges selbst entschlüsseln und damit ein Stück weit dessen Originalität überprüfen, ohne sich auf unsichere Internet-Tabellen beziehen zu müssen. Der originale SL-Roadster und das attraktive SL-Coupé werden in ihrer Originalität transparent.

Die MB-Vertriebsliteratur, von Dr. Thomas Giesefeld vor Jahren systematisch erschlossen, und in wissenschaftlicher Kleinauflage publiziert, wird ergänzend dargestellt und in ihrer unterschiedlichen Gestaltung an Beispielen gezeigt. Ihre Beschreibung in den Tabellen erleichtert es, etwa auf Auktionen, diese Kataloge und Preislisten genau zum Fahrzeug passend zu erwerben und somit den eigenen Originalitätsnachweis optisch abzurunden.

BN WG 164H

Ein begehrter Klassiker – wertvoll, aber auch original?

Nach den sportlichen 300-SL-Flügeltürer- und Roadster-Typen der frühen Jahre wurden die nachfolgenden SL-Baureihen von Beginn an als zeitlos-stilvoll empfunden und von Sammlern weltweit früh geschätzt. Bei der Baureihe 107 schwächte die lange Produktionsdauer diesen Effekt erstmals deutlich ab. Doch die Solidität und der Komfort der SL lassen nun auch den Pagoden-Nachfolger immer beliebter werden.

Angesichts des einmalig großen Produktionserfolges und der damit einhergehenden recht hohen Stückzahlen dieses Serienproduktes gibt es von dieser SL-Klasse tatsächlich immer noch verbastelte Fahrzeuge im Alltagsbetrieb. Glücklicherweise ist auch die Zahl original erhaltener Exemplare, teils noch mit Jahreswagen-Anmutung und geringer Laufleistung, recht hoch, und sie sind es, die schon immer den Sammler schwach werden ließen.

Hinzu kommen neuerdings immer mehr Fahrzeuge etwa aus Japan mit auffallend niedrigen Tachoständen, aus Nordamerika kommend, mit von der Sonne geschädigtem Innenraum und mit später nachgerüsteten Ausstattungen. Die 107er waren gerade in den USA höchst beliebt, auch wenn sie dort mit niederverdichteten NV-Motoren deutlich schwächer motorisiert waren als im Heimatland.

Um den US-Umweltforderungen gerecht zu werden, gab es nur dort die 560 SL mit 227 Kat-PS, die leistungsmäßig knapp an die deutschen 500 SL mit ihren 231 Kat-PS heranreichten. Die größere Nachfrage hierzulande bringt sie nun verstärkt zurück: Im Mai 2017 waren beim deutschen MB R/C 107 Club bereits 310 Exemplare des US-Typs 560 SL notiert, die bevorzugt auf deutsches Erscheinungsbild umgebaut wurden. Kein Wunder, dass schnell die europäischen Stoßstangen und Scheinwerfer kaum mehr lieferbar sind.

In den nachfolgenden Tabellen werden die vielfältigen Polster-, Lack- und Ausstattungscodes monatsgenau aufgelistet und in ihrer zeitgenössischen Begrifflichkeit wiedergegeben. Ziel dieser Darstellung ist es, dem qualitätsorientierten Liebhaber und Sammler in der oben dargestellten Situation eine detailgenaue Orientierung zu verschaffen, die ihm hilft, den möglichst originalen Zustand seines Fahrzeugs („matching numbers") anhand der Inhalte der Datenkarte seriös einzuschätzen.

Nur die Datenkarte enthält jene Polster-, Lack- und Ausstattungs-Codes zum Zeitpunkt der Auslieferung, zu denen es jetzt die exakte Entschlüsselung gibt, auch wenn damals die Begriffe mitunter nur geringfügig verändert wurden. Die Originalität des einzelnen Fahrzeugs wird transparent und ist neben der regelmäßigen Pflege und Wartung eine weitere Voraussetzung für länger anhaltende Freude und weiteren Werterhalt.

Die MB-Vertriebsliteratur dient dieser Dokumentation durchgängig als Primär-Quelle, genauso, wie sie es für den zeitgenössischen Erst-Erwerber war. Die Fahrzeugprospekte für Deutschland, angereichert um die Preislisten, die PKW-Programm-, die Ausstattungs- und die Zubehör-Prospekte, werden inhaltlich erfasst, vollständig ausgewertet und die Inhalte sehr verdichtet dargestellt. Eine Darstellung der Vertriebsliteratur etwa im Sinne einer bibliothekarischen Darstellung würde den hier gegebenen Rahmen allerdings sprengen.

Dipl.-Ing. Hans-Peter Lange
Archivar der MBIG
im Juni 2017

GAP DL 85H

Fahrzeug-Varianten

Fahrzeug-Varianten

Verkaufs-bezeichnung	Konstruktions-bezeichnung			angeboten ab Preisliste Nr.	vom		bis Preisliste Nr.	gültig bis
1. Serie								
280 SL	R 107 E 28	136 kW / 185 PS / 2746 cm^3		14	24.06.1974			
280 SL	R 107 E 28	130 kW / 177 PS / 2746 cm^3		17	14.02.1977			
280 SL	R 107 E 28	136 kW / 185 PS / 2746 cm^3		21	24.04.1978		44	01.09.1985
280 SLC	C 107 E 28	136 kW / 185 PS / 2746 cm^3		14	24.06.1974			
280 SLC	C 107 E 28	130 kW / 177 PS / 2746 cm^3		17	14.02.1977			
280 SLC	C 107 E 28	136 kW / 185 PS / 2746 cm^3		21	24.04.1978		32	31.08.1981
350 SL	R 107 E 35	147 kW / 200 PS / 3499 cm^3		6	00.04.1971			
		143 kW / 195 PS / 3499 cm^3		16	28.01.1976		28	23.03.1980
350 SLC	C 107 E 35	147 kW / 200 PS / 3499 cm^3		7	00.10.1971			
		143 kW / 195 PS / 3499 cm^3		16	28.01.1976		28	23.03.1980
380 SL	R 107 E 38	160 kW / 218 PS / 3818 cm^3		29	24.03.1980			
		150 kW / 204 PS / 3839 cm^3		33	01.09.1981		44	01.09.1985
380 SLC	C 107 E 38	160 kW / 218 PS / 3818 cm^3		29	24.03.1980		32	31.08.1981
450 SL	R 107 E 45	165 kW / 225 PS / 4520 cm^3		11	05.03.1973			
		160 kW / 217 PS / 4520 cm^3		16	28.01.1976		28	23.03.1980
450 SLC	C 107 E 45	165 kW / 225 PS / 4520 cm^3		11	05.03.1973			
		160 kW / 217 PS / 4520 cm^3		16	28.01.1976		28	23.03.1980
450 SLC 5.0	C 107 E 50	177 kW / 240 PS / 5025 cm^3		19	15.09.1977			
		177 kW / 240 PS / 4973 cm^3		25	02.05.1979		28	23.03.1980
500 SL	R 107 E 50	177 kW / 240 PS / 4973 cm^3		29	24.03.1980			
		170 kW / 231 PS / 4973 cm^3		33	01.09.1981		44	01.09.1985
500 SLC	C 107 E 50	177 kW / 240 PS / 4973 cm^3		29	24.03.1980		32	31.08.1981
2. Serie								
300 SL	R 107 E 30	138 kW / 188 PS / 2962 cm^3	RÜF	45	02.09.1985	RÜF	53	08.03.1989
		132 kW / 180 PS / 2962 cm^3	Kat	45	02.09.1985	Kat	53	08.03.1989
420 SL	R 107 E 42	160 kW / 218 PS / 4196 cm^3	RÜF	45	02.09.1985	RÜF	53	08.03.1989
		150 kW / 204 PS / 4196 cm^3	Kat	45	02.09.1985	Kat	53	08.03.1989
500 SL	R 107 E 50	180 kW / 245 PS / 4973 cm^3	ECE	45	02.09.1985		47	11.09.1986
		180 kW / 245 PS / 4973 cm^3	RÜF	47/1	12.09.1986	RÜF	53	08.03.1989
		164 kW / 223 PS / 4973 cm^3	Kat	47/1	12.09.1986	Kat	53	08.03.1989

Produktionsdaten

Produktionsdaten

** vor 03/73 nur für US*

*** Die Produktzahlen für den 500 SL wurden werksseitig nicht für 1. und 2. Serie getrennt erfasst. Sie sind in der Angabe zum 500 SL der 2. Serie zusammengeführt.*

Verkaufs-bezeichnung	Konstruktions-bezeichnung	Baumuster		gebaut von	bis	Motor-Typ	M.-Baumuster	Stückzahl
1. Serie								
280 SL	R 107 E 28	107.042	Vorserie	05/1974		M 110 E 28	110.982	
			Serie	08/1974		M 110 E 28	110.982	
				02/1976	08/1985	M 110 E 28	110.986	25.436
280 SLC	C 107 E 28	107.022	Vorserie	05/1974		M 110 E 28	110.982	
			Serie	08/1974		M 110 E 28	110.982	
				02/1976	08/1985	M 110 E 28	110.986	10.666
350 SL	R 107 E 35	107.043	Vorserie	11/1970		M 116 E 35	116.982	
			Serie	04/1971		M 116 E 35	116.982	
				02/1976	03/1980	M 116 E 35	116.986	15.304
350 SLC	C 107 E 35	107.023	Vorserie	06/1971		M 116 E 35	116.982	
			Serie	02/1972		M 116 E 35	116.982	
				02/1976	03/1980	M 116 E 35	116.986	13.925
380 SL	R 107 E 38	107.045	Vorserie	02/1980		M 116 E 38	116.960	
			Serie	05/1980		M 116 E 38	116.960	
				10/1981	10/1985	M 116 E 38	116.962	53.200
380 SLC	C 107 E 38	107.025	Vorserie	02/1980		M 116 E 38	116.960	
			Serie	05/1980	09/1981	M 116 E 38	116.960	3.789
450 SL	R 107 E 45	107.044	Vorserie	03/1971		M 117 E 45	117.982	
			Serie	07/1971	02/1973	M 117 E 45	117.982	*
			Serie	03/1973		M 117 E 45	117.982	
				11/1975	11/1980	M 117 E 45	117.985	66.298
450 SLC	C 107 E 45	107.024	Vorserie	02/1972		M 117 E 45	117.982	
			Serie	07/1972	02/1973	M 117 E 45	117.982	*
			Serie	03/1973	10/1980	M 117 E 45	117.982	31.739
450 SLC 5.0	C 107 E 50	107.026	Vorserie	09/1977		M 117 E 50	117.960	
			Serie	05/1978	03/1980	M 117 E 50	117.960	1.615
500 SL	R 107 E 50	107.046	Serie	04/1980	09/1985	M 117 E 50	117.960	**
500 SLC	C 107 E 50	107.026	Serie	03/1980	09/1981	M 117 E 50	117.960	1.154
2. Serie								
300 SL	R 107 E 30	107.041	Vorserie	05/1985		M 103 E 30	103.982	
			Serie	09/1985	08/1989	M 103 E 30	103.982	13.742
420 SL	R 107 E 42	107.047	Vorserie	07/1985		M 116 E 42		
			Serie	11/1985	08/1989	M 116 E 42	116.964	2.148
500 SL	R 107 E 50	107.046	Serie	09/1985	08/1989	M 117 E 50	117.964	11.812
Exportmodell nur für Nordamerika / Japan / Australien								
560 SL	R 107 E 56	107.048	Vorserie	06/1985				

Die Vertriebsliteratur

Die Vertriebsliteratur von Mercedes-Benz ist durch ein geheimnisvoll wirkendes, sehr ausgeklügeltes System von Druckstücknummern gekennzeichnet, das als eigenes Sammelgebiet längst zahlreiche Oldtimerfreunde angezogen hat. Diese Kataloge stellen einen zeitgenössischen Bezug zum Fahrzeug her, der den heutigen Besitzer gleichsam in die Situation eines damaligen Neuwagen-Bestellers zurückversetzt. Wer diese Literatur als Sammler vollständig erschließen will, wird wohl auf Auktionen und in den entsprechenden MB-Clubs spezialisierte Ansprechpartner finden. Für die Baureihe 107 ist deren Erfassung relativ leicht, da es nur eine größere Umstellung in der Systematik im Jahr 1980 gab. Hier ist aber nicht der Platz, dies im Detail auszubreiten.

Die deutschen Preislisten stellen die Basis für diese Baureihenkunde dar. Die Fahrzeug-Kataloge erfreuen den Besitzer mit zeitgenössischen Werksfotos, die Prospekte zu Ausstattungen, Lackierungen und Sonderausstattungen liefern aussagekräftige Ergänzungen, deren Fakten in den folgenden Tabellen stark komprimiert sind. Sie ermöglichen einen umfassenden Überblick, ohne die immer schwerer zu findenden MB-Druckstücke selbst besitzen zu müssen.

März 1971

Juli 1975

Juli 1976

Juni 1978

August 1978

Februar 1981

Februar 1981

Juni 1981

August 1985

August 1987

European Delivery: Auch so mancher Kunde aus Übersee holte sein Auto im Werk ab. Der Prospekt kam 1987 heraus.

This capacious two-seater provides not only a voluminous trunk, but a rear storage area behind the seats that will hold a good many groceries or other items.

The SL does not rely on the open air for ventilation: note its comprehensive built-in bi-level climate control system.

Hardtop fits snugly to create the feeling of a closed coupe.

radio with cassette tape player to a vacuum-actuated central locking system. The side windows glide open or shut electrically. There is space behind the two seats for your golf clubs, your groceries, or your Labrador Retriever. There is space in the trunk for much more.

Top-down motoring is yours as quickly as you can stow the snug convertible top in its locker behind the cockpit–which is quick indeed. The 380SL becomes an elegant closed coupe when the metal hardtop is fitted and locked in place. It is easily removed for storage.

Nose to tail, the 380SL incorporates a full complement of Mercedes-Benz safety features. The same rugged cone-type door locks, the same front and rear "crumple zones," the same inboard mounted fuel tank and the same staunch windshield pillars as other Mercedes-Benz automobiles boast, the 380SL boasts. It is similarly built to the same renowned durability standards as other Mercedes-Benz automobiles and receives the same loving care in its finish.

So immaculately crafted, so truly *civilized* is this sports car, in fact, that you may be initially shy about flinging it through the curves and hammering it over the cobblestones. This will pass. The 380SL is after all a sports car–a sports car built by Mercedes-Benz.

380SL

29

Sicherheit und Leistung: Rund um den Globus wirbt Mercedes mit den gleichen Argumenten, die Prospekte stammen von 1981.

Die Vertriebsliteratur

Fahrzeug-Kataloge

Mercedes-Benz Druckstücke		Druckstück-Nummer	Seitenzahl	Motiv
Roadster der 1. Serie				
	Katalog, A4, braun			
350 SL	WZ	1371/00/00/0371	28	1 Fahrzeug, Front
350 SL	WZ	1371/01/00/_971		1 Fahrzeug, Front
350 SL	WZ	1371/02/00/ohne MMJJ		1 Fahrzeug, Front
350 SL	WZ	1371/02/00/1271		1 Fahrzeug, Front
350 SL	WZ	1371/03/00/0472		1 Fahrzeug, Front
350 SL	WZ	1371/04/00/0872		1 Fahrzeug, Front
350 SL	WZ	1371/05/00/1172		1 Fahrzeug, Front
	Faltprospekt, A4, weiß			
350 SL	WZ	1499/00/00/0972	8	1 Fahrzeug, Front
	Katalog, A4, silberfarben			
350 SL, 450 SL	WZ	ohne Druck-Nummer	44	große Schrift
350 SL, 450 SL	WZ	1514/00/00/0373	44	große Schrift
350 SL, 450 SL	WZ	1514/01/00/0673		2 Fahrzeuge übereinander
350 SL, 450 SL rote Papierschleife 280 SL	WZ	1514/02/00/0674		2 Fahrzeuge übereinander
280 SL, 350 SL, 450 SL	WZ	1514/03/00/1274		3 Fahrzeuge übereinander
	Katalog, A4, silber	silberfarben		
280 SL, 350 SL, 450 SL	WZ	1658/00/00/0775	44	1 Fahrzeug, seitlich
280 SL, 350 SL, 450 SL	WZ	1658/01/00/0176		1 Fahrzeug, seitlich
280 SL, 350 SL, 450 SL	WZ	1658/02/00/0776		1 Fahrzeug, seitlich
280 SL, 350 SL, 450 SL	WZ	1658/03/00/1276		1 Fahrzeug, seitlich
280 SL, 350 SL, 450 SL	WZ	1658/04/00/0777		1 Fahrzeug, seitlich
280 SL, 350 SL, 450 SL	WZ	1658/05/00/0178		1 Fahrzeug, seitlich
280 SL, 350 SL, 450 SL	WZ	1658/06/00/0878		1 Fahrzeug, seitlich
280 SL, 350 SL, 450 SL	WZ	1658/07/00/0179		1 Fahrzeug, seitlich
280 SL, 350 SL, 450 SL	WZ	1658/08/00/0879		1 Fahrzeug, seitlich
350 SL, 450 SL	WZ	1659/00/02/0775	30	M-CN 662
350 SL, 450 SL	WZ	1659/03/02/1276	30	M-CN 662
	Katalog, A4, weiß			
MB 280 SL, 380 SL, 500 SL.	WZ	1945/00/00/0280	58	R-EK 310, rot
MB 280 SL, 380 SL, 500 SL.	WZ	1945/01/00/0480		R-EK 310, rot
	Katalog, A4, weiß			
MB 280 SL, 380 SL, 500 SL	WZ	670 10800 00-00/0281	58	R-EK 310, rot
	Katalog, A4, hellblau			
280 SL, 380 SL, 500 SL.	WZ	6701 0800 00-01/0681	40	grafisch, Fahrzeug n. links
280 SL, 380 SL, 500 SL.	WAM	6701 0800 00-02/0881		grafisch, Fahrzeug n. links
280 SL, 380 SL, 500 SL.	WAM	6701 0800 00-03/1281		grafisch, Fahrzeug n. links

Mercedes-Benz Druckstücke		Druckstück-Nummer	Seitenzahl	Motiv
280 SL, 380 SL, 500 SL.	WAM	6701 0800 00-04/_482		grafisch, Fahrzeug n. links
280 SL, 380 SL, 500 SL.	WAM	6701 0800 00-05/0982		grafisch, Fahrzeug n. links
280 SL, 380 SL, 500 SL.	MKP	6701 0800 00-06/0583		grafisch, Fahrzeug n. links
280 SL, 380 SL, 500 SL.	MKP	6701 0800 00-07/1183		grafisch, Fahrzeug n. links
280 SL, 380 SL, 500 SL.	MKP	6701 0800 00-08/0584		grafisch, Fahrzeug n. links
280 SL, 380 SL, 500 SL.	MKP	6701 0800 00-09/1184		grafisch, Fahrzeug n. links
Roadster der 2. Serie				
	Katalog, A4			
MB 300 SL, 420 SL, 500 SL	MKP	6701 0801 00-00/0885	40	S-HV 9530
MB 300 SL, 420 SL, 500 SL	MKP	6701 0801 00-01/1285	40	S-HV 9530
MB 300 SL, 420 SL, 500 SL	MKP	6701 0801 00-02/0586	40	S-HV 9530
Die SL-Modelle von MB 300 SL, 420 SL, 500 SL	MKP	6701 0801 01-03/1286		S-HV 9530
Die SL-Modelle von MB 300 SL, 420 SL, 500 SL	MKP	6701 0801 00-04/0887	40	S-HV 9530
Die SL-Modelle von MB 300 SL, 420 SL, 500 SL	MKP	6701 0801 00-05/0188	40	S-HV 9530
Die SL-Modelle von MB 300 SL, 420 SL, 500 SL	MKP	6701 0801 00-06/0888	40	S-HV 9530
Coupés				
	Katalog, A4, goldfarben			
350 SLC	WZ	1408/00/00/0971	32	1 Fahrzeug, Front
350 SLC	WZ	1408/01/00/ohne MMJJ		1 Fahrzeug, Front
350 SLC	WZ	1408/01/00/1271		1 Fahrzeug, Front
350 SLC	WZ	1408/02/00/_472		1 Fahrzeug, Front
350 SLC	WZ	1408/03/00/_872		1 Fahrzeug, Front
350 SLC	WZ	1408/04/00/1172		1 Fahrzeug, Front
	Faltprospekt, A4, weiß			
350 SLC	WZ	1500/00/00/0972	8	1 Fahrzeug, Front
	Faltprospekt, A4, silberfarben			
350 SLC, 450 SLC	WZ	1521/00/00/0373	8	große Schrift
	Katalog, A4, silber			
350 SLC, 450 SLC	WZ	1513/00/00/0373	44	große Schrift
350 SLC, 450 SLC	WZ	1513/01/00/0673		2 Fahrzeuge übereinander
350 SLC, 450 SLC	WZ	1513/02/00/1173		2 Fahrzeuge übereinander
350 SLC, 450 SLC (innen mit 280 SLC)	WZ	1513/03/00/0674		2 Fahrzeuge übereinander
350 SLC, 450 SLC rote Papierschleife 280 SLC	WZ	1513/03/00/0874		2 Fahrzeuge übereinander
280 SLC, 350 SLC, 450 SLC	WZ	1513/04/00/1274		3 Fahrzeuge übereinander
	Katalog, A4, silberfarben			
280 SLC, 350 SLC, 450 SLC	WZ	1664/00/00/0775	50	1 Fahrzeug, seitlich
280 SLC, 350 SLC, 450 SLC	WZ	1664/01/00/0176		1 Fahrzeug, seitlich

Die Vertriebsliteratur

Mercedes-Benz Druckstücke		Druckstück-Nummer	Seitenzahl	Motiv
280 SLC, 350 SLC, 450 SLC	WZ	1664/02/00/0776		1 Fahrzeug, seitlich
280 SLC, 350 SLC, 450 SLC	WZ	1664/03/00/0177		1 Fahrzeug, seitlich
280 SLC, 350 SLC, 450 SLC	WZ	1664/04/00/0777		1 Fahrzeug, seitlich
280 SLC, 350 SLC, 450 SLC, 450 SLC 5.0	WZ	1664/05/00/0278		1 Fahrzeug, seitlich
280 SLC, 350 SLC, 450 SLC, 450 SLC 5.0	WZ	1664/03/00/0479		1 Fahrzeug, seitlich
280 SLC, 350 SLC, 450 SLC, 450 SLC 5.0	WZ	1664/06/00/0879		1 Fahrzeug, seitlich
450 SLC	WZ	1665/00/02/0775	30	M-YV 280
450 SLC	WZ	1665/02/02/0177	30	M-YV 280
450 SLC	WZ	1665/04/02/0977	30	M-YV 280
Faltprospekt, A4, schwarz				
Richtung Zukunft Der MB 450 SLC 5.0	WZ	1826/00/00/0877	6	BB-AN …
Richtung Zukunft Der MB 450 SLC 5.0	WZ	1826/01/00/1277	6	BB-AN …
Richtung Zukunft Der MB 450 SLC 5.0	WZ	1826/00/00/0678	6	BB-AN …
Katalog, A4, weiß				
MB 280 SLC, 380 SLC, 500 SLC	WZ	1947/00/00/0280	54	SLC grün
MB 280 SLC, 380 SLC, 500 SLC	WZ	1947/01/00/0480		
MB 280 SLC, 380 SLC, 500 SLC	WZ	670 10900 00-00/0281		
Postkarte, PK -Format				
450 SLC 5.0	WZ	1828/00/00/0877		silberfarbener SLC vor Tunnel

Voll entschärfter Innenraum.

Den konstruktiven Maßnahmen entspricht innen die völlige Entschärfung des Passagierraumes. Der Rahmen der Frontscheibe ist dick gepolstert. Die gesamte Armaturenanlage ist stoßnachgiebig gebaut. Alle Knöpfe, Hebel und Schalter sind versenkt, deformierbar gestaltet oder – wie der übrige Innenraum – gepolstert.

Das Mercedes-Benz Sicherheitssystem: Mehr Schutz für die Insassen, mehr Sicherheit für andere Verkehrsteilnehmer.

Nahezu 40 Jahre Entwicklung liegen zwischen den ersten Sicherheitsuntersuchungen und dem ausgereiften Sicherheitssystem der Mercedes-Benz Automobile von heute. Damit hat Mercedes-Benz nicht nur früher angefangen als andere, sondern ist auch gründlicher und systematischer vorgegangen. Konsequenter als ein Mercedes ist kein Automobil auf Sicherheit hin konstruiert.

Schutz für die Insassen bei einem Unfall bietet vor allem das System aus verformbarer Front- und Heckpartie. Die Bewegungsenergie des Fahrzeugs wird bei einem Aufprall in Materialverformungsarbeit umgewandelt. Bei angeschnallten Passagieren werden dadurch die Unfallfolgen erheblich vermindert.

Eine Vielzahl von konstruktiven Einzelmaßnahmen erhöht die Wirksamkeit des Systems. Besonders starke Vorderwandsäulen sind mit kräftigem Bügel über der Windschutzscheibe verbunden. Sicherheits-Zapfentürschlösser verhindern das Aufspringen der Türen bei einem Unfall. Der Tank liegt aufprallgeschützt über der Hinterachse der SL-Typen.

In der ergonomisch richtigen Gestaltung des Fahrerplatzes ist Mercedes-Benz weit fortgeschritten.

Der Weg vom angestrengten bis zum verkrampften, unsicheren Fahren ist nicht weit. Deshalb hat Mercedes-Benz erforscht, wie sich die Anstrengung des Fahrens vermindern und der Verkehrsstreß vom Fahrer fernhalten läßt.

Erkenntnisse der Ergonomie wurden auf die Gestaltung des SL-Fahrerplatzes konsequent angewendet. Nach dem Grundsatz: Je weniger Kraft und Aufmerksamkeit das Fahrzeug verlangt, um so mehr stehen für den Verkehr zur Verfügung. Der Fahrer muß von negativen Einflüssen und störenden Belastungen weitgehend entlastet werden.

Bei Mercedes-Benz fängt der ergonomisch gute Fahrerplatz mit der richtigen Sitzposition an. Reduzierung von Geräuschen und Schwingungen gehört ebenso dazu wie genügend Frischluft und richtige Temperatur.

Mindestens so wichtig aber sind verhaltensgerechte, d.h. physiologisch richtig gestaltete und angeordnete, Bedienungsgriffe und Armaturen.

Vom griffsicheren Lenkrad findet die Hand schnell und zuverlässig jeden Knopf, Hebel oder Schalter. Weil sie ebenso eindeutig und verwechslungssicher angeordnet sind wie die Armaturen, die genau im Blickfeld des Fahrers liegen.

Durch unterschiedliche Gestaltung der Griffe „lernt" die Hand schnell zu unterscheiden. Durch die Eindeutigkeit der optischen Signale weiß auch das Auge nach einem kurzen Blick Bescheid.

Der Lichtschalter und der direkt am Lenkrad liegende Kombischalter, beide verwechslungssicher für viele verschiedene Funktionen eingerichtet, sind gute Beispiele für ergonomisch durchdachte Lösungen. Der Hauptlichtschalter enthält unterschiedliche Positionen und Signale: für Parklicht, Standlicht, Fahrlicht, Nebelscheinwerfer und Nebelrückleuchte.
Die Funktion des Kombischalters: Blinker, Fahrlicht – Fernlicht, Lichthupe, Scheibenwischer, Scheibenwaschanlage.

Nach der ersten Stunde schon wie zu Hause und Stunden später noch frisch. Durchdachter Raum- und Fahrkomfort der SL-Typen.

Die drei SL-Modelle sind typisch für sportliche Mercedes-Benz Fahrzeuge, nicht unbedingt typisch für Sportwagen im allgemeinen. Sie sind weder eng, noch unbequem, noch spartanisch ausgestattet. Ihre Sportlichkeit äußert sich auch nicht in harter Federung oder röhrendem Motorgeräusch.

Große, weit zu öffnende Türen machen den Einstieg auf die beiden Sitze frei, die bequemen Platz und Bewegungsfreiheit bieten.

Die Sitze sind gut ausgeformt, geben festen seitlichen Halt, ohne zu beengen, und sind in ihrer Qualität vom Stahlfederkern, über luftdurchlässige Auflagen, bis zum wertvollen MB-Tex-, Stoff- oder Lederbezug kaum zu übertreffen.

Durch die präzise Abstimmung der straffen Sitzpolsterung mit der Radfederung werden den Körper strapazierende Schwingungen vermieden.

Sitze und Sitzposition wirken der Ermüdung, selbst bei stundenlanger Fahrt, wirksam entgegen. Die Sitze lassen sich in Längsrichtung, die Lehnen stufenlos verstellen. Zusätzlich kann der Fahrersitz in der Höhe eingestellt werden.

Die großvolumigen, ebenfalls verstellbaren Kopfstützen dienen, zusammen mit den automatischen Dreipunkt-Gurten, der Sicherheit.

Die Ausgestaltung des Innenraums zeigt ein kultiviertes Niveau. Fußraum, Boden- und Stauraum hinter den Sitzen sind mit Teppich ausgekleidet. Solides Material und geschmackvolle Farbabstimmung schaffen eine gediegene Atmosphäre, die zum Wohlbefinden beiträgt.

Gutes Sehen, sicheres Fahren.

Guter Rundumblick nach außen, über die handlichen Abmessungen der Karosserie und auf den Verkehr. Spiegelfreie Windschutzscheibe aus Sicherheits-Verbundglas. Große Wischfelder des dreistufigen Scheibenwischers (zwei Geschwindigkeiten plus Intervallschaltung). Seitenfenster und Heckfenster in Verbindung mit abblendbarem Innenspiegel und verstellbarem Außenspiegel geben dem Fahrer einen ausgezeichneten Überblick und machen ihn zu einem aufmerksamen Partner im Verkehr.

MB-Servolenkung

für ermüdungsfreies, sicheres Fahren
und leichteres Einparken.
Die aufzubietenden Lenkkräfte
werden vermindert.
Jedoch bleibt in allen Fahrsituationen
der volle Fahrbahnkontakt erhalten
durch progressiv wirkende
hydraulische Unterstützung.
Einzelheiten
sind in einem Sonderprospekt enthalten.

Haben Sie schon einen
Mercedes-Benz
mit MB-Servolenkung gefahren?

5

Qualität und Komfort: Die drei Seiten links stammen aus dem Katalog vom Februar 1981, die Servolenkungs-Illustration aus dem für Sonderausstattungen vom November 1972.

Preislisten zur Zeit der Baureihe

Im Produktionszeitraum erschienen 52 für den deutschen Markt bestimmte Mercedes-Benz-Preislisten (PL), von Nr. 06 im April 1971 bis Nr. 53 am 03.06.91.

Üblich war, auf der Umschlagseiten das jeweils aktuelle Modell der Produktion darzustellen. Bei drei Preislisten schafften es der Roadster und das Coupé aufs Titelblatt.

April 1971

Oktober 1971

Februar 1975

Preislisten zur Baureihe 107
Personenwagen und Sonderausstattungen
Katalog, ½ A5, hell- bis mittelblau, ab PL 51 dunkelblau

Preisliste Nr.	gültig ab	Besonderheiten	Druckstück-Nummer		Seitenzahl	Motiv
1. Serie						
6	04.1971	▼ R 107	VOL/VF	7. 4. 71	26	R 107, S-LR 624
7	10.1971	▼ C 107	VOL/VF	7 10. 71	26	C 107, S-X ...
8	24.01.1972		VP IN 2	25 01.72	26	C 107, S-X ...
9	02.05.1972		VP IN 2	70 05. 72	26	W 114, BB-A-716
10	15.09.1972		VP IN 2	50 11.72	26	W 116, S-AM 9990
11	05.03.1973		VP IN	100 03.73	22	W 116, S-AM 9990
12	06.08.1973		VP IN	100 08.73	22	W 114, S-AM 6737
13	11.02.1974		VP IN 2	100 02.74	22	W 114, S-AM 6737
14	24.06.1974		VP IN	100 06.74	22	W 114, M-JX 702
15	10.02.1975		VP IN	100 02.75	22	C 107, S-AT 1679
Einl.	05.05.1975	Einlageblatt zur PL 15, 450 SEL 6.9	ohne		4	
15a	01.09.1975		VP IN	50 09.75	22	C 107, S-AT 1679
16	28.01.1976		VP IN 2	100 1.76	30	W 123, S-AW 7766
17	14.02.1977		VP IN 2	02.77	30	W 123, S-AW 7766
18	17.03.1977		VP IN 2	100 03.77	30	C 123, nach links
19	15.09.1977		VP IN 2	100 09.77	34	S 123, S-CU 7242
20	02.01.1978		VP IN 2	80 01.78	34	W 116, S-CC 7538

Preisliste Nr.	gültig ab	Besonderheiten	Druckstück-Nummer		Seitenzahl	Motiv
1. Serie						
21	24.04.1978		VP IN 2	100 04.78	34	W 116, S-DA 7163
22	01.08.1978		VP IN 2	100 08.78	34	W 116, S-DA 7163
23	18.12.1978		VP IN 2	70 12.78	34	W 116, S-DA 7163
24	01.02.1979		VP IN 2	100 02.79	34	W 116, S-DA 7163
25	02.05.1979		VP IN 2	100 05.79	34	W 116, S-DA 7163
26	01.07.1979		VP IN 2	100 07.79	34	W 116, S-CX 1513
27	16.07.1979	▲ auch farbig als „interne" Varianten	VP IN 2	35 07.79	34	W 116, S-CX 1513
28	13.09.1979		VP IN 2	100 09.79	34	W 126, S-DS 7957
29	24.03.1980		VP IN 2	100 03.80	34	W 126, S-DR 7518
30	09.06.1980		VP IN 2	100 06.80	34	W 126, S-DR 7518
31	04.08.1980		VP IN 2	100 08.80	34	W 126, D-SR 822
32	20.07.1981	▲ C 107	VP IN 2	100 07.81	34	W 126, S-DR 7518
33	01.09.1981		VP IN 2	100 09.81	34	C 126, S-CU 7225
34	04.01.1982		VP IN 2	100 01.82	34	C 126, S-CU 7225
35	26.07.1982		VP IN 2	100 07.82	34	C 126, S-CU 7225
36	01.09.1982		VDP/I 2	100 09.82	34	W 123, M-AA 4361
37	08.12.1982		VDP/I 2	100 12.82	34	W 201, S-ES 7984
38	01.07.1983		VDP/I 2	6010 078338	34	W 201, S-ES 7984
39	15.08.1983		VDP/I 2	6010 088339	34	W 201, S-ES 7984
40	15.09.1983		VDP/I 2	6010 098340	34	W 201, BB-KL 120
41	02.01.1984		VDP/I 2	6010 018441	34	W 201, S-EY 5988
42	03.09.1984		VDP/I 2	6010 098442	34	W 201, S-HH 7818
43	10.12.1984		VDP/P	6010 128443	34	W 124, S-HM 9823
44	15.04.1985		VDP/P	6010 048544	34	W 124, S-HM 9823
45	02.09.1985		VDP/P	6010 098545	34	S 124, S-HU 3401
45/1	12.09.1985		VDP/P	6010 098545/1	34	S 124, S-HU 3401
46	16.12.1985		VDP/P	6010 128546	34	W 126, S-HV 9806
47	01.09.1986		VDP/P	6010 098647	34	C 126, S-HV 9814
47/1	01.09.1986		VDP/P	6010 128647/1	34	C 126, S-HV 9814
48	02.03.1987		VDP/P	6010 038748	34	C 124, S-JJ 6283
49	01.06.1987		VDP/P	6010 068749	34	W 201, S-HT 9308
50	11.09.1987		VDP/P	6010 098750	34	W 126, S-HV 9822
51	01.02.1988		VP/VP	6010 028851	34	W 124, S-HP 5140
52	01.09.1988		VP/VP	6010 098852	34	W 201, S-JZ 1802
53	13.02.1989	▲ R 107	VP/VP	6010 028953	34	W 126, S-HW 4471

Preisentwicklung

Entwicklung der Verkaufspreise

PL	Datum											
	1. Serie	280 SL	350 SL	380 SL	450 SL	500 SL	280 SLC	350 SLC	380 SLC	450 SLC	450 SLC 5.0	500 SLC
6	04.1971		29.970,00									
7	10.1971		29.970,00					33.688,50				
8	24.01.1972		31.413,00					35.631,00				
9	02.05.1972		31.413,00					35.631,00				
10	15.09.1972		31.413,00					35.631,00				
11	05.03.1973		32.911,50		36.630,00			37.296,00		41.014,50		
12	06.08.1973		32.911,50		36.630,00			37.296,00		41.014,50		
13	11.02.1974		34.398,90		38.283,90			38.972,10		42.857,00		
14	24.06.1974	32.445,30	35.841,90		39.893,40		37.218,30	40.614,90		44.666,40		
15	10.02.1975	34.332,30	37.917,60		42.213,30		39.382,80	42.968,10		47.263,80		
15a	01.09.1975	34.332,30	37.917,60		42.213,30		39.382,80	42.968,10		47.263,80		
16	28.01.1976	34.332,30	37.917,60		42.213,30		39.382,80	42.968,10		47.263,80		
17	14.02.1977	35.619,90	39.360,60		43.856,10		41.169,90	44.910,60		49.406,10		
18	17.03.1977	35.619,90	39.360,60		43.856,10		41.169,90	44.910,60		49.406,10		
19	15.09.1977	35.619,90	39.360,60		43.856,10		41.169,90	44.910,60		49.406,10	58.841,10	
20	02.01.1978	35.940,80	39.715,20		44.251,20		41.540,80	45.315,20		49.851,20	59.371,20	
21	24.04.1978	37.150,40	41.104,00		45.841,60		43.601,60	47.555,20		52.292,80	62.272,00	
22	01.08.1978	37.150,40	41.104,00		45.841,60		43.601,60	47.555,20		52.292,80	62.272,00	
23	18.12.1978	37.912,00	41.944,00		46.760,00		44.464,00	48.496,00		53.312,00	63.504,00	
24	01.02.1979	37.912,00	41.944,00		46.760,00		44.464,00	48.496,00		53.312,00	63.504,00	
25	02.05.1979	37.912,00	41.944,00		46.760,00		44.660,00	48.692,00		53.508,00	63.700,00	
26	01.07.1979	38.250,50	42.318,50		47.177,50		45.058,75	49.126,75		53.985,75	64.268,75	
27	16.07.1979	38.996,30	43.143,40		48.092,80		45.934,50	50.081,60		55.031,00	65.517,40	
28	13.09.1979	38.996,30	43.143,40		48.092,80		45.934,50	50.081,60		55.031,00	65.517,40	
29	24.03.1980	44.522,00		54.014,00		61.924,00	49.155,00		57.743,00			67.122,00
30	09.06.1980	44.522,00		54.014,00		61.924,00	49.155,00		57.743,00			67.122,00
31	04.08.1980	45.358,20		55.031,00		63.087,90	50.081,60		58.827,80			68.365,00
32	20.07.1981	46.917,60		56.918,10		65.257,50	51.799,20		60.850,50			70.715,40
33	01.09.1981	48.567,40		57.946,40		66.285,80						
34	04.01.1982	49.900,80		59.539,70		68.105,10						
35	26.07.1982	51.471,50		61.415,50		70.625,00						
36	01.09.1982	51.867,00		61.811,00		70.625,00						
37	08.12.1982	51.867,00		61.811,00		70.625,00						

Verkaufspreise in DM einschl. 11 % MwSt., ab 02.01.1978: 12 %, ab 01.07.1979: 13 %, ab 01.07.1983: 14 %.

PL	Datum 1. Serie	280 SL	350 SL	380 SL	450 SL	500 SL	280 SLC	350 SLC	380 SLC	450 SLC	450 SLC 5.0	500 SLC
38	01.07.1983	52.326,00		62.358,00		71.250,00						
39	15.08.1983	54.001,80		64.353,00		73.530,00						
40	15.09.1983	54.001,80		64.353,00		73.530,00						
41	02.01.1984	55.404,00		66.063,00		75.468,00						
42	03.09.1984	57.000,00		68.571,00		78.261,00						
43	10.12.1984	57.000,00		71.517,90		81.207,90						
44	15.04.1985	58.995,00		74.043,00		84.075,00						

PL	Datum 2. Serie	300 SL	420 SL	500 SL
45	02.09.1985	63.441,00	80.826,00	89.091,00
45/1	12.09.1985	63.441,00	80.826,00	89.091,00
46	16.12.1985	64.581,00	82.308,00	90.744,00
47	01.09.1986	69.255,00	84.702,00	93.138,00
47/1	01.09.1986	69.255,00	84.702,00	93.138,00
48	02.03.1987	69.255,00	84.702,00	93.138,00
49	01.06.1987	71.250,00	87.153,00	95.817,00
50	11.09.1987	71.250,00	87.153,00	95.817,00
51	01.02.1988	72.960,00	89.262,00	98.067,00
52	01.09.1988	73.302,00	89.604,00	98.439,00
53	13.02.1989	75.126,00	91.827,00	100.890,00

Mercedes-Exclusivität ist wertvoll. Und wirtschaftlich.

Auch die Roadster von Mercedes-Benz sichert das einzigartige Wirtschaftlichkeits-System aus Wertbeständigkeit und Zuverlässigkeit, aus sparsamem Verbrauch und einem außergewöhnlich hohen Wiederverkaufswert.
So stellt die Qualität der SL-Klasse von Mercedes-Benz nicht nur einen Prestige-, sondern vor allem einen Nutzwert dar. Sie bedeutet maximale Funktionssicherheit. Exclusivität, die auf vieltausendfach bewährten Konstruktionen aufbaut. Geringe Reparaturwahrscheinlichkeit – auch durch die Sorgfalt von Fertigung und Verarbeitung, durch die Wahl wertvollster Materialien.
Pflegedienst nur alle 10.000 km, Wartungsdienst nur alle 20.000 km. Dabei umfaßt das Mercedes-Benz Service-Netz in 174 Ländern der Erde rund 5.000 Kundendienststationen. Über 1.000 Stützpunkte davon befinden sich allein in der Bundesrepublik. Ein unschätzbarer Vorteil bei einem Fahrzeug, das zu den selteneren und damit exclusiven Erscheinungen im Straßenbild gehört. Und überall steht das umfassende Paket der Mercedes-Benz Kundendienstleistungen zur Verfügung – von der Sorgfalt und fundierten Kenntnis der Monteure über die Ersatzteilbereitschaft bis zum perfekt organisierten Notdienst.
Zur Individualität des sportlichen Fahrzeugkonzepts haben Sie also mit den Mercedes SL-Typen zusätzlich

etwas Einzigartiges und Beruhigendes: die Mercedes-Qualität der Betreuung.
Der individuelle Grundcharakter dieser Roadster wird stilgerecht unterstrichen durch sinnvolle und exclusive Sonderausstattungen auf vollem Mercedes-Qualitätsniveau. Von der Sitzheizung über die Klimaanlage bzw. Klimatisierungsautomatik bis zu den elektrischen Fensterhebern (beim 500 SL serienmäßig) oder der Scheinwerfer-Reinigungsanlage.
Das Angebot für die Außenlackierung umfaßt insgesamt zehn Farbtöne sowie vierzehn verschiedene Metallic-Lackierungen. Farblich darauf abgestimmt ist die Innenausstattung mit acht Polster- und Raumdessins in Textil oder Leder.

Katalog 08/1981

Die Polsterungen

In diesem wie in allen weiteren Abschnitten wurde grundsätzlich nur die Vertriebsliteratur ausgewertet, mit Ausnahme der allerersten Polstertabelle vom Januar 1971, die Monate vor Verkaufsbeginn im internen Verkaufshandbuch bereitlag.

Die SL-Roadster wurden serienmäßig mit MB-Tex-Bezügen ausgeliefert, eine sachgerechte Festlegung des Herstellers, denn MB-Tex erwies sich auch nach vielen Jahren als höchst strapazierfähig und haltbar. Die SLC-Coupés wurden serienmäßig mit Stoffpolsterung ausgeliefert, was zum Topmodell nicht recht passen wollte, während Leder oder Velours erheblich teurere Sonderausstattungen waren. Stoff war für die SL-Roadster ohne Aufpreis als Sonderausstattung erhältlich, eine schöne Möglichkeit, den attraktiven Karositzbezug zu erhalten, den es in gleicher Anmutung schon im 300 SL Flügeltürer der Baureihe 198 gab.

Velours blieb dem SLC vorbehalten. Heute wird es meist unterschiedlich stark verblichen sein, auch wenn das Material in seiner Struktur noch nicht verschlissen sein sollte. Konsequent sonnengeschützte Coupés mögen auch heute noch höchst ansehnlich erscheinen. Ob die wenigen Roadster mit Velours, die vereinzelt gesichtet wurden, als Kundenwunsch (KW) oder als nicht vercodete Sonderausstattung (SA) abgerechnet wurden, ist nicht bekannt.

Dem Roadster und dem Coupé gemeinsam war die optionale Lederpolsterung, die für den SL mit einem happigen Aufpreis von 1048,95 Mark im April 1971 begann, allerdings mit Einführung des SLC im Oktober 1971 für den SL auf bescheidenere 721,50 Mark zurückgenommen wurde. Für den SLC blieb Leder die teuerste Polsterform mit drei „vollwertigen" Sitzmöglichkeiten im Fond.

Die vier Polsterqualitäten wurden in den damals üblichen acht Farbgruppen produziert, also in Schwarz, in Blau, in drei unterschiedlich dunklen Brauntönen sowie in grün, rot und grau. Die konkreten Farbbezeichnungen wechselten mehrfach, was durch die Vergabe jeweils neuer Farbcodes gut nachvollziehbar blieb. Lediglich der Farbwechsel von Dunkelolive zu Piniengrün hatte keinen Codewechsel zur Folge, schlecht für jene raren Grünspezialisten, die in diesem Fall allein anhand der Datenkarte die Originalität nicht nachprüfen können. Das knallige 107-rot in MB-Tex und 207-rot in Leder blieb als einziger Farbton dem offenen SL vorbehalten.

Somit ergaben sich für das Coupé insgesamt 96 und für den Roadster gar 118 unterschiedliche Polsterungen, für die gesamte 107er Flotte also neben der heute wohl am häufigsten vorzufindenden Kombination in 735-astralsilber mit Leder schwarz noch mehr als zweihundert weitere Varianten, jede für sich ein ganz eigener Geschmacks- und Zeitzeuge von damals.

Mai 1975

Juni 1979

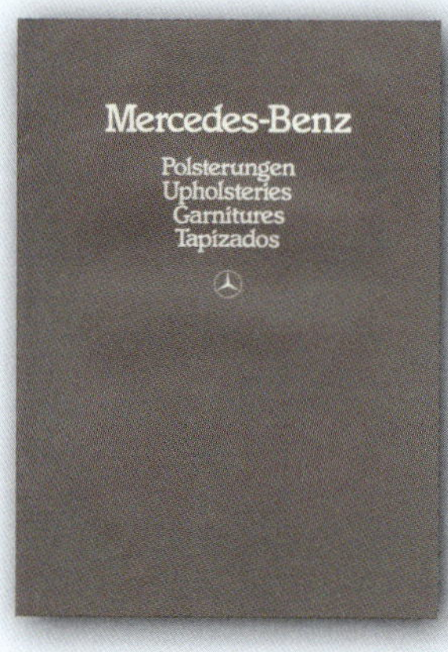

Januar 1982

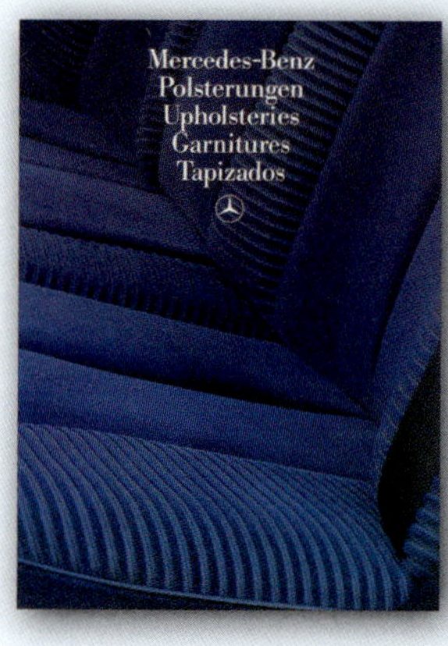

Juli 1985

Ein Hauch von Flügeltürer: Die Stoffsitze im SLC 380 von 1981 sind zeitlos schön

Die Polsterungen

Codes der Polsterungen
Januar 1971 bis 08.03.89
nach Farb (FG-) und Materialgruppe sortiert

						SL und SLC					
FG	**01/71**	**07/72**	**03/73**	**08/73**	**12/73**	**05/75**	**12/76**	**07/78**	**06/79**	**06/81**	**Stoff**
1	061	061	061	061	061	001	001	001	031	031	schwarz
2	062	062	062	062	062	002	002	002	032	032	blau
3	063	063	063	063	063						mahagoni
						003	003	003			tabak
									033	033	brasil
4	064	064	064	064	064						beige
						004	004	004			bambus
									034	034	dattel
5	065	065	065	065	065	005	005	005			pergament
									035	035	creme
											cremebeige
6						006	006	006			moos
									036	036	olive
											dunkelolive
											piniengrün
7									037	037	siena
											hennarot
											mittelrot
8									038	038	grau
FG	**01/71**	**07/72**	**03/73**	**08/73**	**12/73**	**05/75**	**12/76**	**07/78**	**06/79**	**06/81**	**MB-Tex***
1	161	161	161	161	161	101	101	101	131	131	schwarz
2	162	162	162	162	162	102	102	102	132	132	blau
3	163	163	163	163	163						mahagoni
						103	103	103			tabak
									133	133	brasil
4	164	164	164	164	164						beige
						104	104	104			bambus
									134	134	dattel
5	165	165	165	165	165	105	105	105			pergament
									135	135	creme
											cremebeige
6	166	166	166	166	166						olivgrün
						106	106	106			moos

** MB-Tex nicht für SLC*

SL										
FG	**08/81**	**01/82**	**07/82**	**11/83**	**06/84**	**07/85**	**11/85**	**05/86**	**12/88**	**Stoff**
1	031	031	051	051	071	071	071	071	071	schwarz
2	032	032	052	052	072	072	072	072	072	blau
3										mahagoni
										tabak
	033	033	053	053	073	073	073	073	073	brasil
4										beige
										bambus
	034	034	054	054	074	074	074	074	074	dattel
5										pergament
	035	035	055	055						creme
					075	075	075	075	075	cremebeige
6										moos
	036	036								olive
			056	056	076	076	076			dunkelolive
								076	076	piniengrün
7	037	037								siena
			057	057						hennarot
					077	077	077	077	077	mittelrot
8	038	038	058	058	078	078	078	078	078	grau
FG	**08/81**	**01/82**	**07/82**	**11/83**	**06/84**	**07/85**	**11/85**	**05/86**	**12/88**	**MB-Tex**
1	131	131	151	151	171	171	171	171	171	schwarz
2	132	132	152	152	172	172	172	172	172	blau
3										mahagoni
										tabak
	133	133	153	153	173	173	173	173	173	brasil
4										beige
										bambus
	134	134	154	154	174	174	174	174	174	dattel
5										pergament
	135	135	155	155						creme
					175	175	175	175	175	cremebeige
6										olivgrün
										moos

Die Polsterungen

SL und SLC										
FG	**01/71**	**07/72**	**03/73**	**08/73**	**12/73**	**05/75**	**12/76**	**07/78**	**06/79**	**06/81**	**MB-Tex***
6									136	136	olive
											dunkelolive
											piniengrün
7	167	167	167	167	167						bambus
	168	168	168	168	168	> 107	107	107 < nur für SL			rot
									137	137	siena
											hennarot
											mittelrot
8									138	138	grau
FG	**01/71**	**07/72**	**03/73**	**08/73**	**12/73**	**05/75**	**12/76**	**07/78**	**06/79**	**06/81**	**Leder**
1	261	261	261	261	261	201	201	201	231	231	schwarz
2	262	262	262	262	262	202	202	202	232	232	blau
3	263	263	263	263	263						mahagoni
						203	203	203			tabak
									233	233	brasil
4	264	264	264	264	264						beige
						204	204	204			bambus
									234	234	dattel
5	265	265	265	265	265	205	205	205			pergament
									235	235	creme
											cremebeige
6	266	266	266	266	266						olivgrün
						206	206	206			moos
									236	236	olive
											dunkelolive
											piniengrün
7	267	267	267	267	267						bambus
	268	268	268	268	268	> 207	207	207 < nur für SL			rot
									237	237	siena
											hennarot
											mittelrot
8									238	238	grau

** MB-Tex nicht für SLC*

SL										
FG	**08/81**	**01/82**	**07/82**	**11/83**	**06/84**	**07/85**	**11/85**	**05/86**	**12/88**	**MB-Tex**
6	136	136								olive
			156	156	176	176	176			dunkelolive
								176	176	piniengrün
7										bambus
										rot
	137	137								siena
			157	157						hennarot
					177	177	177	177	177	mittelrot
8	138	138	158	158	178	178	178	178	178	grau
FG	**08/81**	**01/82**	**07/82**	**11/83**	**06/84**	**07/85**	**11/85**	**05/86**	**12/88**	**Leder**
1	231	231	251	251	271	271	271	271	271	schwarz
2	232	232	252	252	272	272	272	272	272	blau
3										mahagoni
										tabak
	233	233	253	253	273	273	273	273	273	brasil
4										beige
										bambus
	234	234	254	254	274	274	274	274	274	dattel
5										pergament
	235	235	255	255						creme
					275	275	275	275	275	cremebeige
6										olivgrün
										moos
	236	236								olive
			256	256	276	276	276			dunkelolive
								276	276	piniengrün
7										bambus
										rot
	237	237								siena
			257	257						hennarot
					277	277	277	277	277	mittelrot
8	238	238	258	258	278	278	278	278	278	grau

Die Polsterungen

SL und SLC										
FG	01/71	07/72	03/73	08/73	12/73	05/75	12/76	07/78	06/79	06/81	Velours**
1		961	961	961	961	901	901	901			anthrazit
									931	931	schwarz
2		962	962	962	962	902	902	902	932	932	blau
3		963	963	963	963						mahagoni
						903	903	903			tabak
									933	933	brasil
4		964	964	964	964						beige
						904	904	904			bambus
									934	934	dattel
5		965	965	965	965	905	905	905			pergament
									935	935	creme
6		966	966	966	966						olivgrün
						906	906	906			moos
									936	936	olive
7									937	937	siena
8									938	938	grau

*** Velours nicht für SL*

Strapazierfähig und fein: Ob Leder, MB-Tex oder Velours - Mercedes-Sitze halten etwas aus.

Die Lackierungen

Buntes Treiben: die Lackierungen

Die Lackierungen der Baureihe sind nach Angaben der Lackprospekte der Vertriebsliteratur dargestellt: die Serienlackierungen ohne Mehrpreis, ferner die Sonder- und die Metallic-Lackierungen gegen Mehrpreis, und alles in den Sprachen deutsch, englisch, französisch und spanisch.

Die Lackierungen sind in eigene Zeitabschnitte einzuteilen: jene vor April 1971, neue anlässlich der Baureihen-Einführung ab April 1971 und die Umstellungen ab Mai 1974, April 1979, Juni 1982, Mai 1984 und Juni 1986.

Als Zeitangabe werden die Monats- und Jahresangaben der Lackprospekte in der vom Werk gewählten Form Monat/Jahr (MMJJ) verwendet, und zwar unabhängig davon, wann die Farbumstellungen in der Serie erfolgten. Mit der Ausnahme der ersten Angaben aus dem internen Verkaufshandbuch von April 1971 werden nur die Daten der Prospekte zitiert, die Veränderungen anzeigten.

Manche bislang aufpreispflichtige Sonderlackierungen wurden später in eine Standardlackierung umgruppiert. In der Tabelle werden sie mit neuen Zeitangaben wie eine neue Farbe aufgeführt, allerdings ohne Fettung der Farbbezeichnung.

Vier Lackvarianten wurden vom Anlauf der Baureihe 107 an bis zu deren Auslaufen und darüber hinaus angeboten: 040-schwarz, 172-anthrazitgrau, 568-signalrot und 904-dunkelblau, allesamt „Klassiker“, später noch um 735-astralsilber ergänzt.

Siebzehn Farben aus früheren Jahren hatten schon bald ausgedient: Sie wurden letztmalig im Mai 1974 angeboten. Neben jenem üblichen Lackprospekt (Motiv: rote Motorhaube) erschien ebenfalls im Mai 1974 ein zweiter Lackprospekt (Motiv: rote Radkappe). Dort wurden die 18 neu einzuführenden Lackierungen vorab präsentiert, um später in die Produktion einzufließen. Faktisch erfolgte die Einführung erst ab Juli des Folgejahres (Angabe gemäß VK-Information 52).

Größere Farbumstellungen erfolgten dann etwa alle zwei Jahre, so im April 1979 mit 18, im Juni 1982 mit acht, im Mai 1984 mit sieben und schließlich im Juni 1986 mit acht neuen Farbtönen.

Als ältester Zeitzeuge dieses Farbspektrums ließ sich kürzlich ein 350 SL in 467-sandbeige metallic ermitteln: Er wurde im September 1971 erstmals zugelassen. Als letzter Farbneuling erschien im Juni 1988 mit Code 512-almandinrot metallic eine Art „Last Edition 107“. Sie schließt diesen Farbreigen.

Selbst wenn einige dieser frühen 13 Lackierungen von 04/71, die sicher nicht mehr alle in der angelaufenen Serie produziert wurden, herausgezählt werden, so endete mit mindestens 92, möglicherweise gar mit 105 Tönen die mit Abstand farbenfröhlichste Zeit eines MB-Personenwagens, eines SL sowieso.

Mai 1970

Mai 1970

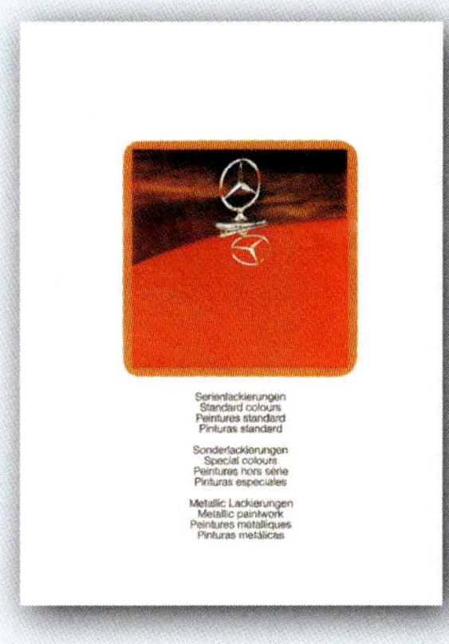

Mai 1974

Mai 1974

April 1979

Dezember 1981

Juli 1985

Dezember 1986

Selten war ein Mercedes-Lackangebot so bunt wie beim 107er.

Die Lackierungen

Codes der Lackierungen
sortiert nach Codes und Erscheinungsmonat des jeweiligen Druckstücks

erstmaliger Einsatz fett, letzter Einsatz unterstrichen
kursiv gestellte Angaben gemäß internem VHb Nachtrag 4 / April 1971

	Farb-Nr.	dt.	engl.	frz.	span.	ab	zuletzt
Serie	040	**schwarz**	black	noir	negro	04 / 71	
Sonder	050	**weiß**	white	blanc	blanco	04 / 71	05 / 74
Metallic	122	**perlmuttgrau**	pearl grey	gris nacré	gris perla	06 / 86	
Sonder	*124*	***arabergrau***	*arabian grey*	*gris arabe*	*gris arábo*	*04 / 71*	*04 / 71*
Serie	131	**pastellweiß**	pastel white	blanc pastel	blanco pastel	07 / 72	05 / 74
Serie	147	**arcticweiß**	arctic white	blanc arctique	blanco árctico	07 / 85	
Serie	*158*	***weißgrau***	*white grey*	*gris blanc*	*gris blanco*	*04 / 71*	*04 / 71*
Metallic	172	**anthrazitgrau**	anthracite grey	gris anthracite	gris antracita	04 / 71	
Serie	*173*	***anthrazitgrau***	*anthrazite grey*	*gris anthracite*	*gris antracita*	*04 / 71*	*04 / 71*
Metallic	*180*	***silbergrau***	*silver grey*	*gris argent*	*gris plata*	*04 / 71*	*04 / 71*
Sonder	*181*	***hellbeige***	*light beige*	*beige clair*	*beige claro*	*04 / 71*	*04 / 71*
Metallic	199	**blauschwarz**	blue black	noir métal	negro azulado	05 / 84	
Metallic	254	**nachtgrün**	pine green	vert nuit	verde noche	06 / 86	08 / 89
Metallic	261	**nelkengrün**	willow green	vert célandon	verde clavo	06 / 86	
Sonder	*268*	***dunkelgrün***	*dark green*	*vert foncé*	*verde oscuro*	*04 / 71*	*04 / 71*
Sonder	291	**dunkelolive**	dark olive	olive foncé	oliva oscura	04 / 71	05 / 74
Serie	*304*	***horizontblau***	*horizon blue*	*bleu horizon*	*azul horizonte*	*04 / 71*	*04 / 71*
Sonder	312	**labradorblau**	labrador blue	bleu labrador	azul	06 / 82	12 / 83
Serie	*350*	***mittelblau***	*medium blue*	*bleu moyen*	*azul mediano*	*04 / 71*	*04 / 71*
Metallic	355	**diamantblau**	diamond blue	bleu diamant	azul diamante	05 / 84	08 / 89
Metallic	387	**blau**	blue	bleu	azul	04 / 71	05 / 74
Metallic	*396*	***mittelblau***	*medium blue*	*bleu moyen*	*azul mediano*	*04 / 71*	*04 / 71*
Metallic	404	**milanbraun**	kite brown	brun milan	pardo milano	05 / 74*	06 / 78
Sonder	406	**cayenneorange**	cayenne orange	orange cayenne	orange Cayena	05 / 74*	06 / 78
Metallic	419	**ikonengold**	icon gold	or icone	oro antiguo	07 / 72	06 / 78
Metallic	422	**byzanzgold**	Byzantine gold	or byzantin	oro bizancio	07 / 72	05 / 74
Sonder	*423*	***tabakbraun***	*tobacco brown*	*tabac foncé*	*tabaco*	*04 / 71*	*04 / 71*
Sonder	424	**topasbraun**	topaz brown	brun topage	pardo topazio	05 / 74*	06 / 78
Serie	427	**braun**	russet brown	brun	marrón	06 / 82	12 / 83
Serie	430	**herbstbeige**	autumn beige	beige automne	beige otõno	07 / 72	05 / 74
Metallic	432	**bisonbraun**	havana brown	brun negresco	marrón bisonte	06 / 86	08 / 89
Metallic	441	**impala**	impala brown	brun impala	beige impala	06 / 86	
Sonder	444	**sandbeige**	sand beige	beige sable	pardo	06 / 82	11 / 85
Serie	*459*	***maroonbraun***	*maroon brown*	*brun colombie*	*pardo castaña*	*05 / 84*	*12 / 86*

	Farb-Nr.	dt.	engl.	frz.	span.	ab	zuletzt
Metallic	*461*	***bronzebraun***	*bronze brown*	*brun broncé*	*marrón bronce*	*04 / 71*	*04 / 71*
Metallic	462	**beige**	beige	beige	beige	04 / 71	05 / 74
Metallic	*467*	***sandbeige***	*sand beige*	*beige sable*	*pardo*	*04 / 71*	*04 / 71*
Serie	470	**coloradobeige**	Colorado beige	beige colorado	beige Colorado	05 / 74*	06 / 78
Metallic	473	**champagner**	champagne	champagne	champán	04 / 79	01 / 81
Sonder	476	**goldbraun**	golden brown	brun-or	pardo dorado	04 / 79	06 / 81
Serie	476	goldbraun	golden brown	brun-or	pardo dorado	07 / 81	12 / 81
Serie	479	**moorbraun**	walnut brown	brun étang	pardo laguna	04 / 79	06 / 81
Metallic	480	**manganbraun**	manganese brown	brun manganése	pardo oscuro	04 / 79	11 / 85
Sonder	482	**apricotorange**	apricot orange	orange-abricot	naranja pastel	04 / 79	06 / 81
Sonder	501	**orientrot**	orient red	rouge d'Orient	rojo oriente	04 / 79	12 / 83
Serie	504	**englischrot**	english red	rouge anglais	rojo ingés	05 / 74*	12 / 81
Metallic	512	**almandinrot**	almandine red	almandin	rojo almandino	06 / 86	
Serie	514	**karneolrot**	carnelian red	rouge carnéol	rojo cornalina	07 / 72	05 / 74
Sonder	516	**mittelrot**	medium red	rouge moyen	rojo normal	05 / 74*	06 / 78
Metallic	525	**brillantrot**	brilliant red	rouge écarlate	rojo brillante	05 / 74*	06 / 78
Serie	540	**barolorot**	barolo red	bordeaux	rojo barolo	05 / 84	
Serie	*542*	***dunkelrot***	*dark red*	*rouge foncé*	*rojo oscuro*	*04 / 71*	*04 / 71*
Sonder	542	dunkelrot	dark red	rouge foncé	rojo oscuro	07 / 72	05 / 74
Sonder	568	**signalrot**	signal red	rouge pompier	rojo vivo	04 / 71	11 / 85
Serie	568	signalrot	signal red	rouge pompier	rojo vivo	06 / 86	
Metallic	571	**rot**	red	rouge	rojo	04 / 71	05 / 74
Sonder	*576*	***rot***	*red*	*rouge*	*rojo*	*04 / 71*	*04 / 71*
Metallic	581	**inkarot**	inca red	rouge Inka	rojo inca	04 / 79	06 / 81
Serie	585	**altrot**	mesa red	rouge ancien	rojo	06 / 82	12 / 83
Metallic	587	**pajettrot**	pajett red	rouge cornaline	rojo lentejuela	05 / 84	
Sonder	606	**ahorngelb**	maple yellow	jaune érable	amarillo arce	07 / 72	05 / 74
Serie	606	ahorngelb	maple yellow	jaune érable	amarillo arce	05 / 74*	06 / 78
Sonder	618	**mimosengelb**	mimosa yellow	mimosa	amarillo mimosa	05 / 74*	06 / 81
Sonder	623	**hellelfenbein**	light ivory	ivoir claire	marfil claro	07 / 72	11 / 85
Sonder	623	hellelfenbein	light ivory	ivoir claire	marfil claro	07 / 72	11 / 85
Sonder	624	**gelb**	yellow	jaune	amarillo	07 / 72	06 / 78
Serie	651	**pueblobeige**	pueblo beige	beige mexicain	beige pueblo	06 / 86	
Serie	*670*	***hellelfenbein***	*light ivory*	*ivoire clair*	*marfil claro*	*04 / 71*	*04 / 71*
Serie	673	saharagelb	sahara yellow	jaune sahara	amarillo sahara	04 / 79	12 / 83
Sonder	673	**saharagelb**	sahara yellow	jaune sahara	amarillo sahara	05 / 74*	06 / 78
Sonder	680	**heliosgelb**	sun yellow	jaune héliotrope	amarillo helios	04 / 79	12 / 81

** zweiter Lackkatalog von 05 / 74 (rote Radkappe), gem. VK-Info 52 ab 01.07.75 gültig*

Die Lackierungen

	Farb-Nr.	dt.	engl.	frz.	span.	ab	zuletzt
Serie	681	**weizengelb**	manila beige	jaune céréal	amarillo trigo	04 / 79	04 / 85
Sonder	684	**taigabeige**	pastel beige	beige taiga	beige taiga	04 / 79	11 / 85
Serie	690	**hellocker**	light ochre	ocre clair	ocre claro	07 / 85	12 / 86
Metallic	702	**rauchsilber**	smoke silver	argent cendré	plata ahumada	05 / 84	
Sonder	717	**papyrusweiß**	papyrus white	blanc de papyrus	blanco papiro	04 / 71	05 / 74
Sonder	726	**beigegrau**	beige grey	gris beige	gris beige	04 / 71	05 / 74
Metallic	*728*	***beigegrau***	*beige grey*	*gris beige*	*gris beige*	*04 / 71*	*04 / 71*
Serie	733	**grau**	grey	phantôme	gris	07 / 72	05 / 74
Metallic	735	**astralsilber**	astral silver	argent astral	plateado astral	07 / 72	01 / 88
Serie	737	**classicweiß**	classic white	blanc classic	blanco clásico	05 / 74*	04 / 85
Sonder	740	**pastellgrau**	pastel grey	gris pastel	gris pastel	05 / 74*	12 / 81
Serie	751	**liasgrau**	ascot grey	gris moyen	gris	06 / 82	
Serie	803	**riedgrün**	moss green	vert étang	verde	06 / 82	11 / 85
Serie	815	**achatgrün**	agate green	vert agate	verde agate	06 / 86	
Sonder	822	**eibengrün**	forest green	vert if	verde oscuro	06 / 82	11 / 85
Sonder	825	**tiefgrün**	dark green	vert Foncé	verde oscuro	05 / 74*	06 / 78
Metallic	*834*	***moosgrün***	*moss green*	*vert mousse*	*verde musgo*	*04 / 71*	*04 / 71*
Serie	860	**grün**	green	vert	verde	07 / 72	05 / 74
Metallic	861	**silbergrün**	silver green	vert argent	verde plateado	07 / 72	06 / 78
Metallic	862	**piniengrün**	stone-pine green	vert pin	verde pino	07 / 72	05 / 74
Serie	867	**kaledoniengrün**	Caledoia green	vert calédonie	verde Caledonia	05 / 74*	06 / 78
Sonder	870	**nickelgrün**	nickel green	vert nickel	verde niquel	05 / 74*	06 / 78
Metallic	874	**citrusgrün**	citrus green	vert citron	verde citrico	05 / 74*	06 / 78
Sonder	875	**mangogrün**	mango green	vert mangue	verde mango	04 / 79	12 / 81
Metallic	876	**zypressengrün**	cypress green	vert cyprès	verde ciprés	05 / 74*	11 / 85
Metallic	877	**petrol**	blue green	pétrole	petrol	04 / 79	11 / 88
Serie	880	**agavengrün**	cactus green	vert agave	verde ágave	04 / 79	12 / 81
Metallic	881	**silberdistel**	thistle green	chardon argenté	cardo plateado	04 / 79	11 / 85
Serie	900	**surfblau**	deep blue	bleu surf	azul mediano	06 / 82	
Sonder	903	**blau**	blue	bleu	azul	04 / 71	05 / 74
Serie	903	blau	blue	bleu	azul	05 / 74*	06 / 78
Sonder	904	**dunkelblau**	midnight blue	bleu foncé	azul oscuro	04 / 71	11 / 85
Serie	904	dunkelblau	midnight blue	bleu foncé	azul oscuro	06 / 86	
Metallic	906	**graublau**	grey blue	gris bleu	azul grisáceo	04 / 71	06 / 78
Serie	917	**aquablau**	aqua blue	aquableu	azul marino	07 / 72	05 / 74
Serie	920	**tiefblau**	deep blue	bleu indigo	azul turqui	07 / 72	05 / 74
Serie	922	**pastellblau**	pastel blue	bleu pastel	azul pastel	05 / 74*	06 / 78

	Farb-Nr.	dt.	engl.	frz.	span.	ab	zuletzt
Metallic	929	**nautikblau**	nautical blue	bleu pacifique	azul náutico	05 / 84	
Metallic	930	**silberblau**	silver blue	bleu argent	azul plata	04 / 79	12 / 83
Metallic	931	**magnetitblau**	magnetite blue	blue magnétite	azul magnetita	05 / 74*	06 / 78
Metallic	932	**lapisblau**	lapis blue	bleu lapis	lazulita	04 / 79	12 / 83
Serie	934	**chinablau**	china blue	bleu de Chine	azul china	04 / 79	12 / 81
Sonder	940	**hansablau**	marine blue	bleu hanséatique	azul alhucema	04 / 79	12 / 81

** zweiter Lackkatalog von 05 / 74 (rote Radkappe), gem. VK-Info 52 ab 01.07.75 gültig*

Die Sonderausstattungen

Die Sonderausstattungen

Es wurden die 52 für den deutschen Markt bestimmten Mercedes-Benz Preislisten (PL) – Nr. 06 vom April 1971 bis Nr. 53 vom 03.06.91 ausgewertet. Aufgenommen wurden die mit dreistelligen Codes versehenen Sonderausstattungen (SA).

Die Coupé-Bauformen und ihre Ausstattungen sind in den Preislisten ab Nr. 07 vom Oktober 1971 bis Nr. 44 vom 15.04.1985 enthalten.

Nicht alle mit SA-Code versehenen Ausstattungen waren für Fahrzeuge der Baureihe 107 zugleich aufpreispflichtig, etwa 542 (Handschuhkastenschloss) oder gar 451, der Drehzahlmesser, der ab PL Nr. 11 erstmals vercodet wurde, aber ab Markteinführung (PL Nr. 6) zur Grundausstattung gehörte.

Nicht aufgenommen wurden die als „Kundenwunsch" (in der Regel vierstellige KW-Nummern) darüber hinaus lieferbaren Ausstattungen, die unter anderem in Verkaufs-Taschenbüchern und vergleichbaren MB-Druckschriften vermerkt sind.

Ebenso wurden nicht aufgenommen die aufgrund von staatlichen Auflagen respektive regionalen Erfordernissen geprägten Sonderformen und deren Ausstattung, also etwa Rechtslenker-, Tropen- und Behördenvarianten.

Von den Preislisten 45 und 47 gab es jeweils eine mit Zusatz /1 versehene, weitere Ausgabe. Von zehn weiteren gab es inhaltliche Varianten, die allein anhand der Druck-Nummer nicht unterscheidbar waren; deren Abweichungen betrafen inhaltlich aber nicht die SA der Baureihe 107.

Nach Codes sortiert liefert die Tabelle schnellen Überblick zum einzelnen Fahrzeug. In alphabetischer Reihenfolge sind die SA nach den Schlüsselbegriffen sortiert, wie sie in den Preislisten angeboten wurden. Die zahlreichen Veränderungen bei den einzelnen SA werden erkennbar.

Nach Einführungsdatum sortiert erscheinen diese Änderungen als Pakete. Die 2. Serie liefert davon ein besonders umfangreiches Paket an Veränderungen in Optik und Technik, sodass mit PL 45 alle SA erneut aufgenommen wurden.

Die verschiedenen Typen unterscheiden sich nicht nur in ihrer Motorisierung, sondern von ihr abhängig auch erheblich in der Grundausstattung (GA), die in diesem Rahmen nicht darstellbar ist. Wo immer aber ein Hinweis sinnvoll war, wurde er eingebracht.

Die Kombi-Codes und andere, häufiger zu findende Steuerungscodes sind in einer weiteren Tabelle erfasst, die naturgemäß nicht vollständig sein kann.

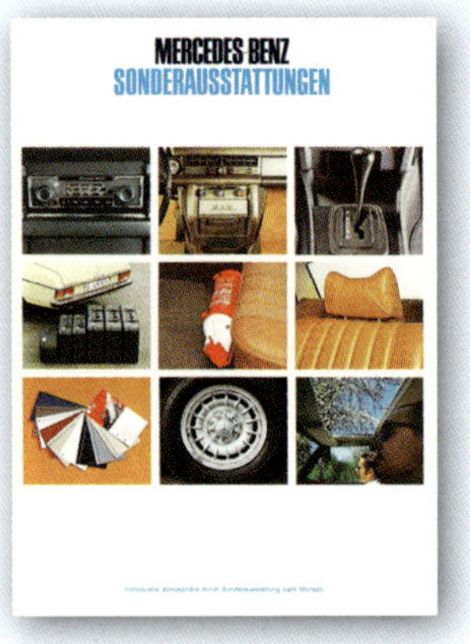

SA-Katalog vom November 1972

SA-Katalog vom Dezember 1983

SA-Katalog vom August 1988

Das Codehandbuch von 1987

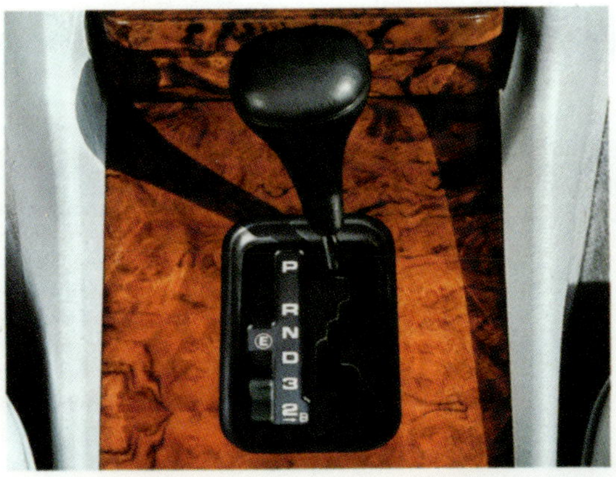

Mit Automatic (Serie bei den Achtzylindern) werden Ihnen Kuppeln und Schalten automatisch abgenommen. Sie wählen unter 2 Programmen: Standard und Economy.

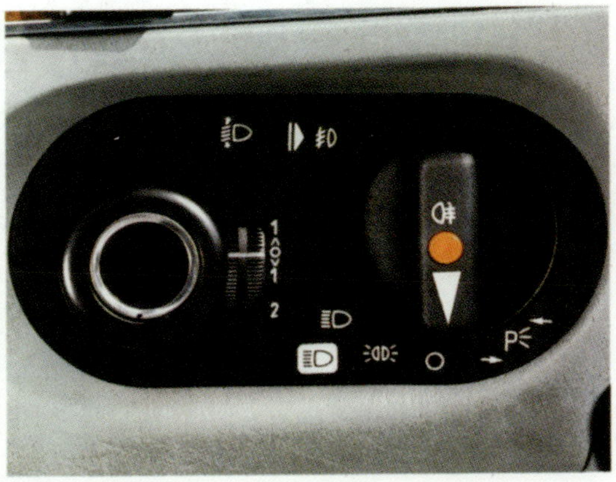

Der Lichtdrehschalter ist beleuchtet.

Die Klimatisierungs-Automatik: für elektronisch geregelte Innenraumtemperatur.

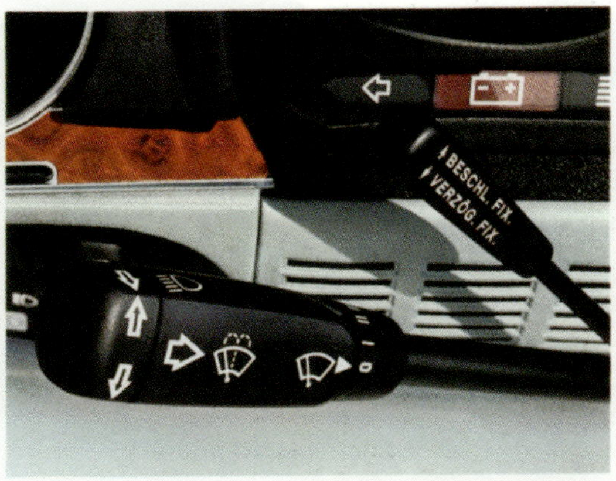

Die optimale Betätigung für eine Reihe wichtiger Funktionen: der Kombischalter für Fahrlicht, Lichthupe, Blinker, Scheibenwischer und Scheibenwaschanlage.

Der Mercedes-Reiserechner: elektronische Hilfe für perfekte Fahrplanung.

Das serienmäßige Anti-Blockier-System (ABS): bei voller Bremswirkung bleibt die Lenkfähigkeit des Autos erhalten.

Katalog vom August 1988

Die Sonderausstattungen

Ausstattungscodes der Baureihe 107 nach Code sortiert

links ausgerichtete Codes: 1. Serie bis Modelljahr 1985
rechts ausgerichtete Codes: 2. Serie ab Modelljahr 1986

			R - nur Roadster C - nur Coupé	enthalten in den Preislisten ab Nr.	bis Nr.
215		Autotelefonanlage, Dachantenne für Autotelefon	C	09 v. 02.05.72	10 v. 15.09.72
217		Autotelefonanlage Becker (Wählautom.)		07 v. Okt. 71	10 v. 15.09.72
219		Autotelefonanlage, Heckantenne für Autotelefon		09 v. 02.05.72	10 v. 15.09.72
240		Außentemperaturanzeige		39 v. 15.08.83	44 v. 15.04.85
	240	Außentemperaturanzeige		45 v. 02.09.85	53 v. 13.02.89
	245	Reiserechner		45 v. 02.09.85	53 v. 13.02.89
248		Heckscheibe, elektrisch heizbar, Verbundglas		06 v. April 71	44 v. 15.04.85
	248	Heckscheibe, elektrisch heizbar, Verbundglas		45 v. 02.09.85	53 v. 13.02.89
249		Wärmedämmendes Glas rundum mit heizbarer Heckscheibe (ESG)		06 v. April 71	07 v. Okt. 71
254		Radio Becker Europa Cassette Kurier LMKU mit integriertem Verkehrsfunk-Decoder		22 v. 01.08.78	28 v. 13.09.79
254		Radio Becker Europa Cassette Vollstereo Kurier LMKU mit integriertem Verkehrsfunk-Decoder		29 v. 24.03.80	34 v. 04.01.82
254		Radio Becker Europa Cassette Vollstereo Kurier LMKU		35 v. 26.07.82	42 v. 03.09.84
254		Radio Becker Europa Cassette electronic Vollstereo Kurier MU		43 v. 10.12.84	44 v. 15.04.85
	254	Radio Becker Europa Cassette electronic Vollstereo Kurier MU		45 v. 02.09.85	53 v. 13.02.89
256		Ausgleichgetriebe mit begrenztem Schlupf		06 v. April 71	08 v. 24.01.72
256		Ausgleichsgetriebe mit begrenztem Schlupf		09 v. 02.05.72	13 v. 11.02.74
256		Ausgleichsgetriebe mit begrenztem Schlupf, nicht 6-Zylinder		14 v. 24.06.74	34 v. 04.01.82
256		Ausgleichgetriebe mit begrenztem Schlupf, nicht 6-Zylinder		35 v. 26.07.82	44 v. 15.04.85
	256	Ausgleichgetriebe mit begrenztem Schlupf, nicht 6-Zylinder		45 v. 02.09.85	53 v. 13.02.89
257		Radio Becker Europa Kurier LMKU mit integriertem Verkehrsfunk-Decoder		15a v. 01.09.75	34 v. 04.01.82
257		Radio Becker Europa Kurier LMKU		35 v. 26.07.82	44 v. 15.04.85
	257	Radio Becker Europa Kurier LMKU		45 v. 02.09.85	53 v. 13.02.89
258		Radio Becker Monza Cassette Kurier LMU mit integriertem Verkehrsfunk-Decoder		16 v. 28.01.76	21 v. 24.04.78
259		Verkehrsfunk-Kurier 5		19 v. 15.09.77	30 v. 09.06.80
263		Autotelefon TeKaDe BSA 31 S		19 v. 15.09.77	31 v. 04.08.80
265		Autotelefon, Einbauteilesatz TeKaDe BSA 31 S		19 v. 15.09.77	31 v. 04.08.80
273		Autotelefonanlage TeKaDe (Wählautomatik)		07 v. Okt. 71	10 v. 15.09.72
273		Autotelefon TeKaDe BSA 22 (Selbstwählanlage Netz B)		15 v. 10.02.75	18 v. 17.03.77
273		Autotelefon TeKaDe BSA 33		32 v. 20.07.81	40 v. 15.09.83
273		Autotelefon TeKaDe BSA 33 A		41 v. 02.01.84	43 v. 10.12.84
274		Autotelefon, Einbauteilesatz TeKaDe BSA 33		32 v. 20.07.81	40 v. 15.09.83

				ab Nr.	bis Nr.
274		Autotelefon, Einbauteilesatz TeKaDe BSA 33 A		41 v. 02.01.84	44 v. 15.04.85
	274	Autotelefon, Einbauteilesatz TeKaDe BSA 33 A		45 v. 02.09.85	46 v. 16.12.85
	274	Autotelefon, Netz B 2-Ausführung, Einbauteilesatz TeKaDe BSA 33 A		47 v. 01.09.86	49 v. 01.06.87
278		Autotelefon, Einbauteilesatz TeKaDe BSA 22		15 v. 10.02.75	18 v. 17.03.77
280		Koffersatz, 3-teilig	R	06 v. April 71	08 v. 24.01.72
280		Lederlenkrad und -schalthebel		43 v. 10.12.84	44 v. 15.04.85
	280	Lederlenkrad und -schalthebel		45 v. 02.09.85	53 v. 13.02.89
281		Koffersatz, 3-teilig (im Fond) einschließlich Halteriemen	R	06 v. April 71	16 v. 28.01.76
282		Koffersatz, 6-teilig	C	09 v. 02.05.72	16 v. 28.01.76
283		Koffersatz, 4-teilig	R	09 v. 02.05.72	16 v. 28.01.76
284		Koffersatz, 5-teilig	R	06 v. April 71	08 v. 24.01.72
289		Skihalter		06 v. April 71	20 v. 02.01.78
290		Einzelkoffer, Wäschekoffer groß		09 v. 02.05.72	10 v. 15.09.72
290		Koffersatz, 6-teilig	C	17 v. 14.02.77	18 v. 17.03.77
290		Koffersatz, 5-teilig	C	19 v. 15.09.77	20 v. 02.01.78
291		Einzelkoffer, Kleiderkoffer		06 v. April 71	10 v. 15.09.72
292		Einzelkoffer, Wäschekoffer, mittel		06 v. April 71	10 v. 15.09.72
292		Koffersatz, 4-teilig	R	17 v. 14.02.77	20 v. 02.01.78
293		Einzelkoffer, Wäschekoffer, klein		06 v. April 71	10 v. 15.09.72
293		Koffersatz, 3-teilig, im Fond, einschl. Halteriemen	R	17 v. 14.02.77	18 v. 17.03.77
294		Einzelkoffer, Hutkoffer		06 v. April 71	10 v. 15.09.72
295		Einzelkoffer, Necessairekoffer		06 v. April 71	10 v. 15.09.72
296		Einzelkoffer, Reisetasche		09 v. 02.05.72	10 v. 15.09.72
297		Halteriemen aus Leder mit Befestigungsmaterial u. Montage (auch ohne Koffer erhältlich)	R	06 v. April 71	07 v. Okt. 71
298		Halteriemen aus Leder mit Befestigungsmaterial u. Montage für Koffer im Fond	R	06 v. April 71	10 v. 15.09.72
	310	Autotelefon, Heckantenne		45 v. 02.09.85	47 v. 01.09.86
	310	Autotelefon, Heckantenne Netz C		47/1 v. 01.09.86	53 v. 13.02.89
319		Aufbewahrungsbehälter für Coupédach oder Roadsterverdeck		06 v. April 71	08 v. 24.01.72
345		Autotelefon Becker AT 76 S		32 v. 20.07.81	40 v. 15.09.83
345		Autotelefon Becker AT 76 S/I		41 v. 02.01.84	43 v. 10.12.84
345		Autotelefon Becker AT 76 S/II		44 v. 15.04.85	44 v. 15.04.85
	345	Autotelefon Becker AT 76 S/II		45 v. 02.09.85	46 v. 16.12.85
346		Autotelefon, Einbauteilesatz Becker AT 76 S		32 v. 20.07.81	40 v. 15.09.83
346		Autotelefon, Einbauteilesatz Becker AT 76 S/I		41 v. 02.01.84	43 v. 10.12.84
346		Autotelefon, Einbauteilesatz Becker AT 76 S/II		44 v. 15.04.85	44 v. 15.04.85
	346	Autotelefon, Einbauteilesatz Becker AT 76 S/II		45 v. 02.09.85	46 v. 16.12.85
	346	Autotelefon, Netz B 2-Ausführung, Einbauteilesatz Becker AT 76 S/II		47 v. 01.09.86	49 v. 01.06.87

Die Sonderausstattungen

				ab Nr.	bis Nr.
350		Autotelefon Becker (Selbstwählanlage Netz B)		11 v. 05.03.73	12 v. 06.08.73
350		Autotelefon Becker AT 160 S (Selbstwählanlage Netz B)		13 v. 11.02.74	19 v. 15.09.77
351		Autotelefon Becker AT 40 S		20 v. 02.01.78	31 v. 04.08.80
352		Autotelefon, Einbauteilesatz Becker (Netz B)		11 v. 05.03.73	14 v. 24.06.74
352		Autotelefon, Einbauteilesatz Becker AT 160 S		15 v. 10.02.75	19 v. 15.09.77
353		Autotelefon, Einbauteilesatz Becker AT 40 S		20 v. 02.01.78	31 v. 04.08.80
354		Autotelefon, Dachantenne (Netz B), nicht möglich bei elektrischem Schiebedach	C	11 v. 05.03.73	16 v. 28.01.76
354		Autotelefon, Dachantenne (Netz B), nicht möglich bei Schiebedach	C	17 v. 14.02.77	18 v. 17.03.77
354		Autotelefon, Dachantenne, nicht möglich bei Schiebedach	C	19 v. 15.09.77	22 v. 01.08.78
354		Autotelefon, Dachantenne, nicht lieferbar mit Schiebedach	C	23 v. 18.12.78	32 v. 20.07.81
355		Autotelefon, Heckantenne (Netz B)		11 v. 05.03.73	18 v. 17.03.77
355		Autotelefon, Heckantenne		19 v. 15.09.77	44 v. 15.04.85
	355	Autotelefon, Heckantenne		45 v. 02.09.85	47 v. 01.09.86
	355	Autotelefon, Heckantenne Netz B 2		47/1 v. 01.09.86	53 v. 13.02.89
404		Fahrerlehne orthopädisch links		06 v. April 71	10 v. 15.09.72
404		Sitze, Fahrerlehne orthopädisch		11 v. 05.03.73	32 v. 20.07.81
404		Sitze, Vordersitzlehne, orthopädisch links		33 v. 01.09.81	44 v. 15.04.85
	404	Sitze, Vordersitzlehne, orthopädisch links		45 v. 02.09.85	53 v. 13.02.89
405		Fahrerlehne orthopädisch rechts		06 v. April 71	10 v. 15.09.72
405		Sitze, Beifahrerlehne orthopädisch		11 v. 05.03.73	32 v. 20.07.81
405		Sitze, Vordersitzlehne, orthopädisch rechts		33 v. 01.09.81	44 v. 15.04.85
	405	Sitze, Vordersitzlehne, orthopädisch rechts		45 v. 02.09.85	53 v. 13.02.89
410		Schiebedach, elektrisch	C	07 v. Okt. 71	32 v. 20.07.81
414		Coupédach lose		06 v. April 71	08 v. 24.01.72
416		Coupédach montiert		06 v. April 71	16 v. 28.01.76
416		Coupédach einschließlich heizbarer Heckscheibe Verbundglas		17 v. 14.02.77	28 v. 13.09.79
420		Getriebe, MB automatisch, Mittelschaltung		06 v. April 71	15a v. 01.09.75
420		Getriebe, automatisch, Mittelschaltung		16 v. 28.01.76	44 v. 15.04.85
	420	Getriebe, automatisch, Mittelschaltung, 4-Gang mit Programmwähler		45 v. 02.09.85	53 v. 13.02.89
422		Servolenkung - MB		06 v. April 71	15a v. 01.09.75
422		Servolenkung		16 v. 28.01.76	44 v. 15.04.85
424		Getriebe, mechanische Mittelschaltung, nicht für 450 SL / 450 SLC		06 v. April 71	16 v. 28.01.76
428		Getriebe, MB, 5-Gang		14 v. 24.06.74	15a v. 01.09.75
428		Getriebe, 5-Gang, Mittelschaltung		33 v. 01.09.81	44 v. 15.04.85
	428	Getriebe, 5-Gang, Mittelschaltung		45 v. 02.09.85	53 v. 13.02.89
437		Sicherheitsgurte (Automatic) im Fond 2-fach	C	11 v. 05.03.73	24 v. 01.02.79
438		Sicherheitsgurte vorn (2 Stück) Automatic		06 v. April 71	09 v. 02.05.72

				ab Nr.	bis Nr.
438		Sicherheitsgurte (Automatic) vorn (2 Stück)		10 v. 15.09.72	10 v. 15.09.72
439		Sicherheitsgurte vorn u. hinten (4 Stück) Automatic	C	09 v. 02.05.72	09 v. 02.05.72
439		Sicherheitsgurte (Automatic) vorn u. hinten (4 Stück)	C	10 v. 15.09.72	10 v. 15.09.72
440		Tempomat		15a v. 01.09.75	15a v. 01.09.75
440		Tempomat, nur lieferbar bei automatischem Getriebe		16 v. 28.01.76	44 v. 15.04.85
	440	Tempomat, nur lieferbar bei automatischem Getriebe		45 v. 02.09.85	53 v. 13.02.89
	442	Airbag im Lenkrad		45 v. 02.09.85	49 v. 01.06.87
	442	Airbag für Fahrer		50 v. 11.09.87	53 v. 13.02.89
451		Verbundglas Frontscheibe		06 v. April 71	08 v. 24.01.72
451		Drehzahlmesser		11 v. 05.03.73	44 v. 15.04.85
	451	Drehzahlmesser		45 v. 02.09.85	53 v. 13.02.89
454		Tankschloss		06 v. April 71	13 v. 11.02.74
462		Nebelschlussleuchte		06 v. April 71	16 v. 28.01.76
	466	Zentralverriegelung		07 v. Okt. 71	44 v. 15.04.85
466		Zentralverriegelung		45 v. 02.09.85	53 v. 13.02.89
470		Lüfterkupplung		06 v. April 71	16 v. 28.01.76
470		Antiblockiersystem ABS		29 v. 24.03.80	44 v. 15.04.85
	470	Antiblockiersystem ABS		45 v. 02.09.85	53 v. 13.02.89
480		Niveauregulierung	C	10 v. 15.09.72	32 v. 20.07.81
500		Außenspiegel, links beheizt		44 v. 15.04.85	44 v. 15.04.85
502		Außenspiegel, rechts		07 v. Okt. 71	11 v. 05.03.73
502		Außenspiegel, rechts von innen einstellbar		12 v. 06.08.73	35 v. 26.07.82
504		Außenspiegel, rechts von innen elektrisch einstellbar		35 v. 26.07.82	41 v. 02.01.84
504		Außenspiegel, rechts elektrisch einstellbar		42 v. 03.09.84	44 v. 15.04.85
506		Außenspiegel, links und rechts beheizt sowie rechts elektrisch einstellbar		44 v. 15.04.85	44 v. 15.04.85
	506	Außenspiegel, rechts elektrisch einstellbar und beheizt		45 v. 02.09.85	51 v. 01.02.88
510		Radio Becker Mexico Cassette Stereo MU, Rundfunkempfang mono; Stereofonie über Cass.		06 v. April 71	11 v. 05.03.73
510		Radio Becker Monza Cassette Stereo LMU, Rundfunkempfang mono; Stereo über Cass.		15 v. 10.02.75	21 v. 24.04.78
510		Radio Becker Mexico Cassette electronic Kurier MU		31 v. 04.08.80	34 v. 04.01.82
510		Radio Becker Mexico Cassette electronic Kurier MU		35 v. 26.07.82	36 v. 01.09.82
510		Radio Becker Mexico Cassette electronic Vollstereo Kurier MU		37 v. 08.12.82	37 v. 08.12.82
510		Radio Becker Mexico Cassette electronic Vollstereo Kurier LMKU		38 v. 01.07.83	44 v. 15.04.85
	510	Radio Becker Mexico Cassette electronic Vollstereo Kurier LMKU		45 v. 02.09.85	49 v. 01.06.87
	510	Radio Becker Mexico Diversity Cassette electronic Vollstereo Kurier MKU		50 v. 11.09.87	53 v. 13.02.89
511		Radio Becker Mexico Cassette Vollstereo MU		11 v. 05.03.73	21 v. 24.04.78
511		Radio Becker Mexico Cassette Vollstereo Reverse MU		22 v. 01.08.78	30 v. 09.06.80
511		Radio Becker Grand Prix Cassette electronic Vollstereo Kurier LMU		37 v. 08.12.82	44 v. 15.04.85

Die Sonderausstattungen

				ab Nr.	bis Nr.
	511	Radio Becker Grand Prix Cassette electronic Vollstereo Kurier LMU		45 v. 02.09.85	53 v. 13.02.89
512		Radio Becker Grand Prix Stereo LMKU		11 v. 05.03.73	14 v. 24.06.74
512		Radio Becker Europa Cassette LMKU, Rundfunkempfang Mono, Stereo über Cassette		22 v. 01.08.78	28 v. 13.09.79
512		Radio Becker Europa Cassette Vollstereo LMKU		29 v. 24.03.80	36 v. 01.09.82
513		Radio Becker Grand Prix electronic Stereo Kurier LMU		37 v. 08.12.82	44 v. 15.04.85
	513	Radio Becker Grand Prix electronic Stereo Kurier LMU		45 v. 02.09.85	53 v. 13.02.89
514		Radio Becker Europa LMKU		06 v. April 71	36 v. 01.09.82
515		Radio Becker Avus Kurier MU		35 v. 26.07.82	44 v. 15.04.85
	515	Radio Becker Avus Kurier MU		45 v. 02.09.85	53 v. 13.02.89
516		Radio Becker Grand Prix LMKU		06 v. April 71	34 v. 04.01.82
518		Radio Becker Europa Stereo LMKU		06 v. April 71	28 v. 13.09.79
518		Radio Becker Avus Cassette Kurier MU, Cassette Stereo		37 v. 08.12.82	44 v. 15.04.85
	518	Radio Becker Avus Cassette electronic Vollstereo Kurier MU		45 v. 02.09.85	53 v. 13.02.89
531		Antenne, automatisch (bei Radioeinbau)		06 v. April 71	44 v. 15.04.85
	531	Antenne, automatisch (bei Radioeinbau)		45 v. 02.09.85	53 v. 13.02.89
532		Antenne, automatisch (ohne Radioeinbau)		06 v. April 71	44 v. 15.04.85
	532	Antenne, automatisch (ohne Radioeinbau)		45 v. 02.09.85	53 v. 13.02.89
533		Entstörung für nachträglichen Radio- und FM-Funk		06 v. April 71	38 v. 01.07.83
534		Antenne, mechanisch (ohne Radioeinbau)		06 v. April 71	44 v. 15.04.85
	534	Antenne, mechanisch (ohne Radioeinbau)		45 v. 02.09.85	53 v. 13.02.89
542		Handschuhkastenschloss		06 v. April 71	44 v. 15.04.85
543		Sonnenblenden mit beleuchtetem Spiegel		44 v. 15.04.85	44 v. 15.04.85
543		Sonnenblenden mit beleuchtetem Spiegel		45 v. 02.09.85	53 v. 13.02.89
550		Anhängevorrichtung mit festsitzendem Kugelhals, 1500 kg Anhängelast		09 v. 02.05.72	11 v. 05.03.73
550		Anh. mit festsitzendem Kugelhals, 1200 kg, Ausnahmegenehmigung gem. VP IN und ZKD		12 v. 06.08.73	22 v. 01.08.78
550		Anh. mit festsitzendem Kugelhals, zulässige Anhängelast gem. VP IN und ZKD		23 v. 18.12.78	44 v. 15.04.85
	550	Anh. mit festsitzendem Kugelhals, zulässige Anhängelast gem. VP IN und ZKD		45 v. 02.09.85	53 v. 13.02.89
551		Einbruch- und Diebstahl-Warnanlage		32 v. 20.07.81	44 v. 15.04.85
	551	Einbruch- und Diebstahl-Warnanlage		45 v. 02.09.85	53 v. 13.02.89
565		Fondsitze, (2 Kindersitze) anstelle Gepäckablage	R	06 v. April 71	44 v. 15.04.85
	565	Fondsitze, 2 Kindersitze anstelle Gepäckablage		45 v. 02.09.85	53 v. 13.02.89
570		Armlehne, klappbar vorn	C	14 v. 24.06.74	18 v. 17.03.77
570		Armlehne, klappbar vorn		19 v. 15.09.77	44 v. 15.04.85
	570	Armlehne, klappbar vorn		45 v. 02.09.85	53 v. 13.02.89
571		Kopfstütze vorne rechts		06 v. April 71	09 v. 02.05.72
572		Kopfstütze vorne links		06 v. April 71	09 v. 02.05.72
573		Kopfstützen vorne (2 Stück)		10 v. 15.09.72	10 v. 15.09.72

				ab Nr.	bis Nr.
580		Kühlanlage einschließlich Lüfterkupplung		06 v. April 71	08 v. 24.01.72
580		Kühlanlage		09 v. 02.05.72	12 v. 06.08.73
580		Kühlanlage		09 v. 02.05.72	12 v. 06.08.73
580		Klimaanlage		13 v. 11.02.74	44 v. 15.04.85
	580	Klimaanlage		45 v. 02.09.85	53 v. 13.02.89
581		Klimatisierungsautomatik		22 v. 01.08.78	44 v. 15.04.85
	581	Klimatisierungsautomatik		45 v. 02.09.85	53 v. 13.02.89
583		Fensterheber, elektrisch, 2-fach		07 v. Okt. 71	44 v. 15.04.85
	583	Fensterheber, elektrisch, 2-fach		45 v. 02.09.85	52 v. 01.09.88
	583	Fensterheber, elektrisch, 2-fach vorn		53 v. 13.02.89	53 v. 13.02.89
584		Fensterheber, elektrisch, 4-fach	C	07 v. Okt. 71	32 v. 20.07.81
590		Wärmedämmendes Glas rundum mit heizbarer Heckscheibe, Verbundglas		08 v. 24.01.72	44 v. 15.04.85
	590	Wärmedämmendes Glas rundum mit heizbarer Heckscheibe, Verbundglas		45 v. 02.09.85	53 v. 13.02.89
594		Wärmedämmendes Glas Front- u. Seitenscheiben	R	06 v. April 71	28 v. 13.09.79
597		Wärmedämmendes Glas rundum		06 v. April 71	16 v. 28.01.76
600		Scheinwerferwischeranlage		07 v. Okt. 71	44 v. 15.04.85
	600	Scheinwerferwischeranlage		45 v. 02.09.85	53 v. 13.02.89
618		Halogen-Fern-, Abblend- und Nebellicht		06 v. April 71	16 v. 28.01.76
	620	Abgasreinigungsanlage (Katalysator-Technik)		45 v. 02.09.85	53 v. 13.02.89
		Abgasreinigungsanlage, ohne		47 v. 01.09.86	53 v. 13.02.89
630		Reifen, Gürtelreifen 5-fach (schwarz)		06 v. April 71	13 v. 11.02.74
631		Verbandkasten montiert		06 v. April 71	12 v. 06.08.73
631		Verbandkasten		13 v. 11.02.74	16 v. 28.01.76
640		Leichtmetallräder (5 Stück) (mit Gürtelreifen)		06 v. April 71	09 v. 02.05.72
640		Leichtmetallräder 5-fach (mit Gürtelreifen)		10 v. 15.09.72	11 v. 05.03.73
640		Leichtmetallräder 5-fach		12 v. 06.08.73	44 v. 15.04.85
	640	Leichtmetallräder 5-fach		45 v. 02.09.85	53 v. 13.02.89
645		Reifen, M+SE-Gürtelreifen 4-fach (schwarz)		08 v. 24.01.72	13 v. 11.02.74
645		Reifen, M+S-Haft-Gürtelreifen 4-fach		15 v. 10.02.75	44 v. 15.04.85
	645	Reifen, M+S-Haftreifen 4-fach		45 v. 02.09.85	53 v. 13.02.89
682		Feuerlöscher, montiert		06 v. April 71	27 v. 16.07.79
682		Feuerlöscher, montiert, 1 kg Pulver		28 v. 13.09.79	30 v. 09.06.80
682		Feuerlöscher, montiert, 2 kg Halon		31 v. 04.08.80	44 v. 15.04.85
	682	Feuerlöscher, montiert, 2 kg Halon		45 v. 02.09.85	53 v. 13.02.89
731		Holzausführung Wurzelnuss		39 v. 15.08.83	44 v. 15.04.85
	731	Holzausführung Wurzelnuss		45 v. 02.09.85	53 v. 13.02.89
811		Lautsprecher im Fond m. Überblendregler	C	07 v. Okt. 71	09 v. 02.05.72

Die Sonderausstattungen

			ab Nr.	bis Nr.
811	Lautsprecher im Fond m. Überblendregler (2 Stück)	C	10 v. 15.09.72	14 v. 24.06.74
811	Hecklautsprecher, Mono, 2 Stück mit Überblendregler	C	15 v. 10.02.75	32 v. 20.07.81
812	Hecklautsprecher, Stereo, 2 Stück mit Überblendregler	C	15 v. 10.02.75	32 v. 20.07.81
821	Abgasreinigungsanlage, Rückrüstung auf Betrieb ohne Katalysator (RÜF)		45 v. 02.09.85	46 v. 16.12.85
870	Sitzheizung elektrisch, Fahrersitz-Heizung		14 v. 24.06.74	32 v. 20.07.81
870	Sitzheizung elektrisch, Vordersitz links		33 v. 01.09.81	40 v. 15.09.83
871	Sitzheizung elektrisch, Beifahrersitz-Heizung		14 v. 24.06.74	32 v. 20.07.81
871	Sitzheizung elektrisch, Vordersitz rechts		33 v. 01.09.81	40 v. 15.09.83
873	Sitzheizung elektrisch, Vordersitze		41 v. 02.01.84	44 v. 15.04.85
873	Sitzheizung elektrisch, Vordersitze		45 v. 02.09.85	53 v. 13.02.89

Mai 1975

Dezember 1983

Geschmacksache: Die Kundschaft kann sich nicht nur für Polsterfarben entscheiden, sondern muss sich auch Gedanken übers passende Material machen (SA-Katalog August 1988).

Die Sonderausstattungen

Ausstattungscodes der Baureihe 107 alphabetisch nach Schlüsselbegriff

links ausgerichtete Codes: 1. Serie bis Modelljahr 1985
rechts ausgerichtete Codes: 2. Serie ab Modelljahr 1986

			R - nur Roadster C - nur Coupé	enthalten in den Preislisten ab Nr.	bis Nr.
	620	**Abgasreinigungsanlage** (Katalysator-Technik)		45 v. 02.09.85	53 v. 13.02.89
	821	Abgasreinigungsanlage, Rückrüstung auf Betrieb ohne Katalysator (RÜF) (GA)		45 v. 02.09.85	46 v. 16.12.85
		Abgasreinigungsanlage, ohne		47 v. 01.09.86	53 v. 13.02.89
	442	**Airbag** im Lenkrad		45 v. 02.09.85	49 v. 01.06.87
	442	Airbag für Fahrer		50 v. 11.09.87	53 v. 13.02.89
550		**Anhängevorrichtung** mit festsitzendem Kugelhals, 1500 kg Anhängelast		09 v. 02.05.72	11 v. 05.03.73
550		Anh. mit festsitzendem Kugelhals, 1200 kg, Ausnahmegenehmigung gem. VP IN und ZKD		12 v. 06.08.73	22 v. 01.08.78
550		Anh. mit festsitzendem Kugelhals, zulässige Anhängelast gem. VP IN und ZKD		23 v. 18.12.78	44 v. 15.04.85
	550	Anh. mit festsitzendem Kugelhals, zulässige Anhängelast gem. VP IN und ZKD		45 v. 02.09.85	53 v. 13.02.89
531		**Antenne**, automatisch (bei Radioeinbau)		06 v. April 71	44 v. 15.04.85
	531	Antenne, automatisch (bei Radioeinbau)		45 v. 02.09.85	53 v. 13.02.89
532		Antenne, automatisch (ohne Radioeinbau)		06 v. April 71	44 v. 15.04.85
	532	Antenne, automatisch (ohne Radioeinbau)		45 v. 02.09.85	53 v. 13.02.89
534		Antenne, mechanisch (ohne Radioeinbau)		06 v. April 71	44 v. 15.04.85
	534	Antenne, mechanisch (ohne Radioeinbau)		45 v. 02.09.85	53 v. 13.02.89
470		**Antiblockiersystem** ABS		29 v. 24.03.80	44 v. 15.04.85
	470	Antiblockiersystem ABS		45 v. 02.09.85	53 v. 13.02.89
570		**Armlehne**, klappbar vorn	C	14 v. 24.06.74	18 v. 17.03.77
570		Armlehne, klappbar vorn		19 v. 15.09.77	44 v. 15.04.85
	570	Armlehne, klappbar vorn		45 v. 02.09.85	53 v. 13.02.89
256		**Ausgleichgetriebe** mit begrenztem Schlupf		06 v. April 71	08 v. 24.01.72
256		Ausgleichsgetriebe mit begrenztem Schlupf		09 v. 02.05.72	13 v. 11.02.74
256		Ausgleichsgetriebe mit begrenztem Schlupf, nicht 6-Zylinder		14 v. 24.06.74	34 v. 04.01.82
256		Ausgleichgetriebe mit begrenztem Schlupf, nicht 6-Zylinder		35 v. 26.07.82	44 v. 15.04.85
	256	Ausgleichgetriebe mit begrenztem Schlupf, nicht 6-Zylinder		45 v. 02.09.85	53 v. 13.02.89
502		**Außenspiegel**, rechts		07 v. Okt. 71	11 v. 05.03.73
502		Außenspiegel, rechts von innen einstellbar		12 v. 06.08.73	35 v. 26.07.82
504		Außenspiegel, rechts von innen elektrisch einstellbar		35 v. 26.07.82	41 v. 02.01.84
504		Außenspiegel, rechts elektrisch einstellbar		42 v. 03.09.84	44 v. 15.04.85
500		Außenspiegel, links beheizt		44 v. 15.04.85	44 v. 15.04.85
506		Außenspiegel, links und rechts beheizt sowie rechts elektrisch einstellbar		44 v. 15.04.85	44 v. 15.04.85
	506	Außenspiegel, rechts elektrisch einstellbar und beheizt		45 v. 02.09.85	51 v. 01.02.88
240		**Außentemperaturanzeige**		39 v. 15.08.83	44 v. 15.04.85

				ab Nr.	bis Nr.
	240	Außentemperaturanzeige		45 v. 02.09.85	53 v. 13.02.89
217		**Autotelefon**anlage **Becker** (Wählautom.)		07 v. Okt. 71	10 v. 15.09.72
350		Autotelefon Becker (Selbstwählanlage Netz B)		11 v. 05.03.73	12 v. 06.08.73
350		Autotelefon Becker AT 160 S (Selbstwählanlage Netz B)		13 v. 11.02.74	19 v. 15.09.77
351		Autotelefon Becker AT 40 S		20 v. 02.01.78	31 v. 04.08.80
345		Autotelefon Becker AT 76 S		32 v. 20.07.81	40 v. 15.09.83
345		Autotelefon Becker AT 76 S/I		41 v. 02.01.84	43 v. 10.12.84
345		Autotelefon Becker AT 76 S/II		44 v. 15.04.85	44 v. 15.04.85
	345	Autotelefon Becker AT 76 S/II		45 v. 02.09.85	46 v. 16.12.85
352		Autotelefon, Einbauteilesatz Becker (Netz B)		11 v. 05.03.73	14 v. 24.06.74
352		Autotelefon, Einbauteilesatz Becker AT 160 S		15 v. 10.02.75	19 v. 15.09.77
353		Autotelefon, Einbauteilesatz Becker AT 40 S		20 v. 02.01.78	31 v. 04.08.80
346		Autotelefon, Einbauteilesatz Becker AT 76 S		32 v. 20.07.81	40 v. 15.09.83
346		Autotelefon, Einbauteilesatz Becker AT 76 S/I		41 v. 02.01.84	43 v. 10.12.84
346		Autotelefon, Einbauteilesatz Becker AT 76 S/II		44 v. 15.04.85	44 v. 15.04.85
	346	Autotelefon, Einbauteilesatz Becker AT 76 S/II		45 v. 02.09.85	46 v. 16.12.85
	346	Autotelefon, Netz B 2-Ausführung, Einbauteilesatz Becker AT 76 S/II		47 v. 01.09.86	49 v. 01.06.87
273		Autotelefonanlage **TeKaDe** (Wählautom.)		07 v. Okt. 71	10 v. 15.09.72
273		Autotelefon TeKaDe BSA 22 (Selbstwählanlage Netz B)		15 v. 10.02.75	18 v. 17.03.77
263		Autotelefon TeKaDe BSA 31 S		19 v. 15.09.77	31 v. 04.08.80
273		Autotelefon TeKaDe BSA 33		32 v. 20.07.81	40 v. 15.09.83
273		Autotelefon TeKaDe BSA 33 A		41 v. 02.01.84	43 v. 10.12.84
278		Autotelefon, Einbauteilesatz TeKaDe BSA 22		15 v. 10.02.75	18 v. 17.03.77
265		Autotelefon, Einbauteilesatz TeKaDe BSA 31 S		19 v. 15.09.77	31 v. 04.08.80
274		Autotelefon, Einbauteilesatz TeKaDe BSA 33		32 v. 20.07.81	40 v. 15.09.83
274		Autotelefon, Einbauteilesatz TeKaDe BSA 33 A		41 v. 02.01.84	44 v. 15.04.85
	274	Autotelefon, Einbauteilesatz TeKaDe BSA 33 A		45 v. 02.09.85	46 v. 16.12.85
	274	Autotelefon, Netz B 2-Ausführung, Einbauteilesatz TeKaDe BSA 33 A		47 v. 01.09.86	49 v. 01.06.87
215		Autotelefonanlage, Dachantenne für Autotelefon	C	09 v. 02.05.72	10 v. 15.09.72
354		Autotelefon, Dachantenne (Netz B), nicht möglich bei elektrischem Schiebedach	C	11 v. 05.03.73	16 v. 28.01.76
354		Autotelefon, Dachantenne (Netz B), nicht möglich bei Schiebedach	C	17 v. 14.02.77	18 v. 17.03.77
354		Autotelefon, Dachantenne, nicht möglich bei Schiebedach	C	19 v. 15.09.77	22 v. 01.08.78
354		Autotelefon, Dachantenne, nicht lieferbar mit Schiebedach	C	23 v. 18.12.78	32 v. 20.07.81
219		Autotelefonanlage, **Heckantenne** für Autotelefon		09 v. 02.05.72	10 v. 15.09.72
355		Autotelefon, Heckantenne (Netz B)		11 v. 05.03.73	18 v. 17.03.77
355		Autotelefon, Heckantenne		19 v. 15.09.77	44 v. 15.04.85
	355	Autotelefon, Heckantenne		45 v. 02.09.85	47 v. 01.09.86

Die Sonderausstattungen

				ab Nr.	bis Nr.
	355	Autotelefon, Heckantenne Netz B 2		47/1 v. 01.09.86	53 v. 13.02.89
	310	Autotelefon, Heckantenne		45 v. 02.09.85	47 v. 01.09.86
	310	Autotelefon, Heckantenne Netz C		47/1 v. 01.09.86	53 v. 13.02.89
414		**Coupédach** lose		06 v. April 71	08 v. 24.01.72
416		Coupédach montiert		06 v. April 71	16 v. 28.01.76
416		Coupédach einschließlich heizbarer Heckscheibe, Verbundglas		17 v. 14.02.77	28 v. 13.09.79
319		Aufbewahrungsbehälter für Coupédach oder Roadsterverdeck		06 v. April 71	08 v. 24.01.72
451		**Drehzahlmesser** (Grundausstattung bei Markteinführung)		11 v. 05.03.73	44 v. 15.04.85
	451	Drehzahlmesser		45 v. 02.09.85	53 v. 13.02.89
551		**Einbruch- und Diebstahl-Warnanlage**		32 v. 20.07.81	44 v. 15.04.85
	551	Einbruch- und Diebstahl-Warnanlage		45 v. 02.09.85	53 v. 13.02.89
533		**Entstörung** für nachträglichen Radio- und FM-Funk (Grundausstattung bei Markteinführung)		06 v. April 71	38 v. 01.07.83
583		**Fensterheber**, elektrisch, 2-fach		07 v. Okt. 71	44 v. 15.04.85
	583	Fensterheber, elektrisch, 2-fach		45 v. 02.09.85	52 v. 01.09.88
	583	Fensterheber, elektrisch, 2-fach vorn		53 v. 13.02.89	53 v. 13.02.89
584		Fensterheber, elektrisch, 4-fach	C	07 v. Okt. 71	32 v. 20.07.81
682		**Feuerlöscher**, montiert		06 v. April 71	27 v. 16.07.79
682		Feuerlöscher, montiert, 1 kg Pulver		28 v. 13.09.79	30 v. 09.06.80
682		Feuerlöscher, montiert, 2 kg Halon		31 v. 04.08.80	44 v. 15.04.85
	682	Feuerlöscher, montiert, 2 kg Halon		45 v. 02.09.85	53 v. 13.02.89
565		**Fondsitze**, (2 Kindersitze) anstelle Gepäckablage	R	06 v. April 71	44 v. 15.04.85
	565	Fondsitze, 2 Kindersitze anstelle Gepäckablage		45 v. 02.09.85	53 v. 13.02.89
420		**Getriebe**, MB automatisch, Mittelschaltung		06 v. April 71	15a v. 01.09.75
420		Getriebe, automatisch, Mittelschaltung		16 v. 28.01.76	44 v. 15.04.85
	420	Getriebe, automatisch, Mittelschaltung, 4-Gang mit Programmwähler		45 v. 02.09.85	53 v. 13.02.89
424		Getriebe, mech. Mittelschaltung, nicht für 450 SL / 450 SLC (GA bei Markteinführung)		06 v. April 71	16 v. 28.01.76
428		Getriebe, MB, 5-Gang		14 v. 24.06.74	15a v. 01.09.75
428		Getriebe, 5-Gang, Mittelschaltung, nur 6-Zylinder		33 v. 01.09.81	44 v. 15.04.85
	428	Getriebe, 5-Gang, Mittelschaltung, nur 6-Zylinder		45 v. 02.09.85	53 v. 13.02.89
618		**Halogen**-Fern-, Abblend- und Nebellicht (Grundausstattung bei Markteinführung)		06 v. April 71	16 v. 28.01.76
542		**Handschuhkastenschloss** (Grundausstattung bei Markteinführung)		06 v. April 71	44 v. 15.04.85
811		Lautsprecher im Fond m. Überblendregler	C	07 v. Okt. 71	09 v. 02.05.72
811		Lautsprecher im Fond m. Überblendregler (2 Stück)	C	10 v. 15.09.72	14 v. 24.06.74
811		**Hecklautsprecher**, Mono, 2 Stück mit Überblendregler	C	15 v. 10.02.75	32 v. 20.07.81
812		Hecklautsprecher, Stereo, 2 Stück mit Überblendregler	C	15 v. 10.02.75	32 v. 20.07.81
248		**Heckscheibe**, elektrisch heizbar, Verbundglas		06 v. April 71	44 v. 15.04.85
	248	Heckscheibe, elektrisch heizbar, Verbundglas		45 v. 02.09.85	53 v. 13.02.89

				ab Nr.	bis Nr.
731		**Holzausführung** Wurzelnuss (Grundausstattung bei Markteinführung)		39 v. 15.08.83	44 v. 15.04.85
	731	Holzausführung Wurzelnuss		45 v. 02.09.85	53 v. 13.02.89
580		**Kühlanlage** einschließlich Lüfterkupplung		06 v. April 71	08 v. 24.01.72
580		Kühlanlage		09 v. 02.05.72	12 v. 06.08.73
580		**Klimaanlage**		13 v. 11.02.74	44 v. 15.04.85
	580	Klimaanlage		45 v. 02.09.85	53 v. 13.02.89
581		Klimatisierungsautomatik		22 v. 01.08.78	44 v. 15.04.85
	581	Klimatisierungsautomatik		45 v. 02.09.85	53 v. 13.02.89
284		**Koffersatz**, 5-teilig	R	06 v. April 71	08 v. 24.01.72
283		Koffersatz, 4-teilig	R	09 v. 02.05.72	16 v. 28.01.76
292		Koffersatz, 4-teilig	R	17 v. 14.02.77	20 v. 02.01.78
280		Koffersatz, 3-teilig	R	06 v. April 71	08 v. 24.01.72
281		Koffersatz, 3-teilig (im Fond) einschließlich Halteriemen	R	06 v. April 71	16 v. 28.01.76
293		Koffersatz, 3-teilig, im Fond, einschl. Halteriemen	R	17 v. 14.02.77	18 v. 17.03.77
282		Koffersatz, 6-teilig	C	09 v. 02.05.72	16 v. 28.01.76
290		Koffersatz, 6-teilig	C	17 v. 14.02.77	18 v. 17.03.77
290		Koffersatz, 5-teilig	C	19 v. 15.09.77	20 v. 02.01.78
294		Einzelkoffer, Hutkoffer		06 v. April 71	10 v. 15.09.72
291		Einzelkoffer, Kleiderkoffer		06 v. April 71	10 v. 15.09.72
295		Einzelkoffer, Necessairekoffer		06 v. April 71	10 v. 15.09.72
296		Einzelkoffer, Reisetasche		09 v. 02.05.72	10 v. 15.09.72
290		Einzelkoffer, Wäschekoffer groß		09 v. 02.05.72	10 v. 15.09.72
293		Einzelkoffer, Wäschekoffer, klein		06 v. April 71	10 v. 15.09.72
292		Einzelkoffer, Wäschekoffer, mittel		06 v. April 71	10 v. 15.09.72
297		Halteriemen aus Leder mit Befestigungsmaterial u. Montage (auch ohne Koffer erhältlich)	R	06 v. April 71	07 v. Okt. 71
298		Halteriemen aus Leder mit Befestigungsmaterial u. Montage für Koffer im Fond	R	06 v. April 71	10 v. 15.09.72
		Lackierung gem. Musterkarte, Sonderlack. 1-farbig	R	06 v. April 71	06 v. April 71
		Lackierung gem. Musterkarte, Sonderlack. 1-farbig		07 v. Okt. 71	18 v. 17.03.77
		Lackierung gem. Musterkarte, Sonderlack. 2-farbig	R	06 v. April 71	16 v. 28.01.76
		Lackierung gem. Musterkarte, Sonderlack. 2-farbig	C	07 v. Okt. 71	08 v. 24.01.72
		Lackierung gem. Musterkarte, Sonderlackierung	R	19 v. 15.09.77	46 v. 16.12.85
		Lackierung gem. Musterkarte, Sonderlackierung	C	19 v. 15.09.77	32 v. 20.07.81
		Lackierung gem. Musterkarte, Metallic 1-farbig	R	06 v. April 71	06 v. April 71
		Lackierung gem. Musterkarte, Metallic 1-farbig		07 v. Okt. 71	18 v. 17.03.77
		Lackierung gem. Musterkarte, Metallic 2-farbig	C	07 v. Okt. 71	08 v. 24.01.72
		Lackierung gem. Musterkarte, Metallic-Coupédach	R	06 v. April 71	31 v. 04.08.80
		Lackierung gem. Musterkarte, Metalliclackierung		19 v. 15.09.77	46 v. 16.12.85

Die Sonderausstattungen

				ab Nr.	bis Nr.
		Metalliclackierung gem. Musterkarte		47 v. 01.09.86	53 v. 13.02.89
280		**Lederlenkrad** und -schalthebel		43 v. 10.12.84	44 v. 15.04.85
	280	Lederlenkrad und -schalthebel (Grundausstattung)		45 v. 02.09.85	53 v. 13.02.89
640		**Leichtmetallräder** (5 Stück) (mit Gürtelreifen)		06 v. April 71	09 v. 02.05.72
640		Leichtmetallräder 5-fach (mit Gürtelreifen)		10 v. 15.09.72	11 v. 05.03.73
640		Leichtmetallräder 5-fach		12 v. 06.08.73	44 v. 15.04.85
	640	Leichtmetallräder 5-fach (Grundausstattung)		45 v. 02.09.85	53 v. 13.02.89
470		**Lüfterkupplung** (Grundausstattung bei Markteinführung)		06 v. April 7 1	16 v. 28.01.76
462		**Nebelschlussleuchte** (Grundausstattung bei Markteinführung)		06 v. April 71	16 v. 28.01.76
480		**Niveauregulierung**	C	10 v. 15.09.72	32 v. 20.07.81
		Polsterung Leder		06 v. April 71	09 v. 02.05.72
		Polsterung gem. Musterkarte, Leder		10 v. 15.09.72	53 v. 13.02.89
		Polsterung MB-Tex (ohne Mehrpreis bei Markteinführung)	R	06 v. April 71	09 v. 02.05.72
		Polsterung gem. Musterkarte, MB-Tex	R	10 v. 15.09.72	53 v. 13.02.89
		Polsterung Stoff (Grundausstattung bei Markteinführung)		06 v. April 71	09 v. 02.05.72
		Polsterung gem. Musterkarte, Stoff		10 v. 15.09.72	53 v. 13.02.89
		Polsterung Velours	C	07 v. Okt. 71	09 v. 02.05.72
		Polsterung gem. Musterkarte, Velours	C	10 v. 15.09.72	32 v. 20.07.81
515		**Radio** Becker **Avus** Kurier MU		35 v. 26.07.82	44 v. 15.04.85
	515	Radio Becker Avus Kurier MU		45 v. 02.09.85	53 v. 13.02.89
518		Radio Becker Avus Cassette Kurier MU, Cassette Stereo		37 v. 08.12.82	44 v. 15.04.85
	518	Radio Becker Avus Cassette electronic Vollstereo Kurier MU		45 v. 02.09.85	53 v. 13.02.89
514		Radio Becker **Europa** LMKU		06 v. April 71	36 v. 01.09.82
518		Radio Becker Europa Stereo LMKU		06 v. April 71	28 v. 13.09.79
257		Radio Becker Europa Kurier LMKU mit integriertem Verkehrsfunk-Decoder		15a v. 01.09.75	34 v. 04.01.82
257		Radio Becker Europa Kurier LMKU		35 v. 26.07.82	44 v. 15.04.85
	257	Radio Becker Europa Kurier LMKU		45 v. 02.09.85	53 v. 13.02.89
512		Radio Becker Europa Cassette LMKU, Rundfunkempfang Mono, Stereo über Cassette		22 v. 01.08.78	28 v. 13.09.79
512		Radio Becker Europa Cassette Vollstereo LMKU		29 v. 24.03.80	36 v. 01.09.82
254		Radio Becker Europa Cassette Kurier LMKU mit integriertem Verkehrsfunk-Decoder		22 v. 01.08.78	28 v. 13.09.79
254		Radio Becker Europa Cassette Vollstereo Kurier LMKU mit integr. Verkehrsfunk-Decoder		29 v. 24.03.80	34 v. 04.01.82
254		Radio Becker Europa Cassette Vollstereo Kurier LMKU		35 v. 26.07.82	42 v. 03.09.84
254		Radio Becker Europa Cassette electronic Vollstereo Kurier MU		43 v. 10.12.84	44 v. 15.04.85
	254	Radio Becker Europa Cassette electronic Vollstereo Kurier MU		45 v. 02.09.85	53 v. 13.02.89
516		Radio Becker **Grand Prix** LMKU		06 v. April 71	34 v. 04.01.82
512		Radio Becker Grand Prix Stereo LMKU		11 v. 05.03.73	14 v. 24.06.74
513		Radio Becker Grand Prix electronic Stereo Kurier LMU		37 v. 08.12.82	44 v. 15.04.85

				ab Nr.	bis Nr.
	513	Radio Becker Grand Prix electronic Stereo Kurier LMU		45 v. 02.09.85	53 v. 13.02.89
511		Radio Becker Grand Prix Cassette electronic Vollstereo Kurier LMU		37 v. 08.12.82	44 v. 15.04.85
	511	Radio Becker Grand Prix Cassette electronic Vollstereo Kurier LMU		45 v. 02.09.85	53 v. 13.02.89
510		Radio Becker **Monza** Cassette Stereo LMU, Rundfunkempfang mono; Stereo über Cass.		15 v. 10.02.75	21 v. 24.04.78
258		Radio Becker Monza Cassette Kurier LMU mit integriertem Verkehrsfunk-Decoder		16 v. 28.01.76	21 v. 24.04.78
510		Radio Becker **Mexico** Cassette Stereo MU Rundfunkempf. Mono; Stereofonie über Cass.		06 v. April 71	11 v. 05.03.73
511		Radio Becker Mexico Cassette Voll-Stereo MU		11 v. 05.03.73	21 v. 24.04.78
511		Radio Becker Mexico Cassette Vollstereo Reverse MU		22 v. 01.08.78	30 v. 09.06.80
510		Radio Becker Mexico Cassette Electronic Kurier MU		31 v. 04.08.80	34 v. 04.01.82
510		Radio Becker Mexico Cassette electronic Kurier MU		35 v. 26.07.82	36 v. 01.09.82
510		Radio Becker Mexico Cassette electronic Vollstereo Kurier MU		37 v. 08.12.82	37 v. 08.12.82
510		Radio Becker Mexico Cassette electronic Vollstereo Kurier LMKU		38 v. 01.07.83	44 v. 15.04.85
	510	Radio Becker Mexico Cassette electronic Vollstereo Kurier LMKU		45 v. 02.09.85	49 v. 01.06.87
	510	Radio Becker Mexico Diversity Cassette electronic Vollstereo Kurier MKU		50 v. 11.09.87	53 v. 13.02.89
259		Verkehrsfunk-Kurier 5		19 v. 15.09.77	30 v. 09.06.80
630		**Reifen**, Gürtelreifen 5-fach (schwarz) (Grundausstattung bei Markteinführung)		06 v. April 71	13 v. 11.02.74
645		Reifen, M+SE-Gürtelreifen 4-fach (schwarz)		08 v. 24.01.72	13 v. 11.02.74
645		Reifen, M+S-Haft-Gürtelreifen 4-fach		15 v. 10.02.75	44 v. 15.04.85
	645	Reifen, M+S-Haftreifen 4-fach		45 v. 02.09.85	53 v. 13.02.89
	245	**Reiserechner**		45 v. 02.09.85	53 v. 13.02.89
600		**Scheinwerferwischeranlage**		07 v. Okt. 71	44 v. 15.04.85
	600	Scheinwerferwischeranlage		45 v. 02.09.85	53 v. 13.02.89
410		**Schiebedach**, elektrisch	C	07 v. Okt. 71	32 v. 20.07.81
422		**Servolenkung** - MB (Grundausstattung bei Markteinführung)		06 v. April 71	15a v. 01.09.75
422		Servolenkung		16 v. 28.01.76	44 v. 15.04.85
438		**Sicherheitsgurte** vorn (2 Stück) Automatic		06 v. April 71	09 v. 02.05.72
438		Sicherheitsgurte (Automatic) vorn (2 Stück)		10 v. 15.09.72	10 v. 15.09.72
437		Sicherheitsgurte (Automatic) im Fond 2-fach	C	11 v. 05.03.73	24 v. 01.02.79
439		Sicherheitsgurte vorn u. hinten (4 Stück) Automatic	C	09 v. 02.05.72	09 v. 02.05.72
439		Sicherheitsgurte (Automatic) vorn u. hinten (4 Stück)	C	10 v. 15.09.72	10 v. 15.09.72
404		**Sitze**, Fahrerlehne orthopädisch links		06 v. April 71	10 v. 15.09.72
404		Sitze, Fahrerlehne orthopädisch		11 v. 05.03.73	32 v. 20.07.81
404		Sitze, Vordersitzlehne, orthopädisch links		33 v. 01.09.81	44 v. 15.04.85
	404	Sitze, Vordersitzlehne, orthopädisch links		45 v. 02.09.85	53 v. 13.02.89
405		Fahrerlehne orthopädisch rechts		06 v. April 71	10 v. 15.09.72
405		Sitze, Beifahrerlehne orthopädisch		11 v. 05.03.73	32 v. 20.07.81
405		Sitze, Vordersitzlehne, orthopädisch rechts		33 v. 01.09.81	44 v. 15.04.85

Die Sonderausstattungen

				ab Nr.	bis Nr.
	405	Sitze, Vordersitzlehne, orthopädisch rechts		45 v. 02.09.85	53 v. 13.02.89
572		Kopfstütze vorne links		06 v. April 71	09 v. 02.05.72
571		Kopfstütze vorne rechts		06 v. April 71	09 v. 02.05.72
573		Kopfstützen vorne (2 Stück)		10 v. 15.09.72	10 v. 15.09.72
870		**Sitzheizung** elektrisch, Fahrersitz-Heizung		14 v. 24.06.74	32 v. 20.07.81
870		Sitzheizung elektrisch, Vordersitz links		33 v. 01.09.81	40 v. 15.09.83
871		Sitzheizung elektrisch, Beifahrersitz-Heizung		14 v. 24.06.74	32 v. 20.07.81
871		Sitzheizung elektrisch, Vordersitz rechts		33 v. 01.09.81	40 v. 15.09.83
873		Sitzheizung elektrisch, Vordersitze		41 v. 02.01.84	44 v. 15.04.85
	873	Sitzheizung elektrisch, Vordersitze		45 v. 02.09.85	53 v. 13.02.89
289		**Skihalter**		06 v. April 71	20 v. 02.01.78
543		**Sonnenblenden** mit beleuchtetem Spiegel		44 v. 15.04.85	44 v. 15.04.85
	543	Sonnenblenden mit beleuchtetem Spiegel		45 v. 02.09.85	53 v. 13.02.89
454		**Tankschloss** (ohne Mehrpreis bei Markteinführung)		06 v. April 71	13 v. 11.02.74
440		**Tempomat**		15a v. 01.09.75	15a v. 01.09.75
440		Tempomat, nur lieferbar bei automatischem Getriebe		16 v. 28.01.76	44 v. 15.04.85
	440	Tempomat, nur lieferbar bei automatischem Getriebe		45 v. 02.09.85	53 v. 13.02.89
631		**Verbandkasten** montiert		06 v. April 71	12 v. 06.08.73
631		Verbandkasten		13 v. 11.02.74	16 v. 28.01.76
451		**Verbundglas** Frontscheibe (Grundausstattung bei Markteinführung)		06 v. April 71	08 v. 24.01.72
249		**Wärmedämmendes Glas** rundum mit heizbarer Heckscheibe (ESG)		06 v. April 71	07 v. Okt. 71
594		Wärmedämmendes Glas Front- u. Seitenscheiben	R	06 v. April 71	28 v. 13.09.79
597		Wärmedämmendes Glas rundum		06 v. April 71	16 v. 28.01.76
590		Wärmedämmendes Glas rundum mit heizbarer Heckscheibe Verbundglas		08 v. 24.01.72	44 v. 15.04.85
	590	Wärmedämmendes Glas rundum mit heizbarer Heckscheibe Verbundglas		45 v. 02.09.85	53 v. 13.02.89
466		**Zentralverriegelung**		07 v. Okt. 71	44 v. 15.04.85
	466	Zentralverriegelung (GA)		45 v. 02.09.85	53 v. 13.02.89

Individuelles beim Fahren.

Der Reiserechner. Ideal für Fahrt- und Streckenplanung.

Der Reiserechner versorgt Sie zuverlässig mit 12 wichtigen Informationen über den Fahrbetrieb und die Fahrstrecke. Die Anzeigeneinheit ist im Kombi-Instrument anstelle der Uhr-Drehzahlmesserkombination untergebracht. Die Tastatur zur Programmierung bzw. zum Abruf der gewünschten Informationen befindet sich in der Mittelkonsole. Ein Teil der Informationen wird ständig ohne Zutun des Fahrers berechnet und ist jederzeit abrufbereit. Für den übrigen Teil ist eine Programmierung durch den Fahrer vor Fahrtantritt erforderlich. So kann Sie beispielsweise der Reiserechner vor Geschwindigkeitsübertretungen warnen, wenn Sie ein vorgeschriebenes Geschwindigkeitslimit einprogrammiert haben.

Das Lederlenkrad. Erfüllt alle Mercedes-Benz Sicherheitsanforderungen.

Ein besonderes Vergnügen, seinen Mercedes damit zu dirigieren. Hochwertiger, handvernähter Bezug aus schwarzem Nappa-Leder. In Verbindung mit dem Lederlenkrad wird auch der Schalt- bzw. Wählhebel mit schwarzem Leder-Bezug geliefert.

Die elektrisch einstellbare Lenksäule. Das Lenkrad individuell im Griff.

Mit einem Schalter an der Lenksäule kann das Lenkrad stufenlos in der Längsrichtung verstellt werden: um 25 mm nach vorn bzw. 35 mm zum Fahrer hin (ausgehend von der Standardposition).

Die Niveau-Regulierung. Ihr Wagen soll nicht in die Knie gehen.

Wer oft vollbelastet oder mit Anhänger fährt, sollte die Möglichkeiten der Niveau-Regulierung nutzen. Über einen Fühler wird das jeweilige Zuladegewicht und die Belastung der Hinterachse ermittelt und von der öldruck-gesteuerten Niveau-Regulierung automatisch ausgeglichen. Sie hält das Wagenheck immer auf gleichbleibender Höhe – bei gleichbleibendem Federungskomfort, ohne daß sich das Fahrverhalten ändert.

7

Gediegen: Die Auswahl hochwertiger und hilfreicher Extras ist riesig (SA-Katalog August 1988).

Die Sonderausstattungen

Ausstattungscodes der Baureihe 107 nach Einführungsdatum sortiert

links ausgerichtete Codes: 1. Serie bis Modelljahr 1985
rechts ausgerichtete Codes: 2. Serie ab Modelljahr 1986

		R - nur Roadster C - nur Coupé	enthalten in den Preislisten ab Nr.	bis Nr.
	Lackierung gem. Musterkarte, Metallic 1-farbig	R	06 v. April 71	06 v. April 71
	Lackierung gem. Musterkarte, Sonderlackierung 1-farbig	R	06 v. April 71	06 v. April 71
297	Halteriemen aus Leder mit Befestigungsmaterial u. Montage (auch ohne Koffer erhältlich)	R	06 v. April 71	07 v. Okt. 71
249	Wärmedämmendes Glas rundum mit heizbarer Heckscheibe (ESG)		06 v. April 71	07 v. Okt. 71
319	Aufbewahrungsbehälter für Coupédach oder Roadsterverdeck		06 v. April 71	08 v. 24.01.72
256	Ausgleichgetriebe mit begrenztem Schlupf		06 v. April 71	08 v. 24.01.72
414	Coupédach lose		06 v. April 71	08 v. 24.01.72
280	Koffersatz, 3-teilig	R	06 v. April 71	08 v. 24.01.72
284	Koffersatz, 5-teilig	R	06 v. April 71	08 v. 24.01.72
580	Kühlanlage einschließlich Lüfterkupplung		06 v. April 71	08 v. 24.01.72
451	Verbundglas Frontscheibe		06 v. April 71	08 v. 24.01.72
572	Kopfstütze vorne links		06 v. April 71	09 v. 02.05.72
571	Kopfstütze vorne rechts		06 v. April 71	09 v. 02.05.72
640	Leichtmetallräder (5 Stück) (mit Gürtelreifen)		06 v. April 71	09 v. 02.05.72
	Polsterung Leder		06 v. April 71	09 v. 02.05.72
	Polsterung MB-Tex	R	06 v. April 71	09 v. 02.05.72
	Polsterung Stoff		06 v. April 71	09 v. 02.05.72
438	Sicherheitsgurte vorn (2 Stück) Automatic		06 v. April 71	09 v. 02.05.72
294	Einzelkoffer, Hutkoffer		06 v. April 71	10 v. 15.09.72
291	Einzelkoffer, Kleiderkoffer		06 v. April 71	10 v. 15.09.72
295	Einzelkoffer, Necessairekoffer		06 v. April 71	10 v. 15.09.72
293	Einzelkoffer, Wäschekoffer, klein		06 v. April 71	10 v. 15.09.72
292	Einzelkoffer, Wäschekoffer, mittel		06 v. April 71	10 v. 15.09.72
404	Fahrerlehne orthopädisch links		06 v. April 71	10 v. 15.09.72
405	Fahrerlehne orthopädisch rechts		06 v. April 71	10 v. 15.09.72
298	Halteriemen aus Leder mit Befestigungsmaterial u. Montage für Koffer im Fond	R	06 v. April 71	10 v. 15.09.72
510	Radio Becker Mexico Cassette Stereo MU Rundfunkempfang mono; Stereofonie über Cass.		06 v. April 71	11 v. 05.03.73
631	Verbandkasten montiert		06 v. April 71	12 v. 06.08.73
630	Reifen, Gürtelreifen 5-fach (schwarz)		06 v. April 71	13 v. 11.02.74
454	Tankschloss		06 v. April 71	13 v. 11.02.74
420	Getriebe, MB automatisch, Mittelschaltung		06 v. April 71	15a v. 01.09.75
422	Servolenkung - MB		06 v. April 71	15a v. 01.09.75
416	Coupédach montiert		06 v. April 71	16 v. 28.01.76

			ab Nr.	bis Nr.
424	Getriebe, mech. Mittelschaltung, nicht für 450 SL / 450 SLC		06 v. April 71	16 v. 28.01.76
618	Halogen-Fern-, Abblend- und Nebellicht		06 v. April 71	16 v. 28.01.76
281	Koffersatz, 3-teilig (im Fond) einschließlich Halteriemen	R	06 v. April 71	16 v. 28.01.76
	Lackierung gem. Musterkarte, Sonderlack. 2-farbig	R	06 v. April 71	16 v. 28.01.76
470	Lüfterkupplung		06 v. April 71	16 v. 28.01.76
462	Nebelschlussleuchte		06 v. April 71	16 v. 28.01.76
597	Wärmedämmendes Glas rundum		06 v. April 71	16 v. 28.01.76
289	Skihalter		06 v. April 71	20 v. 02.01.78
682	Feuerlöscher, montiert		06 v. April 71	27 v. 16.07.79
518	Radio Becker Europa Stereo LMKU		06 v. April 71	28 v. 13.09.79
594	Wärmedämmendes Glas Front- u. Seitenscheiben	R	06 v. April 71	28 v. 13.09.79
	Lackierung gem. Musterkarte, Metallic-Coupédach	R	06 v. April 71	31 v. 04.08.80
516	Radio Becker Grand Prix LMKU		06 v. April 71	34 v. 04.01.82
514	Radio Becker Europa LMKU		06 v. April 71	36 v. 01.09.82
533	Entstörung für nachträglichen Radio- und FM-Funk		06 v. April 71	38 v. 01.07.83
531	Antenne, automatisch (bei Radioeinbau)		06 v. April 71	44 v. 15.04.85
532	Antenne, automatisch (ohne Radioeinbau)		06 v. April 71	44 v. 15.04.85
534	Antenne, mechanisch (ohne Radioeinbau)		06 v. April 71	44 v. 15.04.85
565	Fondsitze, (2 Kindersitze) anstelle Gepäckablage	R	06 v. April 71	44 v. 15.04.85
542	Handschuhkastenschloss		06 v. April 71	44 v. 15.04.85
248	Heckscheibe, elektrisch heizbar, Verbundglas		06 v. April 71	44 v. 15.04.85
502	Außenspiegel, rechts		07 v. Okt. 71	11 v. 05.03.73
217	Autotelefonanlage Becker (Wählautom.)		07 v. Okt. 71	10 v. 15.09.72
273	Autotelefonanlage TeKaDe (Wählautom.)		07 v. Okt. 71	10 v. 15.09.72
583	Fensterheber, elektrisch, 2-fach		07 v. Okt. 71	44 v. 15.04.85
	Lackierung gem. Musterkarte, Metallic 2-farbig	C	07 v. Okt. 71	08 v. 24.01.72
	Lackierung gem. Musterkarte, Sonderlack. 2-farbig	C	07 v. Okt. 71	08 v. 24.01.72
811	Lautsprecher im Fond m. Überblendregler	C	07 v. Okt. 71	09 v. 02.05.72
	Polsterung Velours	C	07 v. Okt. 71	09 v. 02.05.72
	Lackierung gem. Musterkarte, Metallic 1-farbig		07 v. Okt. 71	18 v. 17.03.77
	Lackierung gem. Musterkarte, Sonderlack. 1-farbig		07 v. Okt. 71	18 v. 17.03.77
584	Fensterheber, elektrisch, 4-fach	C	07 v. Okt. 71	32 v. 20.07.81
410	Schiebedach, elektrisch	C	07 v. Okt. 71	32 v. 20.07.81
600	Scheinwerferwischeranlage		07 v. Okt. 71	44 v. 15.04.85
466	Zentralverriegelung		07 v. Okt. 71	44 v. 15.04.85
645	Reifen, M+SE-Gürtelreifen 4-fach (schwarz)		08 v. 24.01.72	13 v. 11.02.74
590	Wärmedämmendes Glas rundum mit heizbarer Heckscheibe Verbundglas		08 v. 24.01.72	44 v. 15.04.85

Die Sonderausstattungen

			ab Nr.	bis Nr.
439	Sicherheitsgurte vorn u. hinten (4 Stück) Automatic	C	09 v. 02.05.72	09 v. 02.05.72
215	Autotelefonanlage, Dachantenne für Autotelefon	C	09 v. 02.05.72	10 v. 15.09.72
219	Autotelefonanlage, Heckantenne für Autotelefon		09 v. 02.05.72	10 v. 15.09.72
296	Einzelkoffer, Reisetasche		09 v. 02.05.72	10 v. 15.09.72
290	Einzelkoffer, Wäschekoffer groß		09 v. 02.05.72	10 v. 15.09.72
550	Anhängevorrichtung mit festsitzendem Kugelhals, 1500 kg Anhängelast		09 v. 02.05.72	11 v. 05.03.73
580	Kühlanlage		09 v. 02.05.72	12 v. 06.08.73
256	Ausgleichsgetriebe mit begrenztem Schlupf		09 v. 02.05.72	13 v. 11.02.74
283	Koffersatz, 4-teilig	R	09 v. 02.05.72	16 v. 28.01.76
282	Koffersatz, 6-teilig	C	09 v. 02.05.72	16 v. 28.01.76
573	Kopfstützen vorne (2 Stück)		10 v. 15.09.72	10 v. 15.09.72
438	Sicherheitsgurte (Automatic) vorn (2 Stück)		10 v. 15.09.72	10 v. 15.09.72
439	Sicherheitsgurte (Automatic) vorn u. hinten (4 Stück)	C	10 v. 15.09.72	10 v. 15.09.72
640	Leichtmetallräder 5-fach (mit Gürtelreifen)		10 v. 15.09.72	11 v. 05.03.73
811	Lautsprecher im Fond m. Überblendregler (2 Stück)	C	10 v. 15.09.72	14 v. 24.06.74
480	Niveauregulierung	C	10 v. 15.09.72	32 v. 20.07.81
	Polsterung gem. Musterkarte, Velours	C	10 v. 15.09.72	32 v. 20.07.81
	Polsterung gem. Musterkarte, Leder		10 v. 15.09.72	53 v. 13.02.89
	Polsterung gem. Musterkarte, MB-Tex	R	10 v. 15.09.72	53 v. 13.02.89
	Polsterung gem. Musterkarte, Stoff		10 v. 15.09.72	53 v. 13.02.89
350	Autotelefon Becker (Selbstwählanlage Netz B)		11 v. 05.03.73	12 v. 06.08.73
352	Autotelefon, Einbauteilesatz Becker (Netz B)		11 v. 05.03.73	14 v. 24.06.74
512	Radio Becker Grand Prix Stereo LMKU		11 v. 05.03.73	14 v. 24.06.74
354	Autotelefon, Dachantenne (Netz B), nicht möglich bei elektrischem Schiebedach	C	11 v. 05.03.73	16 v. 28.01.76
355	Autotelefon, Heckantenne (Netz B)		11 v. 05.03.73	18 v. 17.03.77
511	Radio Becker Mexico Cassette Voll-Stereo MU		11 v. 05.03.73	21 v. 24.04.78
437	Sicherheitsgurte (Automatic) im Fond 2-fach	C	11 v. 05.03.73	24 v. 01.02.79
405	Sitze, Beifahrerlehne orthopädisch		11 v. 05.03.73	32 v. 20.07.81
404	Sitze, Fahrerlehne orthopädisch		11 v. 05.03.73	32 v. 20.07.81
451	Drehzahlmesser		11 v. 05.03.73	44 v. 15.04.85
550	Anh. mit festsitzendem Kugelhals, 1200 kg, Ausnahmegenehmigung gem. VP IN und ZKD		12 v. 06.08.73	22 v. 01.08.78
502	Außenspiegel, rechts von innen einstellbar		12 v. 06.08.73	35 v. 26.07.82
640	Leichtmetallräder 5-fach		12 v. 06.08.73	44 v. 15.04.85
631	Verbandkasten		13 v. 11.02.74	16 v. 28.01.76
350	Autotelefon Becker AT 160 S (Selbstwählanlage Netz B)		13 v. 11.02.74	19 v. 15.09.77
580	Klimaanlage		13 v. 11.02.74	44 v. 15.04.85
428	Getriebe, MB, 5-Gang		14 v. 24.06.74	15a v. 01.09.75

			ab Nr.	bis Nr.
570	Armlehne, klappbar vorn	C	14 v. 24.06.74	18 v. 17.03.77
871	Sitzheizung elektrisch, Beifahrersitz-Heizung		14 v. 24.06.74	32 v. 20.07.81
870	Sitzheizung elektrisch, Fahrersitz-Heizung		14 v. 24.06.74	32 v. 20.07.81
256	Ausgleichsgetriebe mit begrenztem Schlupf, nicht 6-Zylinder		14 v. 24.06.74	34 v. 04.01.82
273	Autotelefon TeKaDe BSA 22 (Selbstwählanlage Netz B)		15 v. 10.02.75	18 v. 17.03.77
278	Autotelefon, Einbauteilesatz TeKaDe BSA 22		15 v. 10.02.75	18 v. 17.03.77
352	Autotelefon, Einbauteilesatz Becker AT 160 S		15 v. 10.02.75	19 v. 15.09.77
510	Radio Becker Monza Cassette Stereo LMU, Rundfunkempfang mono; Stereo über Cass.		15 v. 10.02.75	21 v. 24.04.78
811	Hecklautsprecher, Mono, 2 Stück mit Überblendregler	C	15 v. 10.02.75	32 v. 20.07.81
812	Hecklautsprecher, Stereo, 2 Stück mit Überblendregler	C	15 v. 10.02.75	32 v. 20.07.81
645	Reifen, M+S-Haft-Gürtelreifen 4-fach		15 v. 10.02.75	44 v. 15.04.85
440	Tempomat		15a v. 01.09.75	15a v. 01.09.75
257	Radio Becker Europa Kurier LMKU mit integriertem Verkehrsfunk-Decoder		15a v. 01.09.75	34 v. 04.01.82
258	Radio Becker Monza Cassette Kurier LMU mit integriertem Verkehrsfunk-Decoder		16 v. 28.01.76	21 v. 24.04.78
420	Getriebe, automatisch, Mittelschaltung		16 v. 28.01.76	44 v. 15.04.85
422	Servolenkung		16 v. 28.01.76	44 v. 15.04.85
440	Tempomat, nur lieferbar bei automatischem Getriebe		16 v. 28.01.76	44 v. 15.04.85
354	Autotelefon, Dachantenne (Netz B), nicht möglich bei Schiebedach	C	17 v. 14.02.77	18 v. 17.03.77
293	Koffersatz, 3-teilig, im Fond, einschl. Halteriemen	R	17 v. 14.02.77	18 v. 17.03.77
290	Koffersatz, 6-teilig	C	17 v. 14.02.77	18 v. 17.03.77
292	Koffersatz, 4-teilig	R	17 v. 14.02.77	20 v. 02.01.78
416	Coupédach einschließlich heizbarer Heckscheibe Verbundglas		17 v. 14.02.77	28 v. 13.09.79
290	Koffersatz, 5-teilig	C	19 v. 15.09.77	20 v. 02.01.78
354	Autotelefon, Dachantenne, nicht möglich bei Schiebedach	C	19 v. 15.09.77	22 v. 01.08.78
259	Verkehrsfunk-Kurier 5		19 v. 15.09.77	30 v. 09.06.80
263	Autotelefon TeKaDe BSA 31 S		19 v. 15.09.77	31 v. 04.08.80
265	Autotelefon, Einbauteilesatz TeKaDe BSA 31 S		19 v. 15.09.77	31 v. 04.08.80
	Lackierung gem. Musterkarte, Sonderlackierung	C	19 v. 15.09.77	32 v. 20.07.81
570	Armlehne, klappbar vorn		19 v. 15.09.77	44 v. 15.04.85
355	Autotelefon, Heckantenne		19 v. 15.09.77	44 v. 15.04.85
	Lackierung gem. Musterkarte, Metalliclackierung		19 v. 15.09.77	46 v. 16.12.85
	Lackierung gem. Musterkarte, Sonderlackierung	R	19 v. 15.09.77	46 v. 16.12.85
351	Autotelefon Becker AT 40 S		20 v. 02.01.78	31 v. 04.08.80
353	Autotelefon, Einbauteilesatz Becker AT 40 S		20 v. 02.01.78	31 v. 04.08.80
254	Radio Becker Europa Cassette Kurier LMKU mit integriertem Verkehrsfunk-Decoder		22 v. 01.08.78	28 v. 13.09.79
512	Radio Becker Europa Cassette LMKU, Rundfunkempfang Mono, Stereo über Cassette		22 v. 01.08.78	28 v. 13.09.79
511	Radio Becker Mexico Cassette Vollstereo Reverse MU		22 v. 01.08.78	30 v. 09.06.80

Die Sonderausstattungen

			ab Nr.	bis Nr.
581	Klimatisierungsautomatik		22 v. 01.08.78	44 v. 15.04.85
354	Autotelefon, Dachantenne, nicht lieferbar mit Schiebedach	C	23 v. 18.12.78	32 v. 20.07.81
550	Anh. mit festsitzendem Kugelhals, zulässige Anhängelast gem. VP IN und ZKD		23 v. 18.12.78	44 v. 15.04.85
682	Feuerlöscher, montiert, 1 kg Pulver		28 v. 13.09.79	30 v. 09.06.80
254	Radio Becker Europa Cassette Vollstereo Kurier LMKU mit integr. Verkehrsfunk-Decoder		29 v. 24.03.80	34 v. 04.01.82
512	Radio Becker Europa Cassette Vollstereo LMKU		29 v. 24.03.80	36 v. 01.09.82
470	Antiblockiersystem ABS		29 v. 24.03.80	44 v. 15.04.85
510	Radio Becker Mexico Cassette Electronic Kurier MU		31 v. 04.08.80	34 v. 04.01.82
682	Feuerlöscher, montiert, 2 kg Halon		31 v. 04.08.80	44 v. 15.04.85
345	Autotelefon Becker AT 76 S		32 v. 20.07.81	40 v. 15.09.83
273	Autotelefon TeKaDe BSA 33		32 v. 20.07.81	40 v. 15.09.83
346	Autotelefon, Einbauteilesatz Becker AT 76 S		32 v. 20.07.81	40 v. 15.09.83
274	Autotelefon, Einbauteilesatz TeKaDe BSA 33		32 v. 20.07.81	40 v. 15.09.83
551	Einbruch- und Diebstahl-Warnanlage		32 v. 20.07.81	44 v. 15.04.85
870	Sitzheizung elektrisch, Vordersitz links		33 v. 01.09.81	40 v. 15.09.83
871	Sitzheizung elektrisch, Vordersitz rechts		33 v. 01.09.81	40 v. 15.09.83
428	Getriebe, 5-Gang, Mittelschaltung		33 v. 01.09.81	44 v. 15.04.85
404	Sitze, Vordersitzlehne, orthopädisch links		33 v. 01.09.81	44 v. 15.04.85
405	Sitze, Vordersitzlehne, orthopädisch rechts		33 v. 01.09.81	44 v. 15.04.85
510	Radio Becker Mexico Cassette electronic Kurier MU		35 v. 26.07.82	36 v. 01.09.82
504	Außenspiegel rechts von innen elektrisch einstellbar		35 v. 26.07.82	41 v. 02.01.84
254	Radio Becker Europa Cassette Vollstereo Kurier LMKU		35 v. 26.07.82	42 v. 03.09.84
256	Ausgleichgetriebe mit begrenztem Schlupf, nicht 6-Zylinder		35 v. 26.07.82	44 v. 15.04.85
515	Radio Becker Avus Kurier MU		35 v. 26.07.82	44 v. 15.04.85
257	Radio Becker Europa Kurier LMKU		35 v. 26.07.82	44 v. 15.04.85
510	Radio Becker Mexico Cassette electronic Vollstereo Kurier MU		37 v. 08.12.82	37 v. 08.12.82
518	Radio Becker Avus Cassette Kurier MU, Cassette Stereo		37 v. 08.12.82	44 v. 15.04.85
511	Radio Becker Grand Prix Cassette electronic Vollstereo Kurier LMU		37 v. 08.12.82	44 v. 15.04.85
513	Radio Becker Grand Prix electronic Stereo Kurier LMU		37 v. 08.12.82	44 v. 15.04.85
510	Radio Becker Mexico Cassette electronic Vollstereo Kurier LMKU		38 v. 01.07.83	44 v. 15.04.85
240	Außentemperaturanzeige		39 v. 15.08.83	44 v. 15.04.85
731	Holzausführung Wurzelnuss		39 v. 15.08.83	44 v. 15.04.85
345	Autotelefon Becker AT 76 S/I		41 v. 02.01.84	43 v. 10.12.84
273	Autotelefon TeKaDe BSA 33 A		41 v. 02.01.84	43 v. 10.12.84
346	Autotelefon, Einbauteilesatz Becker AT 76 S/I		41 v. 02.01.84	43 v. 10.12.84
274	Autotelefon, Einbauteilesatz TeKaDe BSA 33 A		41 v. 02.01.84	44 v. 15.04.85
873	Sitzheizung elektrisch, Vordersitze		41 v. 02.01.84	44 v. 15.04.85

		ab Nr.	bis Nr.
504	Außenspiegel, rechts elektrisch einstellbar	42 v. 03.09.84	44 v. 15.04.85
280	Lederlenkrad und -schalthebel	43 v. 10.12.84	44 v. 15.04.85
254	Radio Becker Europa Cassette electronic Vollstereo Kurier MU	43 v. 10.12.84	44 v. 15.04.85
500	Außenspiegel, links beheizt	44 v. 15.04.85	44 v. 15.04.85
506	Außenspiegel, links und rechts beheizt sowie rechts elektrisch einstellbar	44 v. 15.04.85	44 v. 15.04.85
345	Autotelefon Becker AT 76 S/II	44 v. 15.04.85	44 v. 15.04.85
346	Autotelefon, Einbauteilesatz Becker AT 76 S/II	44 v. 15.04.85	44 v. 15.04.85
543	Sonnenblenden mit beleuchtetem Spiegel	44 v. 15.04.85	44 v. 15.04.85
821	Abgasreinigungsanlage, Rückrüstung auf Betrieb ohne Katalysator (RÜF)	45 v. 02.09.85	46 v. 16.12.85
345	Autotelefon Becker AT 76 S/II	45 v. 02.09.85	46 v. 16.12.85
346	Autotelefon, Einbauteilesatz Becker AT 76 S/II	45 v. 02.09.85	46 v. 16.12.85
274	Autotelefon, Einbauteilesatz TeKaDe BSA 33 A	45 v. 02.09.85	46 v. 16.12.85
310	Autotelefon, Heckantenne	45 v. 02.09.85	47 v. 01.09.86
355	Autotelefon, Heckantenne	45 v. 02.09.85	47 v. 01.09.86
442	Airbag im Lenkrad	45 v. 02.09.85	49 v. 01.06.87
510	Radio Becker Mexico Cassette electronic Vollstereo Kurier LMKU	45 v. 02.09.85	49 v. 01.06.87
506	Außenspiegel, rechts elektrisch einstellbar und beheizt	45 v. 02.09.85	51 v. 01.02.88
583	Fensterheber, elektrisch, 2-fach	45 v. 02.09.85	52 v. 01.09.88
620	Abgasreinigungsanlage (Katalysator-Technik)	45 v. 02.09.85	53 v. 13.02.89
550	Anh. mit festsitzendem Kugelhals, zulässige Anhängelast gem. VP IN und ZKD	45 v. 02.09.85	53 v. 13.02.89
531	Antenne, automatisch (bei Radioeinbau)	45 v. 02.09.85	53 v. 13.02.89
532	Antenne, automatisch (ohne Radioeinbau)	45 v. 02.09.85	53 v. 13.02.89
534	Antenne, mechanisch (ohne Radioeinbau)	45 v. 02.09.85	53 v. 13.02.89
470	Antiblockiersystem ABS	45 v. 02.09.85	53 v. 13.02.89
570	Armlehne, klappbar vorn	45 v. 02.09.85	53 v. 13.02.89
256	Ausgleichgetriebe mit begrenztem Schlupf, nicht 6-Zylinder	45 v. 02.09.85	53 v. 13.02.89
240	Außentemperaturanzeige	45 v. 02.09.85	53 v. 13.02.89
451	Drehzahlmesser	45 v. 02.09.85	53 v. 13.02.89
551	Einbruch- und Diebstahl-Warnanlage	45 v. 02.09.85	53 v. 13.02.89
682	Feuerlöscher, montiert, 2 kg Halon	45 v. 02.09.85	53 v. 13.02.89
565	Fondsitze, 2 Kindersitze anstelle Gepäckablage	45 v. 02.09.85	53 v. 13.02.89
428	Getriebe, 5-Gang, Mittelschaltung	45 v. 02.09.85	53 v. 13.02.89
640	Leichtmetallräder 5-fach	45 v. 02.09.85	53 v. 13.02.89
518	Radio Becker Avus Cassette electronic Vollstereo Kurier MU	45 v. 02.09.85	53 v. 13.02.89
515	Radio Becker Avus Kurier MU	45 v. 02.09.85	53 v. 13.02.89
254	Radio Becker Europa Cassette electronic Vollstereo Kurier MU	45 v. 02.09.85	53 v. 13.02.89
257	Radio Becker Europa Kurier LMKU	45 v. 02.09.85	53 v. 13.02.89

Die Sonderausstattungen

		ab Nr.	bis Nr.
511	Radio Becker Grand Prix Cassette electronic Vollstereo Kurier LMU	45 v. 02.09.85	53 v. 13.02.89
513	Radio Becker Grand Prix electronic Stereo Kurier LMU	45 v. 02.09.85	53 v. 13.02.89
645	Reifen, M+S-Haftreifen 4-fach	45 v. 02.09.85	53 v. 13.02.89
245	Reiserechner	45 v. 02.09.85	53 v. 13.02.89
600	Scheinwerferwischeranlage	45 v. 02.09.85	53 v. 13.02.89
404	Sitze, Vordersitzlehne, orthopädisch links	45 v. 02.09.85	53 v. 13.02.89
405	Sitze, Vordersitzlehne, orthopädisch rechts	45 v. 02.09.85	53 v. 13.02.89
873	Sitzheizung elektrisch, Vordersitze	45 v. 02.09.85	53 v. 13.02.89
543	Sonnenblenden mit beleuchtetem Spiegel	45 v. 02.09.85	53 v. 13.02.89
440	Tempomat, nur lieferbar bei automatischem Getriebe	45 v. 02.09.85	53 v. 13.02.89
590	Wärmedämmendes Glas rundum mit heizbarer Heckscheibe Verbundglas	45 v. 02.09.85	53 v. 13.02.89
466	Zentralverriegelung	45 v. 02.09.85	53 v. 13.02.89
346	Autotelefon, Netz B 2-Ausführung, Einbauteilesatz Becker AT 76 S/II	47 v. 01.09.86	49 v. 01.06.87
274	Autotelefon, Netz B 2-Ausführung, Einbauteilesatz TeKaDe BSA 33 A	47 v. 01.09.86	49 v. 01.06.87
	Abgasreinigungsanlage, ohne	47 v. 01.09.86	53 v. 13.02.89
	Metalliclackierung gem. Musterkarte	47 v. 01.09.86	53 v. 13.02.89
355	Autotelefon, Heckantenne Netz B 2	47/1 v. 01.09.86	53 v. 13.02.89
310	Autotelefon, Heckantenne Netz C	47/1 v. 01.09.86	53 v. 13.02.89
442	Airbag für Fahrer	50 v. 11.09.87	53 v. 13.02.89
510	Radio Becker Mexico Diversity Cassette electronic Vollstereo Kurier MKU	50 v. 11.09.87	53 v. 13.02.89
583	Fensterheber, elektrisch, 2-fach vorn	53 v. 13.02.89	53 v. 13.02.89

Juli 1976

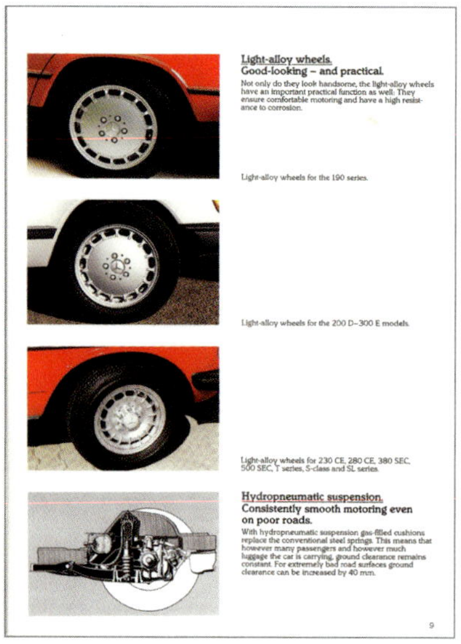

Mai 1984

Avus Cassette Kurier MU.

Ein leistungsstarkes Autoradio mit Verkehrsfunk-Decoder und Stereo-Cassettenteil, das alle Vorzüge moderner, praxisbewährter Technik bietet: stufenlose Klangregulierung, 2 Wellenbereiche: MW, UKW, Schwundausgleich bei MW, automatische UKW-Scharfabstimmung (AFC) sowie automatische Cassetten-Stummschaltung bei Verkehrsfunk-Durchsagen. Noch ein paar technische Besonderheiten vom Cassettenteil: schneller Vor- und Rücklauf, elektronische Bandlaufüberwachung, automatischer Cassettenausschub bei Bandende.

Europa Cassette Vollstereo Kurier LMKU.

Dieses Gerät bietet den Komfort von Stationsdrucktasten für den Sofortabruf des gewünschten Senders in einem hochwertigen Stereo-Rundfunk-Teil, kombiniert mit einem zuverlässigen Stereo-Cassetten-Aggregat. Automatischer Schwundausgleich (MW und AFC / UKW) sowie die Dreifach-Variometerabstimmung sorgen für optimalen Empfang. UKW-Sender, die Verkehrsnachrichten ausstrahlen, werden mit »Kurier« angezeigt. Bei Betrieb des Cassetten-Teils bleibt das Gerät für Verkehrsmeldungen empfangsbereit und blendet diese automatisch ein bzw. wieder aus.

Grand Prix Cassette Electronic Vollstereo Kurier LMU.

Ein Gerät, das höchsten Ansprüchen an Empfangsqualität, Bedienungskomfort und Zuverlässigkeit gerecht wird. Ein Mikroprocessor übernimmt die entscheidenden Steuerfunktionen. Z.B. das Einstellen, Speichern und Abstimmen der Sender: jeweils 4 LW-, MW-, UKW- und 4 UKW-Verkehrsfunk-Sender. Bei Verkehrsfunkdurchsagen sorgt die Lautstärkenautomatik des integrierten Verkehrsfunk-Decoders dafür, daß bei leise eingestelltem Gerät die Lautstärke für die Dauer der Durchsagen angehoben wird. Das hochwertige Cassettenteil garantiert für hervorragende Stereo-Wiedergabe. Der automatische Band-Stop bei Verkehrsfunkdurchsagen läßt Sie keine wichtigen Informationen versäumen.

Mexico Cassette Electronic Vollstereo Kurier LMKU.

Dieses Vollstereo-Spitzengerät besitzt neben dem automatischen Sendersuchlauf 10 Stationstasten zur mikroprozessorgesteuerten Speicherung von 6 UKW-, 2 Mittel-, 1 Kurz- und 1 Langwellensender. Hier ist es möglich, die Senderfrequenz digital einzugeben. Darüber hinaus gehört ein integrierter Verkehrsfunk-Decoder mit Bereichsanzeige und Durchsagekennung sowie ein Cassettenteil mit Reverse-Einrichtung zur Grundausstattung. Außerdem ist es mit einer digitalen LCD-Anzeige für Frequenz, Bereichskennung und Uhrzeit ausgestattet, die auch bei Sonneneinstrahlung einwandfrei ablesbar ist. Weiterer Vorzug getrennt einstellbarer Klang »Höhe/Bässe«.

17

Klangerlebnis: Bei Mercedes gab es stets die erstklassigen Becker-Radios.

Die Sonderausstattungen

Kombinierte und sonstige Codes
Auswahl, gemäß Code-Handbuch für Sonderausstattungen und wie in der Praxis gefunden

Kombinierte Codes	
260	Typenkennzeichen auf Heckdeckel - Wegfall
406	404 plus 405
407	400 plus 404
408	400 plus 405
409	400 plus 404 plus 405
426	420 plus 422
429	422 plus 428
433	431 plus 436
439	431 plus 438
443	440 plus 441
444	440 plus 442
445	441 plus 442
446	440 plus 441 plus 442
458	451 plus 452
508	500 plus 506
535	532 plus 533
536	533 plus 534
544	540 plus 543
553	550 plus 551
563	561 plus 562
575	570 plus 572
585	580 plus 583
586	580 plus 584
587	581 plus 583
588	581 plus 584

Steuerungscodes (Auswahl)	
491	US-Version
494	Kalifornien-Ausführung
495	Kanada-Ausführung
498	Japan-Ausführung
524	Lackschutz, Lackkonservierung
680	D-Schild
740	Verdeck-Stoff schwarz
744	Verdeck-Stoff dunkelblau
746	Verdeck-Stoff dunkelbraun
800	Modellwechsel, die letzte Ziffer zeigt das jeweilige neue Modelljahr an
801	Modellwechsel, die letzte Ziffer zeigt das jeweilige neue Modelljahr an
802	Modellwechsel, die letzte Ziffer zeigt das jeweilige neue Modelljahr an
803	Modellwechsel, die letzte Ziffer zeigt das jeweilige neue Modelljahr an
804	Modellwechsel, die letzte Ziffer zeigt das jeweilige neue Modelljahr an
805	Modellwechsel, die letzte Ziffer zeigt das jeweilige neue Modelljahr an
806	Modellwechsel, die letzte Ziffer zeigt das jeweilige neue Modelljahr an
807	Modellwechsel, die letzte Ziffer zeigt das jeweilige neue Modelljahr an
808	Modellwechsel, die letzte Ziffer zeigt das jeweilige neue Modelljahr an
809	Modellwechsel, die letzte Ziffer zeigt das jeweilige neue Modelljahr an
819	USA-Vorauswagen
820	Touristen-Fahrzeuge (USA, Japan, Australien)
991	weitere vercodete Sonderausführung siehe Produktions-Auftrag I
992	weitere unvercodete Sonderausführung siehe Produktions-Auftrag I
993	991 plus 992
994	Standwagen für Ausstellung
995	Standwagen für Ausstellung (nur Karosserie ausstellungsmäßig)
996	Vorführwagen für Ausstellung
997	Standwagen für Ausstellung (Karosserie und Motor ausstellungsmäßig)

Auf Wunsch

Wenn Sie auf eine individuelle Atmosphäre besonderen Wert legen, können sie unter zahlreichen Sonderausstattungen wählen. Hier nur einige Beispiele.

Weitere Einzelheiten enthält unser Katalog »Mercedes-Benz Sonderausstattungen«.

1 *Klima-Anlage*

2 *Radio Mexico Cassette (Voll-Stereo)*

3 *Die Karosseriefarbe Ihres Wagens können Sie aus einer breiten Palette von Serien- und Sonderlackierungen auswählen. Passend zu den Karosseriefarben und dem jeweiligen Modell gibt es ein umfangreiches Angebot an Polsterbezügen.*

4 *Leichtmetall-Felgen*

5 *Feuerlöscher*

6 *Sitzheizung*

7 *Betätigungsschalter für die Sitzheizung in der Mittelkonsole*

8 *Orthopädische Sitze*

Dieser Katalog wird nicht nur in der Bundesrepublik Deutschland, sondern auch in anderen deutschsprachigen Ländern ausgegeben, in die Mercedes-Benz exportiert. In diesen Ländern kann der Lieferumfang von den einzelnen Grundausstattungen abweichen, die in diesem Katalog aufgeführt sind. Zum Beispiel durch unterschiedliche gesetzliche Bestimmungen. Über den tatsächlichen Lieferumfang informiert Sie gern jede Mercedes-Benz-Vertretung in den jeweiligen Ländern.

Juli 1976

Interpretation einer Datenkarte

Ausstattung eines 300 SL, Erstzulassung gemäß Zulassung im März 1986

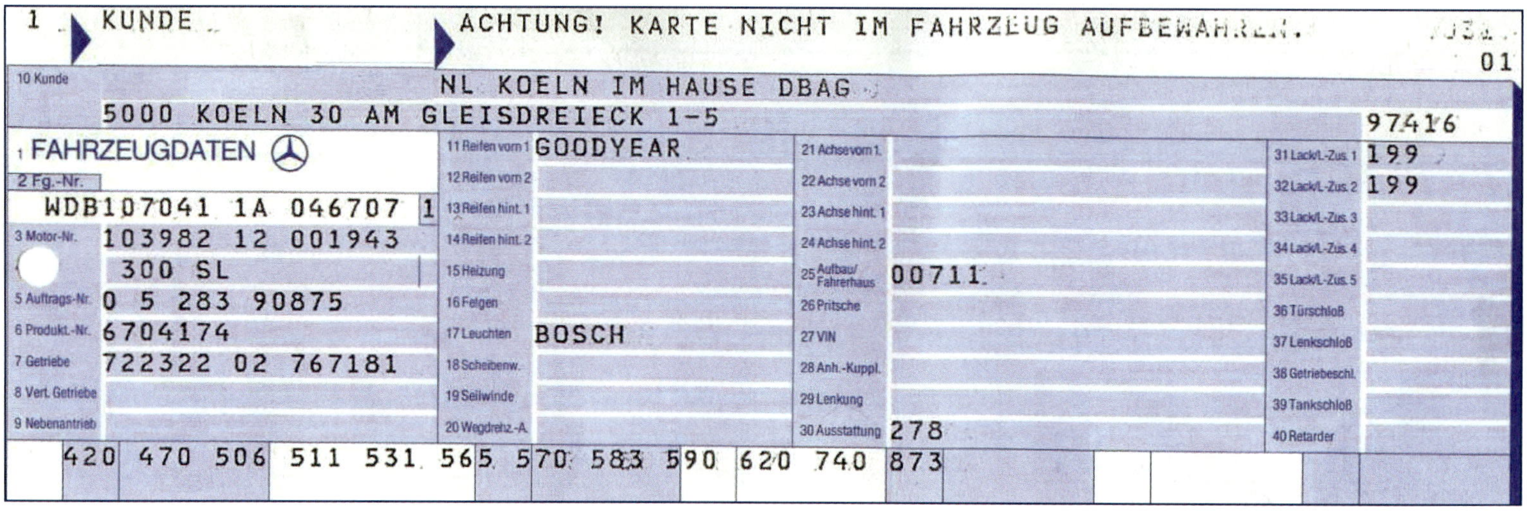

1 KUNDE

ACHTUNG! KARTE NICHT IM FAHRZEUG AUFBEWAHREN.

01

10 Kunde NL KOELN IM HAUSE DBAG

5000 KOELN 30 AM GLEISDREIECK 1-5

97416

1 FAHRZEUGDATEN

2 Fg.-Nr. WDB107041 1A 046707 1

3 Motor-Nr. 103982 12 001943

300 SL

5 Auftrags-Nr. 0 5 283 90875

6 Produkt.-Nr. 6704174

7 Getriebe 722322 02 767181

8 Vert. Getriebe

9 Nebenantrieb

11 Reifen vorn 1 GOODYEAR

12 Reifen vorn 2

13 Reifen hint. 1

14 Reifen hint. 2

15 Heizung

16 Felgen

17 Leuchten BOSCH

18 Scheibenw.

19 Seilwinde

20 Wegdrehz.-A.

21 Achse vorn 1

22 Achse vorn 2

23 Achse hint. 1

24 Achse hint. 2

25 Aufbau/Fahrerhaus 00711

26 Pritsche

27 VIN

28 Anh.-Kuppl.

29 Lenkung

30 Ausstattung 278

31 Lack/L-Zus. 1 199

32 Lack/L-Zus. 2 199

33 Lack/L-Zus. 3

34 Lack/L-Zus. 4

35 Lack/L-Zus. 5

36 Türschloß

37 Lenkschloß

38 Getriebeschl.

39 Tankschloß

40 Retarder

420 470 506 511 531 565 570 583 590 620 740 873

Serienausstattung gem. Preisliste	
Coupédach	Holzausführung Wurzelnuss
Drehzahlmesser	Lederlenkrad und -schalthebel
Heckscheibe elektrisch heizbar Verbundglas	Zentralverriegelung

Angaben in der Datenkarte		
Erster Halter	Mitarbeiter Niederlassung Köln im Hause DBAG	
Lackierung	199	blauschwarz (Metallic) – Sonderausstattung
Ausstattung	278	Leder grau – Sonderausstattung
	740	Verdeck-Stoff 9001 schwarz – ohne Mehrpreis
Sonderausstattung	420	Getriebe automatisch, Mittelschaltung, 4-Gang mit Programmwähler
	470	Antiblockiersystem ABS
	506	Außenspiegel rechts elektrisch einstellbar und beheizt
	511	Radio Becker Grand Prix Cassette electronic Vollstereo Kurier LMU, Entstörung und 2 Frontlautsprecher
	531	Antenne automatisch bei Radioeinbau
	565	Fondsitze, 2 Kindersitze anstelle Gepäckablage
	570	Armlehne, klappbar vorne
	583	Fensterheber elektrisch 2-fach
	590	wärmedämm. Glas rundum mit heizbarer Heckscheibe, Verbundglas
	620	Abgasreinigungsanlage (Katalysator-Technik)
	640	Leichtmetallräder 5-fach
	873	Sitzheizung elektrisch, Vordersitze

„Mini-Datenkarte"

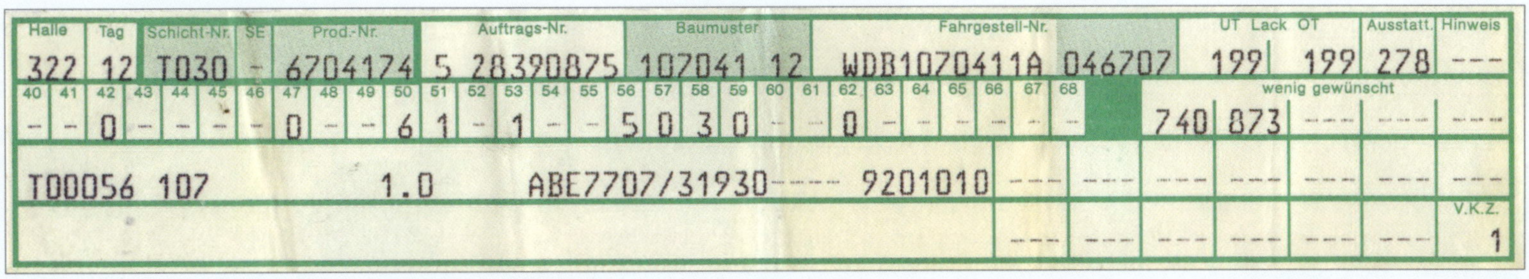

Halle	Tag	Schicht-Nr.	SE	Prod.-Nr.	Auftrags-Nr.	Baumuster	Fahrgestell-Nr.	UT Lack OT	Ausstatt.	Hinweis
322	12	T030	-	6704174	5 28390875	107041 12	WDB10704l1A 046707	199 199	278	---

40	41	42	43	44	45	46	47	48	49	50	51	52	53	54	55	56	57	58	59	60	61	62	63	64	65	66	67	68
–	–	0	–	–	–	–	0	–	–	6	1	–	1	–	–	5	0	3	0	–	–	0	–	–	–	–	–	–

wenig gewünscht: 740 873 --- --- ---

T00056 107 1.0 ABE7707/31930------ 9201010

V.K.Z. 1

Weitere Fertigungsangaben sind an verschiedenen Fahrzeugbauteilen wenig sichtbar zu finden.

Der 300 SL

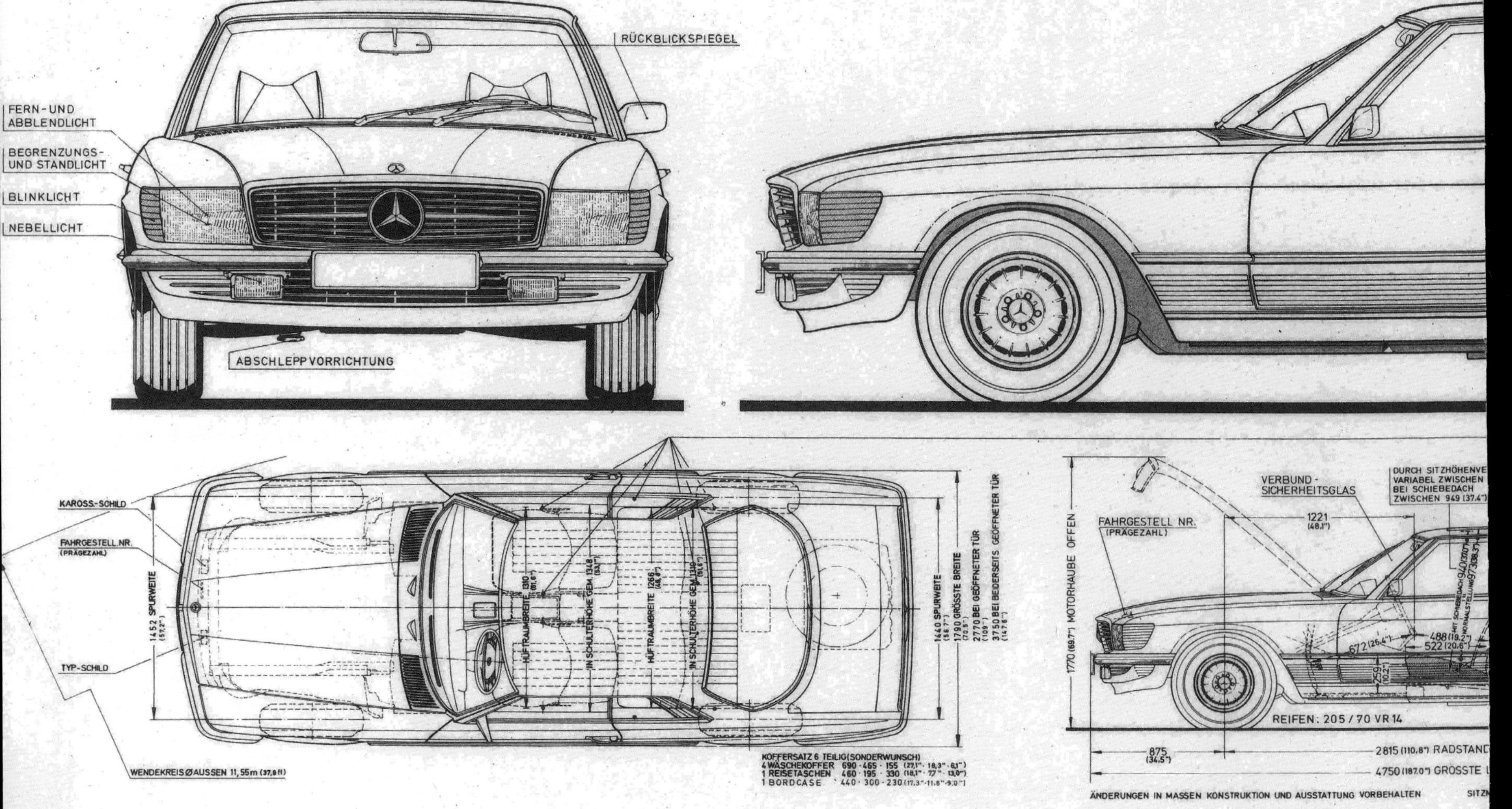
RÜCKBLICKSPIEGEL
FERN-UND ABBLENDLICHT
BEGRENZUNGS- UND STANDLICHT
BLINKLICHT
NEBELLICHT
ABSCHLEPPVORRICHTUNG
KAROSS.-SCHILD
FAHRGESTELL NR. (PRÄGEZAHL)
TYP-SCHILD
1452 SPURWEITE (57,2")
WENDEKREIS Ø AUSSEN 11,55 m (37,9 ft)
1440 SPURWEITE (56.7")
1790 GRÖSSTE BREITE (70.5")
2770 BEI GEÖFFNETER TÜR (109")
3750 BEI BEIDERSEITS GEÖFFNETER TÜR (147.6")
KOFFERSATZ 6 TEILIG (SONDERWUNSCH)
4 WÄSCHEKOFFER 690 · 465 · 155 (27,1" · 18,3" · 6,1")
1 REISETASCHEN 460 · 195 · 330 (18,1" · 7,7" · 13,0")
1 BORDCASE 440 · 300 · 230 (17.3" · 11.8" · 9.0")
VERBUND-SICHERHEITSGLAS
DURCH SITZHÖHENVE
VARIABEL ZWISCHEN
BEI SCHIEBEDACH
ZWISCHEN 949 (37.4")
FAHRGESTELL NR. (PRÄGEZAHL)
1221 (48.1")
1770 (69.7") MOTORHAUBE OFFEN
672 (26.4")
488 (19.2")
522 (20.6")
259 (10.2")
REIFEN: 205 / 70 VR 14
875 (34.5")
2815 (110.8") RADSTAND
4750 (187.0") GRÖSSTE L
ÄNDERUNGEN IN MASSEN KONSTRUKTION UND AUSSTATTUNG VORBEHALTEN
SITZ

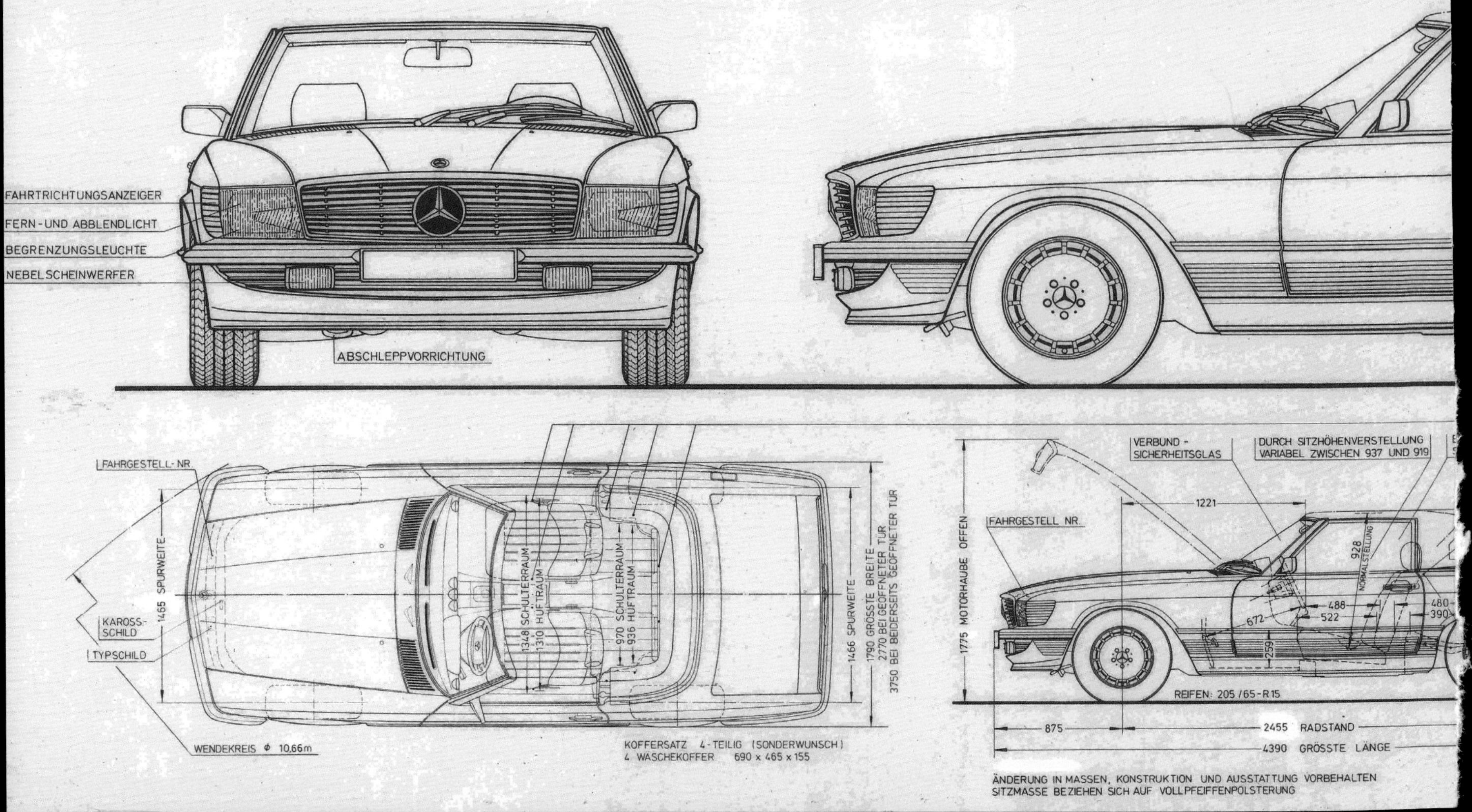
FAHRTRICHTUNGSANZEIGER
FERN-UND ABBLENDLICHT
BEGRENZUNGSLEUCHTE
NEBELSCHEINWERFER
ABSCHLEPPVORRICHTUNG
FAHRGESTELL-NR.
1465 SPURWEITE
KAROSS.-SCHILD
TYPSCHILD
1348 SCHULTERRAUM
1310 HÜFTRAUM
970 SCHULTERRAUM
936 HÜFTRAUM
1466 SPURWEITE
1790 GRÖSSTE BREITE
2770 BEI GEÖFFNETER TÜR
3750 BEI BEIDERSEITS GEÖFFNETER TÜR
WENDEKREIS Φ 10,66m
KOFFERSATZ 4-TEILIG (SONDERWUNSCH)
4 WÄSCHEKOFFER 690 x 465 x 155
VERBUND-SICHERHEITSGLAS
DURCH SITZHÖHENVERSTELLUNG VARIABEL ZWISCHEN 937 UND 919
FAHRGESTELL NR.
1221
1775 MOTORHAUBE OFFEN
928
672
488
522
259
REIFEN: 205/65-R15
875
2455 RADSTAND
4390 GRÖSSTE LÄNGE
ÄNDERUNG IN MASSEN, KONSTRUKTION UND AUSSTATTUNG VORBEHALTEN
SITZMASSE BEZIEHEN SICH AUF VOLLPFEIFFENPOLSTERUNG